Finite Antenna Arrays and FSS

有限天线阵列和频率选择表面理论与设计

(上册)

〔美〕Ben A. Munk　著

江建军　艾俊强　等　译

科学出版社

北　京

图字：01-2019-2144 号

内 容 简 介

本书全面覆盖了有限阵列的各方面内容，深入浅出讨论了有限阵列中电磁散射控制抑制规律的基本原理，以及如何实现天线阵列雷达散射截面减缩与控制的工程应用技术。本书概念清晰、层次分明；书中呈现大量的实例设计与分析，突出设计实践方法的实用性，有助于读者的阅读和直观理解；写作风格灵活幽默风趣，呈现学术大师风范。结合英文原版信息容量，为读者阅读习惯起见，中译本将分上下册出版，上册包括第 1 章～第 5 章，系统地阐述有限天线阵列的理论基础；下册包括第 6 章～第 10 章，深入浅出地论述几种典型天线隐身的低雷达散射截面(RCS)设计工程实践方法。

本书是从事电磁学、微波、天线、雷达和隐身技术研究的研究人员及工程技术人员的一本不可多得的参考用书，也可作为相关专业高等院校的研究生教材。

Finite Antenna Arrays and FSS by Ben A. Munk, ISBN: 978-0-471-27305-9

图书在版编目（CIP）数据

有限天线阵列和频率选择表面理论与设计. 上册 / (美)本·A·芒克(Ben A. Munk)著；江建军等译. —北京：科学出版社，2020.10

书名原文：Finite Antenna Arrays and FSS

ISBN 978-7-03-066763-2

Ⅰ. ①有…　Ⅱ. ①本…②江…　Ⅲ. ①有限天线-天线阵-研究　Ⅳ. ①TN820

中国版本图书馆 CIP 数据核字（2020）第 219003 号

责任编辑：姚庆爽 / 责任校对：王　瑞
责任印制：赵　博 / 封面设计：蓝　正

科学出版社 出版
北京东黄城根北街 16 号
邮政编码：100717
http://www.sciencep.com
北京凌奇印刷有限责任公司印刷
科学出版社发行　各地新华书店经销
*
2020 年 10 月第　一　版　开本：720 × 1000　1/16
2025 年　1 月第四次印刷　印张：16 1/2
字数：320 000

定价：130.00 元
（如有印装质量问题，我社负责调换）

中 译 本 序

在航空航天领域，人们为提升各类飞行器的“制电磁权”能力，在提高飞行器载有的各类雷达传感器探测能力同时，将飞行器自身的电磁散射与辐射量降低到最小，使其具有优良的电磁隐身性能。为达到飞行器低散射隐身目的：一方面，在雷达传感器工作频段内雷达天线系统需对外来电磁波照射实现低电磁散射；另一方面，在雷达传感器工作频段外的广阔频带内，要求天线罩等效于金属天线罩，并与飞行器外形相赋形(shaping)，从而达到整个飞行器电磁隐身目的。鉴于此，在科学技术领域，逐渐形成并发展成“天线系统低电磁散射”和“天线罩频率选择表面(FSS)”等两类较完整的理论与设计。

自 20 世纪 60 年代以来，美国俄亥俄州立大学的 Ben A. Munk 教授及其团队，一直潜心开展“频率选择表面(FSS)”和“阵列天线低电磁散射”两方面的理论研究与实践，出版了两本姊妹专著。在 2000 年出版的《频率选择表面理论与设计》(*Frequency Selective Surface Theory and Design*)(中文版于 2009 年已由科学出版社出版)一书中，系统地阐述了 FSS 周期结构的体散射、透射理论，并给予清晰的物理解释，导出了天线罩带通滤波的设计理论和研究实践；而在 2003 年出版的《有限天线阵列和频率选择表面理论与设计》(*Finite Antenna Arrays and FSS*)(中文版即本书)一书中，以相控阵阵列天线散射为潜在对象，系统地阐述了有限周期阵列阵列天线的散射理论及其散射控制规律，重点诠释了表面波及其抑制方法，推动了各类天线雷达散射截面(RCS)、宽带线阵列及多面天线罩散射的设计和实践。

第二本专著的写作亮点和特色之处还表现在：各章均给出读者容易出现的一些主要错误概念，并对如何工程实践给予指引。Ben A. Munk 教授作为该领域研究的领先者或贡献者，对读者如何提升该专业科研能力给予殷切期盼，对一味追求发表学术论文者给予中肯批评，对务实实践者给予深度赞许，彰显著名科学家在宏观上的真知灼见。这正是：幽默趣对学术研究探询一辈子，醉心问道拾掇工程隐身三十载。

该书主译者江建军教授十几年来一直致力于微波吸收体和低散射体的理论分析和工程应用，他带领科研学术团队在主动有源频率选择表面(AFSS)吸波体与低散射天线方面有一定的学术积累和独特的见解，并付之于实践。该科研团队大胆尝试，并精心组织翻译该专著，旨在引进消化吸收国际上高水平的研究成果，进一步提升我国在该领域的学术水平和工程实践能力。我相信该中译本的出版将会有益于从事电磁散射、天线低散射和雷达天线罩等研究的同行们。为此，我竭力推荐。

中国工程院院士
电磁散射国家重点实验室
学术委员会主任 黄培康
2019年10月14日于北京

译 者 序

电磁隐身理论分析与设计技术是电磁学、微波、天线、雷达和特种隐身飞行器的交叉研究领域，从工程应用角度出发，科学家和工程学家一直追求实现完美隐身的终极梦想，但技术难度可想而知。

频率选择表面 (FSS) 作为一种空间滤波器，可应用于研制电磁隐身中微波吸收体和 FSS 天线低散射雷达罩设计，以降低军事和民用敏感目标的雷达散射截面 (RCS)，达到实现敏感目标电磁隐身的目的。频率选择表面领域的国际学术界大师和领先者、美国俄亥俄州立大学的 Ben A. Munk 教授，自 20 世纪 60 年代以来，一直潜心开展频率选择表面的理论分析、系统设计与工程应用研究，已出版了两本姊妹专著。众所周知，频率选择表面是一种二维周期性理想结构，但是，在实际应用中必然作为有限周期而存在。为此，Ben A. Munk 教授结合工程应用的实际牵引，开展了有限周期阵列理论分析和实践研究，并总结成 *Finite Antenna Arrays and FSS* 专著，成功地将无限周期结构学术研究拓展到有限阵列技术实际应用过程中去，重点探讨了有限 FSS 阵列和有限天线阵列中的表面波成因及控制抑制方法，诠释了有限周期结构的电磁散射控制规律，彰显个人的物理层次视野和洞察力。该书对电路模拟吸波体和天线隐身技术相关的研究达到了空前的高度，将有助于推动电路模拟吸波体和天线 RCS 理论分析和设计等隐身领域的研究和工程设计实践。我非常荣幸有机会将 Ben A. Munk 教授所著的 *Finite Antenna Arrays and FSS* 一书进行翻译，推荐给国内的读者。原书直译书名应该为《有限天线阵列和频率选择表面》，为了给广大读者引领进这一专业领域，慎重邀请电磁散射学术界黄培康院士作序推荐。黄院士百忙之中颇费心血仔细审阅全部译稿后，积极提议该书名可加上“理论与设计”后缀，形成《有限天线阵列和频率选择表面理论与设计》这本译著，更能反映与 Ben 第一本专著的姊妹递进关系和特有的写作风格，窃认为原作者(虽已过世)不会有异议。

本书较系统地阐述了有限阵列中表面波产生的原理与抑制方法，为天线阵列和 FSS 电路模拟微波吸收结构在工程应用中可能遇到的异常散射控制与抑制提供了解决方案。全书共 10 章，另外还包含 4 个附录。第 1 章介绍了有限阵列中表面波的现象；第 2 章系统地概述了天线雷达散射截面 (RCS) 原理；第 3 章进行了有限周期结构中矩量法和谱域法相结合的理论分析；第 4 章和第 5 章分别讨论了无源有限阵列和有源有限阵列的表面波来源和抑制方法；第 6 章提出了宽带线阵列的设计方法；第 7 章和第 8 章研究了低 RCS 的全向天线和抛物面天线的 RCS 控制与抑制途径；第 9 章深入地探讨了非周期性结构设计与渐变周期结构 (TPS) 潜在应用前景；第 10 章汇聚了对全书内容的研究结论与综合评述；附录 A 简述了位置圆与转换圆的图解表示法；附录 B 介绍了宽带匹配方法；附录 C 系统设计了应用于斜入射条件的曲折线极化器；附录 D 对比分析了扫描阻抗与嵌入阻抗。

本书原书序、原书前言、致谢及第 1、2 章由张玉禄翻译，第 3 章由查大册翻译，第 4、5 章由郦程丽翻译，第 6 章由吴松翻译，第 7～10 章由魏剑峰、艾俊强翻译，附录 A、B 由李芮翻译，附录 C、D 由曹昭旺翻译。郭赛、张宇豪、许迎东、徐壮、金湾湾、孙文钊、方博、孙梦、夏靖等参与了部分文字和图片的整理工作。全书由江建军主持翻译和负责统稿，艾俊强主审，查大册、刘中凯、缪灵、别少伟、袁伟、贺云等参与部分审阅。

由于本书专业性很强，限于译者水平，书中疏漏在所难免，恳请专家和学习者批评指正，以便今后有机会进行更正。

江建军

2019 年 10 月于

华中科技大学喻家山下

原 书 序

常言道，一位优秀教师一定要拥有很多优秀品质，一方面是对所授专业领域精通，另一方面是无论学科有多复杂，都有能力将其传授给学生。我们都受到过指导老师们的严厉批评，这些指导老师在学生时期都是优等生，可是他们却不能理解为什么他们觉得显而易见的东西，自己的学生却怎么也学不会、做不好。但是，Ben Munk 教授在这两方面做得都很好。

在这本书中，Ben 探讨了天线领域的问题以及作为发送或接收设备时的用途，还讨论了目前主要由天线所带来的雷达散射截面 (RCS) 有关的主题。在描述研究过程中有一个恒定问题，那就是研究人员在解决问题时，往往对有些因素缺乏清晰的物理认识，而这些因素对结果的实用性和/或质量有很大的影响。Ben 对那些如此痴迷于高性能计算机的人提出质疑，他们只是简单地给计算机提供了一些奇妙的方程式，然后就坐在电脑前面，修改方程和优化结果。可悲的是，Ben 已经提供了很多这样的例子来证明上述观点。

所有这些并不是说功能强大的计算机是无用的，恰恰相反，如果不使用这些机器，本书所描述的很多工作即使一个人穷尽一生也不可能完成，但是此方法也只有在熟知物理和理解电磁本质的研究者控制之下，才能制定出一个真正最优的和实用的解决方案。

在这本书中，Ben 很好地利用了他在他第一本书《频率选择表面理论与设计》(科学出版社，2009 年译)中介绍的工作。在第一本书中，他展示了如何利用他称之为“周期矩量法(periodic moment method, PPM)”的方法来解决之前被“微观”计算方法所阻碍的问题，并得到了很好的结果。通过适当结合复杂的“矩量法”，他的阵列理论方法成功地解决了许多关键的问题。

在这里，他进一步应用这种方法，给出了他自己和他的研究生同事所解决的问题的很多实例，以达到实例教学的目标。这是通过在每个案例中带领读者应用基本技术得到合理的解决方案实现的，然后，他给出了严格的结果来验证已完成的工作的正确性。接下来为了让读者快速理解，他给读者提出了一个或两个问题供读者自主解答。

在整个过程中，Ben 用他诙谐幽默的语言提出各种各样的观点，使得这本书不至于乏味。看来一本乏味的电磁理论与设计的书必定与我们的阅读期望值大相径庭。他以“常见错误概念”部分的形式来着重强调不理解物理本质的“结果”

是如何形成和传播的。他直言不讳，可能有一些人，尽管没有点名批评，在阅读完这些章节后会感到一阵困惑。总而言之，这是一本非常出色的书，肯定会让在此技术领域非常感兴趣的务实研究者受益。在此强烈推荐!

William F. Bahret

W. Bahret 先生曾就职于美国空军，但现已退休。从 20 世纪 50 年代初开始，他主持负责了很多关于机载平台的雷达散射截面的项目——特别是天线和吸收体。在他的领导下，诞生了许多至今仍在广泛应用的概念，如金属天线罩。事实上，他是公认的隐身技术之父。

Ben Munk

哇!之前的学生 (现为退休教授) 已经成功将之前的导师 (一位更年长的退休教授) 在阵列设计方面的知识进行了更为深入的研究。

本书内容将改变大型宽带阵列的设计方法，在天线散射领域，也会产生新的见解。我强烈推荐给从事周期阵列的设计者研读此书。从无限阵列到有限阵列的设计是一个了不起的概念。

举一个简单的例子解释我为什么想作此评论。我当时正在读 2002 年 12 月 IEEE 期刊上一篇论述从太空向地球能量传输的文章，文中讨论了在谐振频率处能量再辐射产生的干扰问题，通过浏览这本书前几章节，我发现了可能的解决方法，我饶有兴趣地将这些概念应用于我目前的研究，即时域探地雷达(ground-penetrating radar, GPR)。由此，还可使一些精巧的天线变成实用。

那些读过 Ben 的第一本书《频率选择表面理论与设计》(科学出版社，2009 年译)的读者会想起我也为它写了序。我是他的导师、项目主管及后来的同事。在阅读这本书时，我只是翻了翻就非常同意其中许多的概念。

此时我只浏览了本书的一些章节，到目前为止我所看到的，虽然只是其中的一部分，但是我还是会感慨地说：“哇!”读者应该记得，我曾说过“我敢赌一杯可乐” (Ben 和我每次有不同意见的时候，都会拿可乐打赌，但我俩谁也没付过钱)。这些观点对那些对天线散射感兴趣的读者来说是一种挑战，但也会让那些读者仔细思考，当人们想起这本书的重点在阵列上时，他们大多数的问题就都得到了解决。

这本书对于任何参与设计大型阵列的人来说都是必读的，我打算在作品付梓后再次仔细阅读。

最后，我注意到 Ben 关于期刊论文的评论是出于他的无奈。在他的职业生涯中一直在这些领域工作，但他的大部分工作在那个时候都是保密的。因此，当这些领域的论文发表时，他看到了各种各样的漏洞，但他的经历使得他不能发表评论。无论是论文的作者还是审稿人，没有 Ben 的独特背景，都不会看到这些缺陷，这个问题实际上是由保密的必要性造成的。这个因素产生了他取名为“常见错误概念”的有趣部分。

俄亥俄州哥伦布市

Leon Peters, Jr.

Leon Peters, Jr.是俄亥俄州立大学的教授，现在退休了。从 20 世纪 60 年代早期起，他就致力于天线和吸收体的 RCS 问题研究。事实上，当我在 20 世纪 60 年代中期加入研究小组时，他曾是我的导师。

Ben Munk

原 书 前 言

我为什么要写这本书呢?

在过去的几十年里，工程设计的方法已经发生了相当大的变化。

在研究的初始阶段，首先要深入了解问题的物理意义，这是非常重要的。然后你可以试着以数学的形式来表达这个问题，这样做的美妙之处在于很容易确定极值位置，如极大值和极小值及零点和渐近特性。在许多情况下，你能观察到哪些参数与你的问题相关，哪些参数与问题完全无关。紧随其后的是实际的计算，最后针对之前已经观察到的问题进行有意义的参数研究。

当然，这种方法的问题在于它需要工程师和科学家具有相当好的洞察力和大量的训练(我故意没有说经验，尽管它有帮助)。然而，在科学的道路上没有平坦的大道，只有不畏艰险的人才能达到光辉的顶点。

因此，很容易理解为什么纯数值方法一出现就受到追捧。重要的原因是，这种方法只需要最少的物理洞察力(至少有人这样认为)。计算机的计算速度如此之快，以至于能够计算出所有相关的情况。然后通过使用一个或简单或复杂的优化方案来解决这些问题，最后的结果将完全不经过人类的大脑就可以轻易地被展现出来。

如果说数值方法没有用，这是不正确的。数值方法在许多案例中产生了显著的效果。然而，我敏锐地察觉到，多年来一直热门研究的几个课题，至今没有一个获得令人满意的研究结果。这主要因为大多数课题通常将与具体研究问题无关的各种参数列入计算机内计算，尽管有些课题也确实这样做了。或者由于缺乏物理上的洞察力，研究操作者无法开展有意义的参数化研究。例如，在研究结果并未考虑的参数空间中存在解的情况。

我这几年来一直非常关注上述进展。最近一位同事提出，他对某个复杂问题的数值解仅仅用来解决特定的设计问题，实际的优化是不可能实现的，因为这需要大量的计算时间。

这听起来像是来自数值领域产生相关类似声明的共鸣。

当然，这种知其然不知其所以然现象的补救措施是让学生们更好地从物理意义上进行分析理解。然而，这里的一个根本问题是，现在的很多教授在自己的学科领域都缺乏这种训练。这里特别强调的是，在年轻一代的教育中仅仅是写一段计算机程序，并运行它，他们就自诩自己为工程师！其结果就是，现在的许多教育工作者和学生根本不知道电磁学中最基本的原理。这些错误在这本书每一章的结尾处“常见错误概念”章节中都会说明。还有些误解更是如此明显以至于我都羞于去讨论。特别令人不安的是，许多人追求这些错误的想法和传言，只是因为“其他人都这样做，那么这一定是对的！”

无论是本书，还是我的前一本书《频率选择表面理论与设计》(科学出版社，2009 年译)，都没有声称所有问题都有答案。然而，来自读者反馈的强烈信号表明，他们越来越多地喜欢这种基于数学分析和物理理解的分析方法。希望这第二本书也能得到大家的赞赏。

作者和几位计算领域的朋友分享了这篇前言。大家都基本上同意我的观点，尽管其中一位认为有些语言有点刺耳！

然而，还有一位在阅读本前言之前就告诉我，在他看来，通过优化来设计已经退居次位。他说，理解问题的潜在数学和物理意义现已成为一种趋势。

欢迎来到真实的工程阵营。正如他们所说：“一个罪人悔改，在天上也要为他高兴，甚至比为九十九个人没犯罪而更高兴。”

俄亥俄州哥伦布市

Ben Munk

致　谢

正如在我的第一本书《频率选择表面理论与设计》中所说，在我的众导师中，有三位不得不提：William Bahret 先生、Leon Peters, Jr.教授和 Robert Kouyoumjian 教授，他们随时准备着为我提供咨询和建议。我不会忘记这些恩师。

来自美国空军的 Brian Kent 博士、Stephen Schneider 博士和 Ed Utt 先生对我的工作提供了进一步的支持和关注。在完成了周期矩量法、PMM 代码、混合天线罩、低 RCS 天线等开发之后，空军的资金转向了更多的硬件项目研究。幸运的是，美国海军需要我们来帮助设计宽带的带阻滤波器。最终，这项工作使得我们发现了有限周期结构所特有的表面波，本书对此进行了详细的论述。在此，对 Jim Logan 先生、John Meloling 博士和 John Rockway 博士所提供的帮助和建议深表谢意。

然而，宽带阵列概念是最受关注的课题之一。它是由作者的两位老友——来自 Harris 公司的 William Croswell 先生和 Robert Taylor 先生共同发起的。这种合作关系导致了许多创新的想法。我与 Mission Research (作者的许多老学生的大本营)的合作也是一样。我深深感谢所有参与了这项工作的人，特别是撰写了 9.6 节关于渐变周期表面的 Errol English 先生，以及提供了 3.7 节研究任意取向单元的周期表面的 Peter Munk 先生。

我的良师益友 John Kraus 教授曾经说过，在大学里是学生们给教授“纠正错误”，而不是反过来。我完全同意这个观点。事实上，要不是我最后的两个学生 Dan Janning 博士和 Jonothan Pryor 博士的帮助，这本书不可能写成。我特别感谢 Jonothan，他为本书中的许多案例不知疲倦地运行计算机程序和曲线。他正在参加面试，幸运的是，他已是公司的“准”员工了。

本人对俄亥俄州立大学电子科学实验室的朋友和同事们表示深深的感谢，他们给予了我巨大的帮助，尤其是 Robert Garbacz 教授，他审阅了第 2 章有关天线 RCS 的内容。

最后，我非常幸运地找到了我以前的编辑团队，负责打印手稿工作的 Ann Dominek 女士，以及绘制插图的 Jim Gibson 先生。尽管他们离开了实验室，但是都十分愿意给予我帮助。他们做得很出色，非常感谢大家支持!

Ben Munk

符号和定义

a	q 列与观察点 $\vec{R}$ 的水平距离
$a,\ a_1$	单元的线半径
a	正方形单元的边长
$\mathrm{d}\vec{A}$	赫兹单元双无限大阵列的矢量位
$\mathrm{d}\vec{A}_q$	位于 q 列的赫兹单元的矢量位
$\mathrm{d}\vec{A}_{qm}$	位于 m 行 q 列上单赫兹单元的矢量位
b_{m-1}	偶极子情况下介质层 m 的前分界面的位置
b_m	偶极子情况下介质层 m 的后分界面的位置
C_p	CA 吸波体中正交单元的等效分路电容
d	圆形单元的直径
d_m	偶极子情况下介质层的厚度
D_N	N 个缝隙阵列的阻抗矩阵的行列式
D_x	x 方向内部单元间隔
D_z	z 方向内部单元间隔
$\vec{e}=\left[\hat{p}\times\hat{r}\right]\times\hat{r}$ $=_{\perp}\hat{n}_{\perp}\vec{e}+_{\parallel}\hat{n}_{\parallel}\vec{e}$	赫兹单元所形成的无限大阵列的场矢量
$\vec{E}_m(\vec{R})$	介质层 m 中 $\vec{R}$ 处的电场
$\vec{E}_m^{\mathrm{i}}(\vec{R})$	介质层 m 中 $\vec{R}$ 处的入射电场
$\vec{E}_m^{\mathrm{r}}(\vec{R})$	介质层 m 中 $\vec{R}$ 处的反射电场 [1]
f	频率
f_g	栅瓣的起始频率
$F(w)$	$f(t)$ 的傅里叶变换，$f(t)$ 不一定是时间的函数
$\vec{H}_m(\vec{R})$	介质层 m 中 $\vec{R}$ 处的磁场
$\vec{H}_m^{\mathrm{i}}(\vec{R})$	介质层 m 中 $\vec{R}$ 处的入射磁场

1 原书中误为 $\vec{E}_m^{(R)}$，应为 $\vec{E}_m^{\mathrm{r}}(\vec{R})$。——译者注

$\vec{H}_m^{\mathrm{r}}(\vec{R})$	介质层 m 中 $\vec{R}$ 处的反射磁场
$H_n^{(2)}(\vec{R})$	第二类汉克尔函数，阶数为 n 和变量为 x
$I_{qm}(l)$	沿着 m 行 q 列单元上的电流
k, n	无限大阵列中各向异性平面波谱的索引
l	参考点到单元上任一点的距离
$2l_1$	总单元长度
$\mathrm{d}l$	无限小的单元长度
Δl	赫兹单元的长度
$\vec{m}_\pm = \vec{E}\times\hat{n}_{D\pm}$	磁流密度
$\vec{M}_\pm$	缝隙中的总磁流
$\hat{n}_D$	垂直于介质界面指向需要求解的介质层的单位矢量
${}_\perp\hat{n}_m = \dfrac{\hat{n}_D\times\hat{r}}{\lvert\hat{n}_D\times\hat{r}\rvert}$	在第 m 层介质层，垂直于入射面或再辐射面的单位矢量
${}_\parallel\hat{n}_m = {}_\perp\hat{n}_m\times\hat{r}$	在第 m 层介质层，平行于入射面或再辐射面的单位矢量
$n, n_0, n_1, n_2, \cdots$	整数
$\hat{p}$	单元排向
$\hat{p}^{(p)}$	第 p 段的单元排向
$\hat{p}^{p,n}$	在阵列 n 中第 p 段的单元排向
$P^{(p)}$	第 p 段的散射型函数
$P^{(p)t}$	第 p 段的传输型函数
$P_m^{(p)}$	在第 m 层介质层中第 p 段的散射型函数
${}_{\perp\parallel}P_{m\pm}^{(p)} = \hat{p}^{(p)}\cdot{}_{\perp\parallel}\hat{n}_{m\pm}P_{m\pm}^{(p)}$	在第 m 层介质层中第 p 段散射型函数垂直和平行分量
$P_m^{(p)t}$	在第 m 层介质层中第 p 段的传输型函数
${}_{\perp\parallel}P_m^{(p)t} = \hat{p}^{(p)}\cdot{}_{\perp\parallel}\hat{n}_{m\pm}P_{m\pm}^{(p)t}$	在第 m 层介质层中第 p 段传输型函数垂直和平行分量
P_n	由 n 个缝隙阵列组成的带通滤波器的多项式
q, m	第 q 列第 m 行单个单元的位置
$\hat{r}_\pm = \hat{x}r_x \pm \hat{y}r_y + \hat{z}r_z$	无限大阵列平面波谱的方向矢量

$\hat{r}_{m\pm} = \hat{x}r_{mx} \pm \hat{y}r_{my} + \hat{z}r_{mz}$	在第 m 层介质层中无限大阵列平面波谱的方向矢量
$r_\rho = \sqrt{1-\left(s_z + n\dfrac{\lambda}{D_z}\right)^2}$	$\hat{r}_\pm$ 的 ρ 分量
$\hat{s} = \hat{x}s_x + \hat{y}s_y + \hat{z}s_z$	入射场的方向
$\hat{s}_m = \hat{x}s_{mx} + \hat{y}s_{my} + \hat{z}s_{mz}$	在第 m 层介质层中入射场的方向
t	泊松求和公式中使用的变量
${}_{\perp\parallel}T_m$	厚度为 d_m 的单层介质层的垂直和平行传输函数
${}_{\perp\parallel}^{E}T_m$	对于电场 E，厚度为 d_m 的单层介质层的垂直和平行传输函数
${}_{\perp\parallel}^{H}T_m$	对于磁场 H，厚度为 d_m 的单层介质层的垂直和平行传输函数
${}_{\perp\parallel}T_{m-m'}$	从厚度为 d_m 的单层介质层传播到另一个厚度为的 $d_{m'}$ 的单层介质层的垂直和平行传输函数，都位于一般的介质层中
$T.C._{\pm 1}$	在根 $Y_{1\pm}$ 的传输系数
$V^{1',1}$	参考点位于 $\vec{R}^{(1)}$ 的阵列上的电流在参考点位于 $\vec{R}^{(1')}$ 外部单元上引起的电压
$V_{Di\pm}^{(1')}$	只有从整个阵列上的直接波在参考点位于 $\vec{R}^{(1')}$ 外部单元上引起的电压
$V_{D\pm}^{(1')}$	终止于 ± 方向的双弹跳模在参考点位于 $\vec{R}^{(1')}$ 外部单元上引起的电压
$V_{S\pm}^{(1')}$	终止于 ± 方向的单弹跳模在参考点位于 $\vec{R}^{(1')}$ 外部单元上引起的电压
w	偶极子或缝隙的宽度
${}_{\perp\parallel}W_m$	厚度为 d_m 单层介质层的 Wornskian 的垂直和平行分量
${}_{\perp\parallel}W_m^e$	位于一般分层介质层的厚度为 d_m 单层介质层的 Wornskian 的垂直和平行分量
Y	本征导纳
$Y_{1\pm}$, $Y_{2\pm}, \cdots$	带通滤波器的多项式根
Y_A	阵列单元终端的扫描导纳

Y_{L}	单元终端的负载导纳
$Y_0 = 1/Z_0$	自由空间的本征导纳
$Y_m = 1/Z_m$	介质层 m 的本征导纳
$Y^{1,2}$	阵第 1 列和阵第 2 列的阵列互导纳
Z	本征阻抗
$Z = \dfrac{a+bz}{c+dz}$	非独立的变量 Z，双线性变换中独立的变量 z 的映射
$Z_0 = 1/Y_0$	自由空间的本征阻抗
$Z_{\mathrm{A}} = R_{\mathrm{A}} + \mathrm{j}X_{\mathrm{A}}$	阵列单元终端的扫描阻抗
Z_{L}	单元终端的负载阻抗
$Z_m = 1/Y_m$	介质层 m 的本征阻抗
$Z^{n,n'}$	无限大阵列 n' 和阵列 n 的参考单元的阵列互阻抗
$Z^{q,q'}$	无限大线阵列 q' 和阵列 q 的参考单元的列互阻抗
$Z_{q,q'm}$	阵列 q 的参考单元和阵列 q' 的 m 单元之间的互阻抗
α	入射面和 xy 面的夹角
$\beta_m = \dfrac{2\pi}{\lambda_m}$	介质 m 中的传播常数
Δl	赫兹偶极子的总单元长度
ε	介电常数
$\varepsilon_{\mathrm{eff}}$	影响谐振频率的薄介质层的等效介电常数
ε_m	介质 m 的介电常数
ε_{rm}	介质 m 的相对介电常数
η	宽边入射角
η_g	宽边栅瓣的方向角
θ_m	介质 m 的宽边入射角
${}_{\perp\|}^{E}\Gamma_{m+} = {}_{\perp\|}^{E}\Gamma_{m,m+1}$	当波从介质 m 入射到介质 m+1 时，垂直和平行电场菲涅尔反射系数
${}_{\perp\|}^{H}\Gamma_{m+} = {}_{\perp\|}^{H}\Gamma_{m,m+1}$	当波从介质 m 入射到介质 m+1 时，垂直和平行磁场菲涅尔反射系数
${}_{\perp\|}^{E}\Gamma_{m+}^{e} = {}_{\perp\|}^{E}\Gamma_{m,m+1}^{e}$	当波从介质 m 入射到介质 m+1 时，垂直和平行的有效电场反射系数

${}^{H}_{\perp\parallel}\Gamma^{e}_{m+} = {}^{H}_{\perp\parallel}\Gamma^{e}_{m,m+1}$	当波从介质 m 入射到介质 m+1 时，垂直和平行的有效磁场反射系数
λ_m	介质 m 中的波长
μ_m	介质 m 中的磁导率
μ_m	介质 m 中的相对磁导率
${}^{E}_{\perp\parallel}\tau_{m+} = {}^{E}_{\perp\parallel}\tau_{m,m+1}$	当波从介质 m 入射到介质 m+1 时，垂直和平行电场菲涅尔传输系数
${}^{H}_{\perp\parallel}\tau_{m+} = {}^{H}_{\perp\parallel}\tau_{m,m+1}$	当波从介质 m 入射到介质 m+1 时，垂直和平行磁场菲涅尔传输系数
${}^{E}_{\perp\parallel}\tau^{e}_{m+} = {}^{E}_{\perp\parallel}\tau^{e}_{m,m+1}$	当波从介质 m 入射到介质 m+1 时，垂直和平行的有效电场传输系数
${}^{H}_{\perp\parallel}\tau^{e}_{m+} = {}^{H}_{\perp\parallel}\tau^{e}_{m,m+1}$	当波从介质 m 入射到介质 m+1 时，垂直和平行的有效磁场传输系数
$\omega = 2\pi f$	角频率
$\omega_1\omega_0$ 和 ω_1	用于泊松求和公式的变量 (不是角频率)

目　录

第 1 章　导　　论

1.1　为什么研究有限阵列

这个问题简洁的回答是，因为有限阵列是唯一真正客观存在的。

然而还有更深层次的原因。以图 1.1 所示的无限×无限阵列为例，它由长度为 $2l$ 的直线单元组成，D_x 和 D_z 表示单元间距。在我之前的书《频率选择表面理论与设计》中[1]，详细地探讨了这样一个无限周期结构，书中描述了周期矩量法(periodic moment method，PMM)的基本理论和术语，它成为 Lee Henderson 博士在 1983 年博士学位论文[2,3]中所写的计算机程序 PMM 的基础。

该程序在随后的几年里经受住了考验，已成为这个行业的标准。

接下来研究如图 1.2 所示的有限×无限阵列。在 z 方向与图 1.1 中的无限×无限情况一样，它由无限列组成，但在 x 方向仅有有限列。入射方向为 $\hat{s}=\hat{x}s_x+\hat{y}s_x+\hat{z}s_x$，Floquet 定理仅在无限方向($z$ 方向)有效且电流为：$I_{1m}=I^{(1)}\mathrm{e}^{-\mathrm{j}\beta mD_zs_z}$，$I_{2m}=I^{(2)}\mathrm{e}^{-\mathrm{j}\beta mD_zs_z}$，$I_{3m}=I^{(3)}\mathrm{e}^{-\mathrm{j}\beta mD_zs_z}$。许多研究人员[4-23]已对这样的阵列进行了研究——尤其是写过计算机程序 SPLAT(细线单元线性周期阵列的散射) 的 Usoff 博士，他把 SPLAT 作为其博士学位论文的一部分[24,25]。

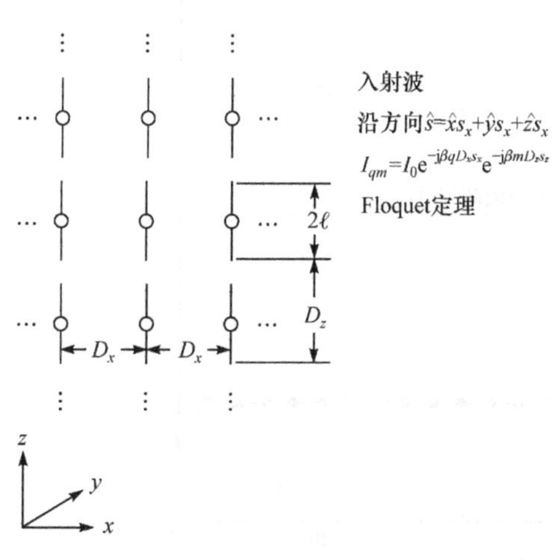

图 1.1　单元间距为 D_x 和 D_z 且单元长度 $2l$ 的“无限×无限”周期结构。

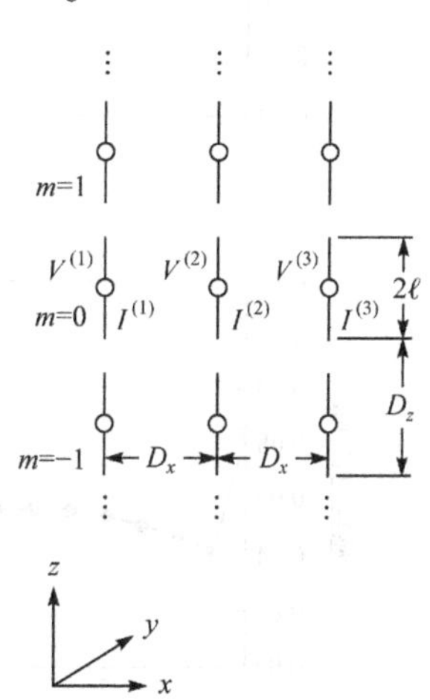

图 1.2　阵列在 X 方向是有限的，在 Z 方向是无限的。

现在应用 PMM 程序来计算一个 $D_x = 0.9$ cm 和 $D_z = 1.6$ cm 的无限×无限 FSS 偶极子阵列的单元电流。单元长度为 $2l = 1.5$ cm，也就是说，这个阵列会在 10 GHz 左右产生谐振，在正交平面(H 平面)中，入射角为 45°。在图 1.3(a)中画出了 f = 10 GHz 时每列电流的幅值。

类似地，我们应用 SPLAT 程序获得了列数为 25 列的有限×无限阵列的电流幅值，见图 1.3(b)。我们发现图 1.3(a)中的无限情况与图 1.3(b)中的有限情况符合得很好，除了有限阵列的最末端。通常，这种现象对于大型阵列非常典型，是使用无限阵列程序去求解在实际中遇到的大型有限阵列问题的根据。只要这个阵列被用作类似于文献[27]的频率选择表面(frequency selective surface, FSS)，这两种情况之间的差别(即在有限情况下违背 Floquet 定理[26])通常并不重要。然而，如果阵列被设计成有接地面的有源阵列，并且每个单元都加载相同的负载电阻(表示输入或发射阻抗)，这种情况可能会发生很大的变化。正如第 2 章和第 5 章所述的那样，在这种情况下，我们可以调整负载阻抗使得除了边缘单元之外的所有单元在镜向都不会发生辐射，可是，正如第 5 章所讨论的那样，我们也可以通过改变边缘单元的负载使得这些单元也不会在镜向发生散射。

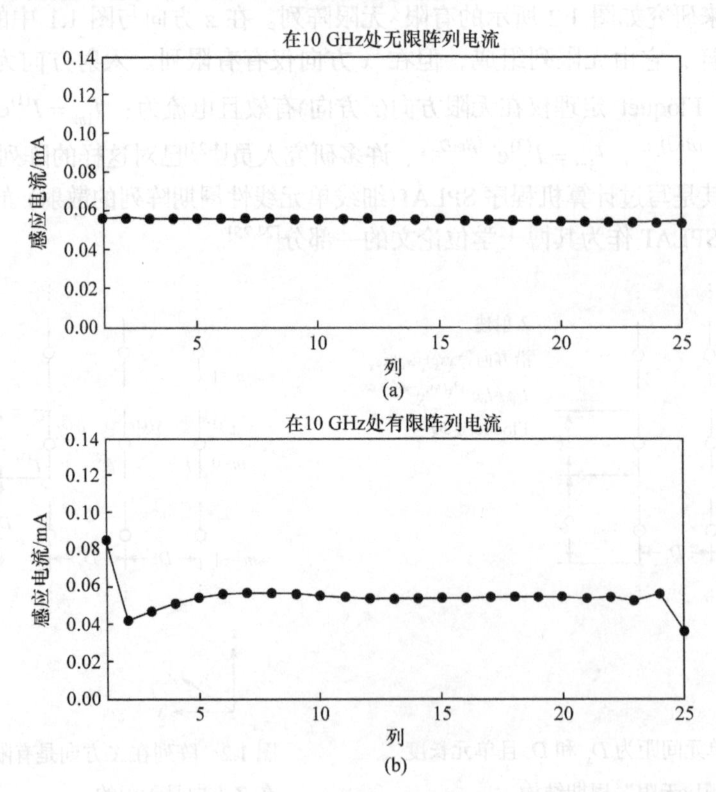

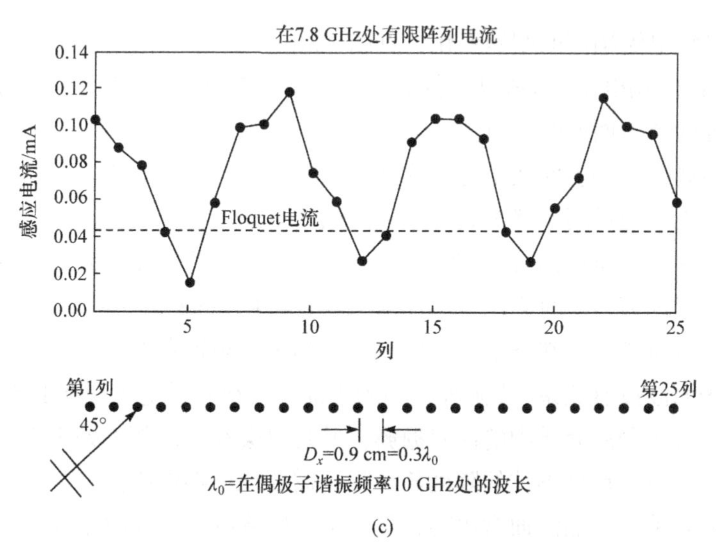

(c)

图 1.3 平面波入射到有限和无限阵列上的不同情况，在 H 平面入射方向与法线成 45°夹角。单元长度为 $2l=1.5$ cm ，负载阻抗为 $Z_L=0$ 。

到目前为止，我们全然默认了这种普遍的做法，即利用无限阵列理论来解决有限周期结构的问题，至少在无负载和无接地面的情况下是这样的，可是，即使在这种情况下，我们也可能会与无限阵列方法大相径庭。简而言之，正如在后面将要讨论的那样，我们可能会遇到只存在于有限周期结构中而不存在于无限周期结构中的现象。

1.2 有限周期结构特有的表面波

我们仅计算了在 $f=10$ GHz 处即接近阵列的谐振频率的单元电流。现在研究在低于谐振频率大约 25%的情况，即在 $f=7.8$ GHz 处。从 SPLAT 程序中我们得到了单元电流，见图 1.3(c)，同时，PMM 程序给出的单元电流等于 0.045 mA，见图 1.3(c)，其接近于谐振频率下的预估值 0.055 mA，见图 1.3(a)。

从图 1.3(c)中观察到，不仅有限阵列的单元电流在列与列之间波动很大，而且可以估计出平均电流甚至比谐振条件下的电流(0.055 mA) 更大一些。

在第 4 章将会详细研究这一现象，表明单元电流主要由三部分组成：

(1) 在无限×无限阵列中观察到的 Floquet 电流，即幅值相同，且相位与入射平面波相匹配的电流。

(2) 两个表面波，都沿着 x 轴朝相反方向传播，通常它们的幅值不同，但相速度相同，这与 Floquet 电流有很大的不同。因此，表面波和 Floquet 电流会相互干扰，从而导致电流幅值的剧烈变化，见图 1.3(c)。

(3) 所谓的端电流。这些电流普遍存在于靠近有限阵列的边缘处，通常被解释成在边缘处两个表面波的反射。

再次强调，上述表面波是有限阵列所特有的，这些表面波不会出现在无限阵列中，因此无法通过用于严格处理无限阵列的 PMM 程序计算得到。与此同时，也不应该把它们与所谓的边缘波[28]混为一谈。边缘波的传播常数等于自由空间的传播常数，当远离边缘时它们就会逐渐减弱，参见 1.5.3 节。

此外，众所周知，在分层介质中无限阵列单元附近存在一种表面波，但与这里所说的表面波没有关系。无限阵列中的表面波会很容易地出现在 PMM 计算中，这些仅仅是位于分层介质中的俘获栅瓣，并且只会在较高频率处出现，通常在谐振频率以上，对于设计不佳的阵列甚至都不需要比谐振频率高。与之相反的是，与有限阵列相关的表面波通常出现在低于谐振频率(20%～30%)的频率上，并且只有在单元间距 D_x 小于 0.5λ 时才会出现。

从实际角度来看，问题当然是，当用作无源 FSS 或是有源相控阵时，这些表面波是否会影响周期性结构的性能。如果是这样的话，可以有什么补救措施。

接下来，在第 4 章和第 5 章，我们将详细讨论这些问题。

1.3 表面波的影响

与有限周期结构相关的新型表面波最常见的影响，在很大程度上取决于是作为无源 FSS 使用还是作为有源相控阵使用。

在第一种情况下，将会观察到双站散射的显著增加；在第二种情况下，将会观察到列与列之间终端阻抗的变化。下面让我们分别研究这两种现象。

1.3.1 来自 FSS 的表面波辐射

有限 FSS 上的表面波会发生辐射，就像 Floquet 电流会辐射一样。这些问题，尤其是表面波是如何被激发的，将是第 4 章详细讨论的主题。在本引言中，给出一个典型的示例就足够了，见图 1.4。此处展示了与之前单元尺寸相同的 25 列单元(见插图)，入射角为 67.5°，如图 1.4 中的实线所示是 Floquet 电流的双站散射图，这对应于无限 FSS 的简单截断；虚线表示在有限 FSS 上使用总电流所获得的双站散射图，即通过 SPLAT 程序直接计算得到的 Floquet 电流、两个表面波和端电流的总和。从 Floquet 电流中获得的双站散射图必然是 $\sin x/x$ 形式的双站散射图。然而，当使用总的计算电流时，我们发现两个主波束没有明显的改变，旁瓣电平升高了大约 10 dB，而两个主波束之间的区域(150°～210°)实际上是低于 Floquet 的双站散射图，在第 4 章将会展示更多旁瓣电平增加超过 10 dB 的例子。换句话说，没有处理过的有限 FSS 的 RCS 有可能会按这个数量级抬升。

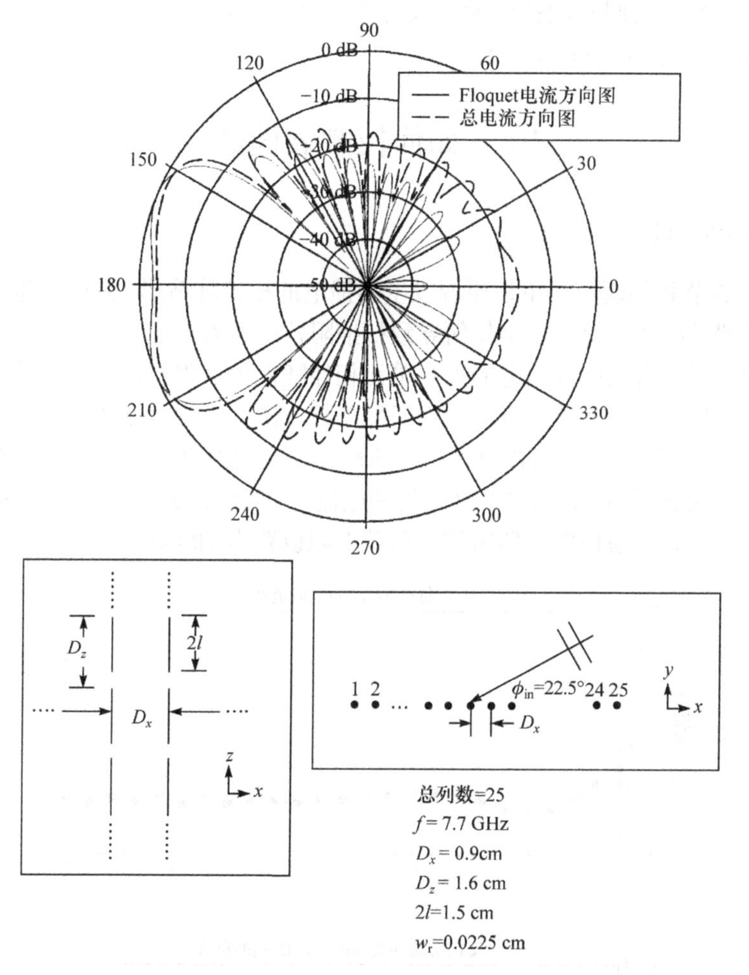

图 1.4 在 f = 7.7 GHz 处列数为 25 列的有限×无限阵列在 H 平面上的双站散射场。

令人鼓舞的结论是，尽管实际上表面波可能比 Floquet 电流更强(见图 1.3(c)所示的例子)，然而这些表面波的辐射效率却明显低于 Floquet 电流产生的效果。这些事实将会在第 4 章详细讨论。

1.3.2 列与列之间扫描阻抗的变化

如果一个相控阵是使用无内阻的恒压源进行馈电的周期结构，那么其终端的相对电流的幅值将会像图 1.3 所示的那样。因为扫描阻抗等于终端电压(即恒压源的电压)除以终端电流，所以扫描阻抗与图 1.3(b)和(c)中的电流成反比变化。

显然，要使阻抗与图 1.3(c)中波动的扫描阻抗精确匹配是一个巨大的挑战——特别是当我们意识到扫描阻抗的最大和最小值会随着扫描角和频率发生变化时。因此，我们必须找到消除或者至少是减弱表面波的途径。接下来在第 4 章中，我们将进行更详细的讨论。

1.4 如何控制表面波

1.4.1 相控阵情况

在 1.3 节我们研究了由恒压源发生器馈电的相控阵情形，其中发生器阻抗等于零。看到了这种情况下，是如何导致扫描阻抗的灾难性变化。幸运的是，在逼近真实情况下，由恒压源馈电的独立单元相伴随发生器阻抗值与无限阵列中产生的扫描阻抗相类似，即满足近似共轭匹配条件。图 1.5 计算了当入射平面波方向与法向成45°夹角入射，或者使用具有线性相位延迟的独立电压源像相控阵一样进行馈电时加载不同电阻在 7.8GHz 处的电流，在图 1.5(a)中展示了与图 1.3(c)相同的情况，但为了模拟发生器阻抗，负载电阻设置为 100 Ω。

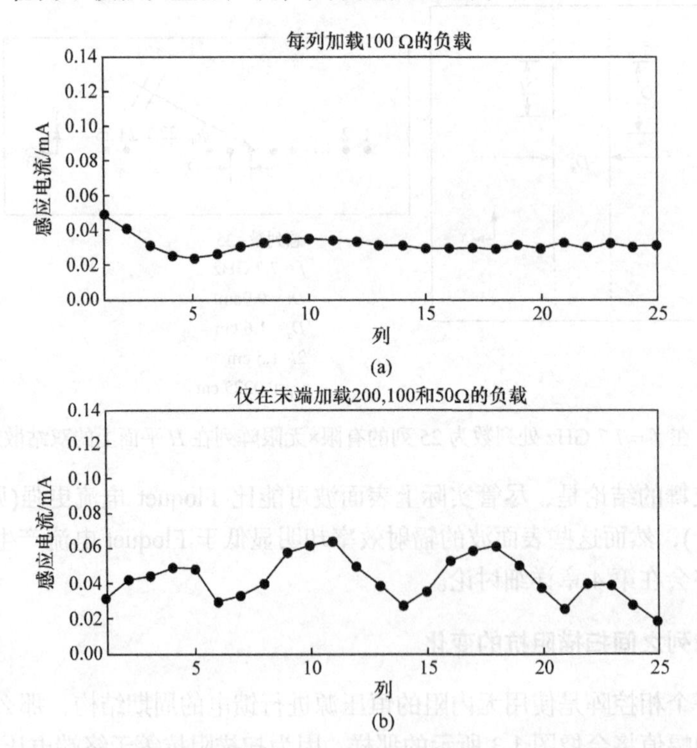

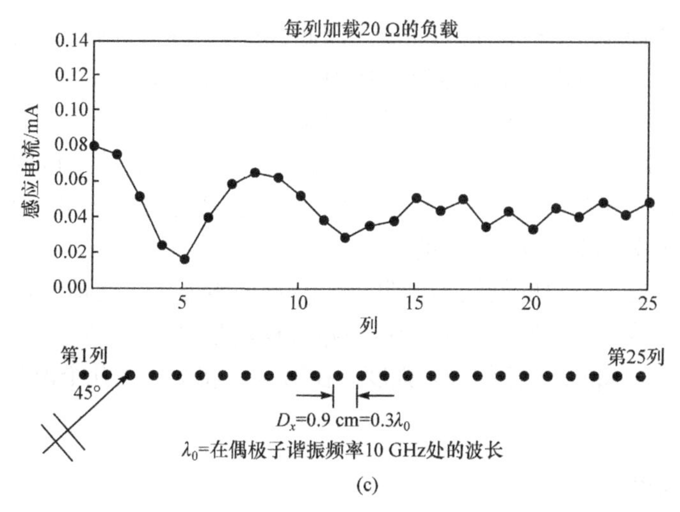

(c)

图 1.5 在 7.8 GHz 处加载不同电阻下的有限阵列电流。

下面还有几个特性值得深入地探讨。首先，单元与单元之间的波动大幅度地减弱，但很明显没有完全消除；其次，图 1.3(c)中的 Floquet 电流已经从 0.045 mA 降低到图 1.5(a)中的大约 0.032 mA，即近似缩减为 0.032/0.045=0.71。

电流的缩减通过观察图 1.6(a)所示的等效电路很容易来解释。

此处，恒压源 V^g 与阻抗 Z_G 和扫描阻抗 Z_A 串联，无阻抗的电流和有阻抗的电流之比为 $Z_A/(Z_A+Z_G)$，对于这里所考虑的阵列，Z_A 平均值的粗略估计是 200 Ω 左右，因此，对于 $Z_G=100\ \Omega$ 的缩减近似为 $200/(200+100)=0.67$，从工程应用角度认为这与上述观察值(即 0.71)一致。

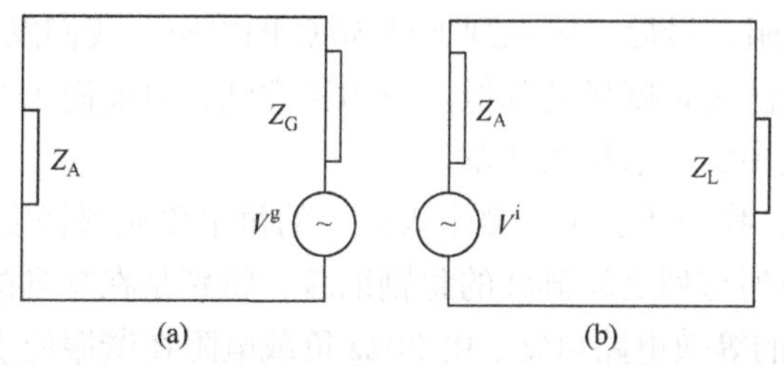

(a) (b)

图 1.6 无限周期结构的近似等效电路。(a) 相控阵，各个独立的单元是由内阻为 Z_G 的恒压源 V^g 进行馈电的；(b) 频率选择表面，电压 V^i 是由入射波引入的，Z_L 是负载阻抗，通常为纯电抗。

我们要强调这种缩减绝不是“令人尴尬的”。这与共轭匹配的情况基本一致，共轭匹配时电流之比为 0.50，效率为 50%。参见附录 B.9 中的讨论。

但是，我们如何解释与表面波相关的涟波的大幅度缩减呢？后续在第 4 章将会更详细地探究表面波形成原因，指出与表面波相关的终端阻抗非常小，这两个

表面波的阻抗都为 $Z_{surf}\sim 10\ \Omega$ 数量级。因此，与上述 Floquet 电流规律一样，我们也同样发现每个表面波的缩减等于 $10/(10+100)=0.091$。当然这是一个平均值效果，但它解释了图 1.5(a)中涟波的大幅度减少规律。

这一观察结果很值得注意。它表明通过匹配处于最大功率传输附近的天线(即满足共轭匹配条件)，我们可以获得额外的好处，即在表面波占主导的频率下，扫描阻抗的涟波有潜在强烈减少的余地。

顺便提一句，低值的终端表面阻抗 Z_{surf} 进一步证实了之前所观察到的东西(见图 1.4)——尽管表面波电流可能比 Floquet 电流强(见图 1.3(c))，但其辐射强度一般会远低于 Floquet 电流的辐射强度。在第 4 章将会给出几个说明这种观点的实际算例。

1.4.2　FSS 情况

当周期结构作为线型 FSS 使用时，如果每个单元都加载了与终端阻抗 Z_A 相当的电阻，那么将会导致不能接受的高反射损耗(约 3 dB)。为了得到进一步的认识，让我们研究一下如图 1.6(b)所示的等效电路，在这里电压源电压 V^i 不再由人工激励源 V^g 产生，而是由入射平面波引入，此时在谐振条件下的目标仅仅是为了获得尽可能高的电流流过 Z_A 和 Z_L，以达到表面的无损反射。因此，在理想情况下，任意负载阻抗 Z_L 应该都是纯虚数，并且只是用于抵消 Z_A 的虚部。

那么如何控制 FSS 上的表面波呢?

一种方法是在整个表面上除了边缘几列以外的其他任何地方都不加载电阻。在图 1.5(b)中展示了一个例子：外两列加载了 200 Ω 的电阻；靠近中心的第二列加载了 100 Ω 的电阻；最后，第三列加载 50 Ω 的电阻。我们发现，与图 1.3(c)中非加载的情况相比涟波幅度显著降低。应当注意到，目前尚未对负载的电阻值进行参数化研究。更多实例请见第 4 章。

在图 1.5(c)中，我们还展示了整个表面上的每个单元都轻度加载了 20 Ω 电阻的情况。我们发现列与列之间涟波的急剧缩减，特别是在阵列的右半部分。

从图 1.6(b)中的等效电路可知，由 20 Ω 负载电阻在谐振处引起的传输损耗结果。表明电流的减少等于 $Z_A/(Z_A+Z_L)=200/(200+20)=0.9$，或 1 dB 左右(恰好勉强可接受)。

另一种方法是，我们可以简单地使用紧邻着单元的小损耗有耗介质或单元附近的电阻膜来替代 20 Ω 损耗电阻以获得适当的损耗。

最后，上述采用不同方法的组合会打开了很多应用可能性。更多有关内容，将在第 4 章介绍。

1.5 常见错误概念

1.5.1 关于常见错误概念

在我的第一本书《频率选择表面理论与设计》[1]中，我在每章末尾介绍了一节称为“常见错误概念”的部分，这部分旨在消除一些在“外行”中非常流行的许多谬论和误解，我还曾打算把它当作基础在课堂上进一步讨论，很快它就非常受欢迎。事实上，我意识到在阅读前面的文字之前，常常会非常高兴地阅读这部分内容。这表现在善意的评论中，例如：“好吧，你要告诉我们什么可行，什么不可行。但您还必须告诉我们原因。”我慢慢地意识到一个新的错误概念已经出现：您只需要阅读常见错误概念的部分就行，您就可以掌握新的知识，而不是自欺欺人。

此外，通常暗示设计示例是参数化研究，或者是优化过程，或者是基于“多年的经验”的结果。

尽管我承认一些不需要特定理论背景的参数化观察研究基本没有门槛，但我们主要是使用解析的方法[1]，这不仅能对问题透彻了解，而且可以确定解是否存在及其解决方案。

我认为这就是爱迪生曾经说过的：“努力工作是无可替代的。”

1.5.2 关于表面波的辐射

这个标题无疑有些出乎意料，正如许多著名的教科书所说的那样，表面波不会辐射，同样适用于周期结构讲法。一个不争的事实是，表面波理论通常是基于二维的模型，正类似于涂覆有介质层的无限长导线一样。正如本章所讨论的那样，无限阵列理论通常能够揭示阵列的许多基本特性，但是有些现象只有当阵列是有限阵列的时候才会出现。事实是，表面波与单元电流有关，在有限阵列上表面波将以天线辐射的相同方式辐射，即在端射阵列中通过将每列的场加起来。在第 4 章将会展示此类型辐射方向图的大量示例，它们的典型特征是在 X 轴方向上的“主瓣”比“旁瓣”电平低，造成这种“异常”的原因仅仅是列与列之间的相位延迟远远超过 Hansen-Woodyard 条件[29]。它们的辐射电阻也较低。

我们变换一种思路来研究，假定有限阵列的辐射完全取决于边缘电流。虽然麦克斯韦方程没有明确说明辐射或散射是在边缘还是单元端点发生的，但它仍然是一个在经典电磁理论中已被证明有价值的观察结果。当处理理想导体半平面、条带和楔形等的散射特性，甚至是电介质时，这是一种简便方法。

1 通过解析方法我们把问题分解成几部分，在把它们融合在一起之前单独研究每一部分。

然而，对于加载线单元有限阵列的情况，该方法就失去了原先的吸引力，基于表面波只存在于有限频率范围内，且在该频率范围内表面波的振幅和相位会随频率的变化发生显著的变化。因此，散射特性必须在每个频率下都要进行数值计算，实际上散射特性也取决于阵列的大小，以及以何种复杂的方式组态。

关于这一点，开展该计算方法研究主要源自学术兴趣的驱动。

1.5.3 这里遇到的表面波应该叫作边缘波吗

只是因为表面波来源于阵列的边缘，有人曾经建议将本章介绍的表面波称为“边缘波”，这使我们为某些问题所困扰。

首先，“边缘波”一词被用来表示沿边缘传播而不是正交于边缘的波[30]，换句话说，我们所谈论的是两种性质完全不同的波。

其次，Ufimtsev 和其他人使用“边缘波”一词来表示来自边缘并垂直于边缘传播的波[28]。然而，当远离边缘时，这种边缘波就会逐渐消失，其传播常数等于自由空间的传播常数。而本书这里遇到的表面波在远离边缘时基本不会出现衰减(通过辐射和欧姆损耗除外)，并在整个阵列上传播。

此外，在第 4 章已经确定了这种波的传播常数，它恰好等于沿着偶极子阵列传播的表面波的传播常数。当然，这些传播常数与自由空间的传播常数有很大的不同，因此，应该将这里所遇到的表面波称为表面波，因为这就是表面波真谛。

当然，人们有理由怀疑，如果这个现象存在，为什么在文献中极少有人关注？其主要原因可能是，单元间距应要小于 0.5λ，且频率要比谐振频率低约 20%～30%(有关详细信息详见第 4 章)。通常情况下，很多研究人员选择 $D_x = 0.5\lambda$ 的临界间距，并将注意力集中在谐振频率附近[31-33]，正如图 1.3 中看到的一样，这基本上排除了任何强表面波存在的可能。

1.6 本章小结

我们已经阐明了只能存在于有限周期结构上的表面波。与众所周知的可存在于紧邻着周期结构的分层媒质中的第 1 类表面波类型完全不同，第 1 类表面波仅仅是分层媒质内部的俘获栅瓣。因此，在频率高到可以出现栅瓣的频率下，在基于无限阵列理论的计算中将会很容易显现出来。

相反，这类新型表面波(第 2 类)只有在单元间距 D_x 小到没有栅瓣时才能存在。除此之外，该频率通常必须比周期性结构的谐振频率低 20%～30%。

这种新型表面波的存在表现为多种形式：

(1) 如果用作 FSS，则会导致双站散射的显著增强，特别是，我们可能会发现，未经处理的 FSS 组成的目标的 RCS 可能大幅度地抬升。

(2) 如果该结构用作相控阵，则会导致端子之间的终端阻抗或列与列之间扫描阻抗的显著变化。在这种情况下，由于扫描阻抗的最大值和最小值会随着频率和扫描角的变化而发生明显的变化，因此特别设计高质量的匹配网络将会变得非常困难。

我们还指出，可以通过多种方式加以控制第2类表面波。一种方法是在每个单元上加载电阻，如果用作FSS，所加载的电阻值应该低一些，以免对反射信号造成明显的衰减。在相控阵的情况下，可以通过简单地从恒压发生器馈入具有实际发生器阻抗的单元来获得电阻负载。

另一种方法是，我们可以只在周期结构的边缘几列单元上加载电阻，而整个表面其余的单元都不加载电阻。也可以使用小损耗的有耗电介质板或者电阻板。

最后，上述部分或所有方法的组合有待开启众多的可能性，详情见第4章。

有人可能会问这样一个问题，为什么不只在两种表面波之间的频率范围内工作呢？好吧，就FSS而言，已多次证明只有小的单元间距才能获得入射角的稳定性(参见文献[34])；对于相控阵来说，特别是设计宽带相控阵，基本上也是如此，详情见第6章。

这篇导论仅仅指出了有限周期结构在低于谐振频率时可能存在的表面波及处理办法，在第4章我们将会完全依靠严格的计算实例来深入地研究该问题。

问　　题

1.1　考察一个扫描阻抗为$Z_A = 200\ \Omega$的相控阵情况。图1.6(a)所示表示由阻抗为Z_G的电压源进行馈电情形假设满足共轭匹配条件，即$Z_G = Z_A = 200\ \Omega$。

如第4章所述，两个表面波都是由与有限阵列相邻的半无限阵列产生的。我们假设等效电路组成了分别位于有限阵列两端的表面波发生器，具有对应于左行和右行表面波的表面波发生器阻抗，记为$Z_{SW\,L}$和$Z_{SW\,R}$。我们将假设这些阻抗取决于入射角。

此外，我们将假设发生器内阻Z_G分别与$Z_{SW\,L}$和$Z_{SW\,R}$串联连接；也就是说，正如在图1.5(a)中的例子所看到的一样，Z_G将会削弱该表面波。

已知表面波阻抗$Z_{SW\,L}$和$Z_{SW\,R}$及发生器内阻Z_G。

(1) 对于以下不同的$Z_{SW\,L}$值，计算$Z_G = 200\ \Omega$时的表面波缩减量，以分贝形式表示。并与无负载的情况$Z_G = 0$作比较。

①2.5 Ω；②5.0 Ω；③10.0 Ω；④20.0 Ω；⑤40.0 Ω。

(2) 若发生器负载增加到400 Ω，那么请说明缩减大约会变化多少分贝(是上升，还是下降)?

第 2 章　天线雷达散射截面概论

2.1　引　　言

众所周知，通过在天线前面放置赋形带通天线罩可以显著减少任意天线的雷达散射截面(RCS)[35]。当天线罩是不透明的时候，入射信号主要是沿着镜像方向反射，而后向散射信号将会很微弱，见图 2.1。可是，当天线罩是透明的时候，天线 RCS 没有明显的缩减，因此，可探测到的 RCS 主要取决于天线本身和天线罩后面的东西——例如后壁。所以，就有一个有趣又很重要科学问题："在不牺牲效率的情况下，能否设计一种在后向区域基本上是不可见的宽带天线？"

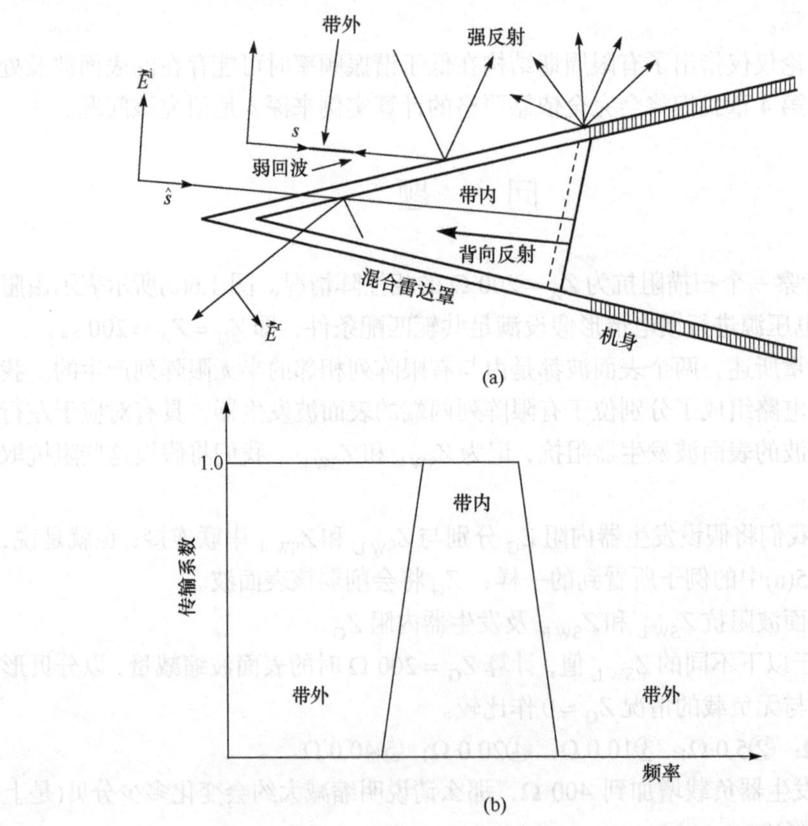

图 2.1　(a) 混合雷达罩的结构图；(b) 理想带通雷达罩在所有极化所有扫描角下的传输系数图。

大多数读者会说不。读者的回答通常建立在最常用天线的基础上，并且证据确凿，如有接地面的单个偶极子或单极天线、喇叭天线、平面螺旋天线、角反射器、介质天线、贴片天线、对数周期天线和螺旋天线等。当完全匹配时，这些天线都不能在较宽的频段内产生低的 RCS。因此，将在本章集中讨论为数不多的、一种在后向区域能真正实现隐身的大口径平面天线，其背靠着接地面且具有均匀的口径照射。后面还会讨论渐变口径的情况。结果表明，在这种情况下，隐身性在概念上与 100%效率相兼容。

大口径平面天线通常和窄的笔形波束相关联。但在第 7 章我们将会研究在后向具有低可见性的宽频带全向天线。在第 8 章进一步讨论如何为抛物面天线设计一个馈源，产生的 RCS 要比完全没有馈源时要低 6 dB 左右，这种馈源的设计与全向设计密切相关。可是，需要强调的是，在宽频带上抛物面系统永远不可能达到平面口径天线所固有的低 RCS 值。

在 2.2 节我们将介绍适用于所有天线种类的天线 RCS 经典基本原理，这对于更好地理解天线 RCS 的复杂性非常重要。

2.2　天线 RCS 的基本原理

本节将说明天线的散射(再辐射)场由以下两部分组成。

(1) **天线模式项**：取决于增益 G、负载阻抗 Z_L、极化、入射角和频率。

(2) **剩余模式项**：代表所有必须与天线模式项相加以获得总 RCS 的其他成分。该项可能取决于增益 G、极化、频率和入射角，但绝不取决于负载阻抗 Z_L。

无可否认，剩余模式项的定义违反了基本的科学原则：永远不要用未知的事物来循环解释未知的事物。虽然如此，这个概念对于理解天线散射却极为有用。

因此，我们将会展示几个重要的计算剩余散射项的示例，并说明它是如何与天线模式项联系在一起的。

早期剩余模式项的另一种命名是结构散射项，我们极不推荐这种命名方法，因为它具有一定的误导性。譬如，后面将会展示(见 2.6 节)无接地面的大型偶极子阵列的剩余模式项与天线模式项一样多，可是，当我们添加接地面时(是的，添加更多的结构)，天线模式项增加了四倍，而剩余散射项简单地为零。因此，应尽量避免使用“结构”这个词，因为它可能会引起误解，即更多的结构意味着更多的散射，见 2.14.1 节和 2.14.2 节。

2.2.1 天线模式项

更具体地讲，如图 2.2 所示，现在让我们研究一个在传播方向为 $\hat{s}_i$ 和功率密度为 Φ_i 的入射波照射下的天线。若负载阻抗 Z_L 与天线阻抗 Z_A 共轭匹配，则接收功率为最大值，由文献[36]给出

$$P_{rec}^{i} = \frac{\lambda^2}{4\pi} G_i \Phi_i p_i \tag{2.1}$$

式中，G_i 是在入射方向 $\hat{s}_i$ 上的天线增益，p_i 是入射电场与天线极化之间的极化失配因子，即 $0 \leqslant p_i \leqslant 1$。

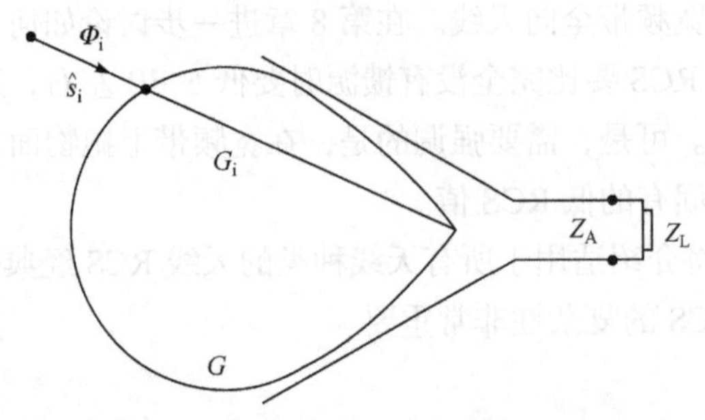

图 2.2　在功率密度为 Φ_i 和方向为 $\hat{s}_i$ 的入射平面波照射下的天线。

接下来，我们探索天线阻抗 Z_A 和 Z_L 之间的反射系数 Γ。如果其中一个是实数，那么 Γ 通常的简单表达式是有效的(见后文)。但是如果它们都是复数，见图 2.3(a)，那么我们必须将原始问题修改为图 2.3(b)所示的问题。这是基于这样一个简单的事实，即对于一个双端口无耗电路，无论终端放置在电路中什么位置，Γ 的模值(而不是复数值)都将保持不变。在修改后的电路中，很容易得到实阻抗 R_A 与复阻抗 $R_L + j(X_A + X_L)$ 之间的反射系数的模值

$$|\Gamma| = \left| \frac{R_L + j(X_L + X_A) - R_A}{R_L + j(X_L + X_A) + R_A} \right| \tag{2.2}$$

由式(2.1)给出的接收功率 P_{rec}^{i} 将被负载阻抗 Z_L 吸收一部分，与此同时，一部分被反射回天线，反射功率为

$$P_{refl} = P_{rec}^{i} |\Gamma|^2 \tag{2.3}$$

式中[1]，$|\Gamma|$ 由式(2.2)给出。

现在，反射功率 P_{refl} 会被天线辐射(或更确切地说是再辐射)，如同其他任何信

1 原书误为 P_{rec}，正确应为 P_{rec}^{i}。——译者注

号施加到天线的终端一样。

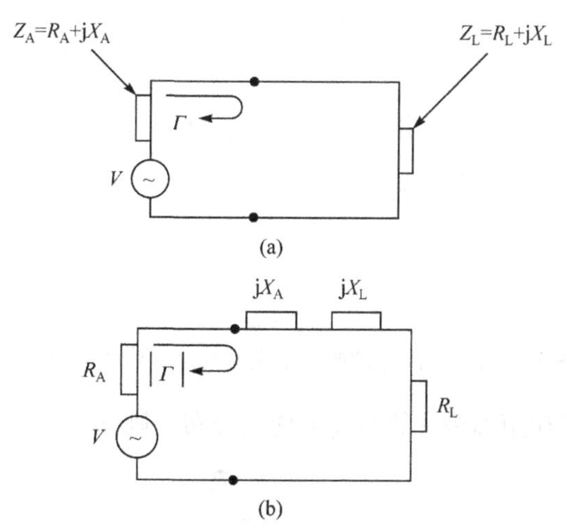

图 2.3　(a) 两个复阻抗 $Z_A = R_A + jX_A$ 和 $Z_L = R_L + jX_L$ 之间的反射系数 Γ；(b) 实阻抗 R_A 和复负载 $R_L + j(X_A + X_L)$ 之间的反射系数 Γ。

如果天线是各向同性的，功率 P_{refl} 在距离 r 处，将会均匀地分布在一个面积为 $4\pi r^2$ 的球面上。因此，在距离 r 处的功率密度是 $P_{\text{refl}}/4\pi r^2$。然而，如图 2.4 所示，如果天线在辐射方向 $\hat{s}_i$ 上具有增益 G_r，则在该方向上距离 r 处的功率密度为

$$\Phi_r = \frac{p_{\text{refl}}}{4\pi r^2} G_r p_r \tag{2.4}$$

式中，p_r 是散射天线与位于远场的接收天线之间的极化失配因子，即 $0 \leqslant p_r \leqslant 1$。

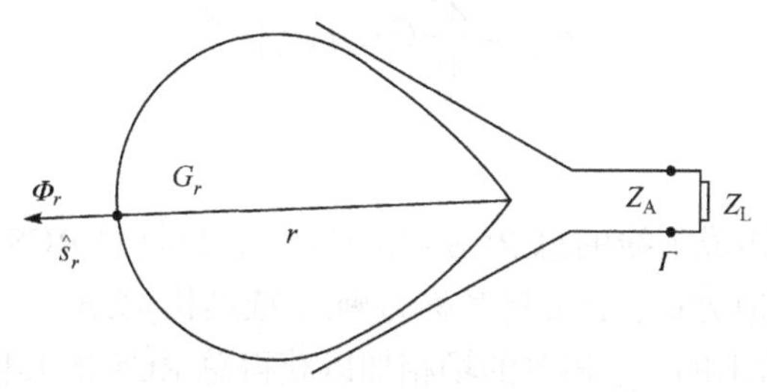

图 2.4　天线接收到的功率 P_{rec} 再辐射。

把式(2.1)和式(2.3)代入式(2.4)，得到

$$\Phi_r = \frac{\lambda^2}{16\pi^2 r^2} G_i G_r p_i p_r |\Gamma|^2 \Phi_i \tag{2.5}$$

RCS 的定义如图 2.5 所示，此处面积为 σ_{ant} 的假想平板截获一个功率密度为 Φ_i 的入射平面波，即截获功率为 $\sigma_{\text{ant}}\Phi_i$。

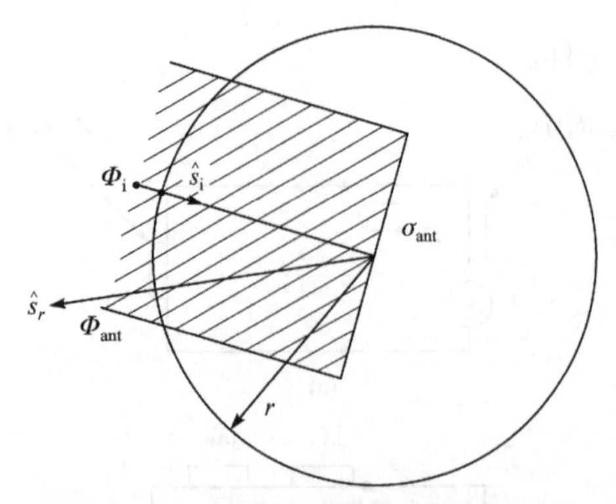

图 2.5　面积为 σ_{ant} 的假想平板所截获的功率为 $\sigma_{ant}\Phi_i$。

如果这个功率在距离为 r 的空间上均匀分布，则功率密度 Φ_{ant} 为

$$\Phi_{ant} = \frac{\sigma_{ant}\Phi_i}{4\pi r^2}$$

或

$$\sigma_{ant} = 4\pi r^2 \frac{\Phi_{ant}}{\Phi_i} \tag{2.6}$$

天线模式项的雷达散射截面现在定义为 σ_{ant}，它太大，以至于与假想板相关的功率密度 Φ_{ant} 与天线模式项相关的功率密度 Φ_r 相同，即我们设定

$$\Phi_{ant} = \Phi_r \tag{2.7}$$

将式(2.5)和式(2.7)代入式(2.6)，得到天线模式项的雷达散射截面为

$$\sigma_{ant} = \frac{\lambda^2}{4\pi} G_i G_r p_i p_r |\Gamma|^2 \tag{2.8}$$

2.2.2　剩余模式项

式(2.8)一般不构成天线的总 RCS。事实上，它只是总 RCS 的一个分量，这就意味着可能还有其他分量，通常将其称为剩余(或结构)项 σ_{res}。较早前将其定义为“必须和式(2.8)所给出的 σ_{ant} 相关的场相加以获得总 RCS 的其他相关场”，即

$$\sigma_{tot} = \frac{\lambda^2}{4\pi} G_i G_r p_i p_r |\Gamma + C|^2 \tag{2.9}$$

所谓剩余散射截面可定义为

$$\sigma_{res} = \frac{\lambda^2}{4\pi} G_i G_r p_i p_r |C|^2 \tag{2.10}$$

请注意，通常情况下 $\sigma_{tot} \neq \sigma_{ant} + \sigma_{res}$。

仔细考察式(2.10)可知，看上去好像暗示σ_{res}与$G_\mathrm{i}G_r p_\mathrm{i} p_r$成正比，但事实并非如此，一般来说，剩余模式项是一个更为复杂的函数。事实上，把剩余模式项写成式(2.10)形式的唯一原因是，这能够将剩余模式项与σ_{ant}相加得到式(2.9)所给出的σ_{tot}。总之，剩余模式项与Z_L无关，否则它就是σ_{tot}的一部分。

更具体地讲，请考察图 2.6(a)，在这里我们展示了一个归一化到R_A的史密斯圆图。再回顾一下，史密斯圆图的独特之处在于，由式(2.2)所给出的反射系数Γ是从史密斯圆图的中心R_A到修正的负载阻抗$R_\mathrm{L}+\mathrm{j}(X_\mathrm{L}+X_\mathrm{A})$处的相量。与天线模式项相关的场的大小与$|\Gamma|$成正比[见式(2.8)]，而与剩余模式项相关的场的大小正比于$|C|$[见式(2.10)]。因此，根据式(2.9)，和σ_{tot}相关的场的大小与相量之和$(\Gamma+C)$的模成正比。

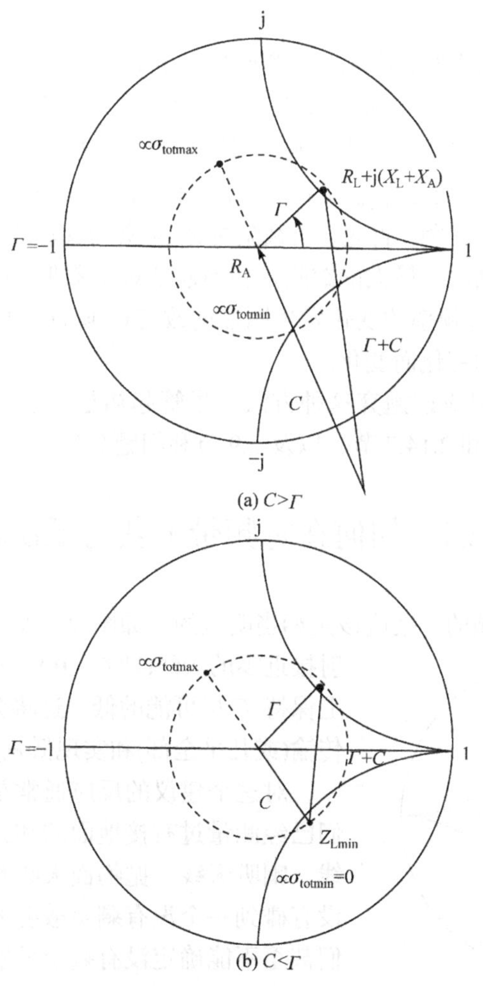

图 2.6　天线模式项、剩余模式项、总天线 RCS 在史密斯图表中的描述。

这样表示方式的美妙之处在于，更清晰地展示了 σ_{tot} 是如何随负载阻抗 Z_L 的变化而变化的(如上所述，C 与 Z_L 无关)。例如，我们可以使 VSWR 恒定不变，改变 Z_L，如图 2.6(a)所示，在这种情况下 Γ 的端点将会沿着半径为 $|\Gamma| \leqslant 1$ 的圆运动，以这种方式我们可以获得最大的 $\sigma_{\text{tot max}}$ 和最小的 $\sigma_{\text{tot min}}$。当共轭匹配时，$Z_L = Z_A^*$ 且 $\Gamma = 0$，也就是说 σ_{tot} 正比于 $|C|^2$。因此，当匹配负载获得最大功率传输时，如果 $|C|^2$ 很大，那么 σ_{tot} 有可能相当大；更糟糕的情形是，如图 2.6(a)所示，如果 $|C| > |\Gamma|$，不管选择什么负载，我们都永远无法得到 $\sigma_{\text{tot}}=0$。

2.3 如何通过相消的方式获得低σ_{tot}(并不推荐)

在 2.2.2 节，我们研究了剩余模式项 C 大于 Γ 的情况。结果表明，无论我们如何选择负载阻抗 Z_L，σ_{tot} 都不会变为零。可是，如图 2.6(b)所示，如果研究的是 $|C| < 1$ 的天线(对 C 没有特别限制)，很容易发现我们可以选择合适的负载阻抗 Z_L，使得 $C + \Gamma = 0$，即 $\sigma_{\text{tot min}} = 0$。这种技术被称为 RCS 相消控制。

该方法面临两个问题。首先，负载阻抗 Z_L 未必为共轭匹配，也就是说，功率传输不是理想的；其次，最大的缺陷是相消通常对频率非常敏感——窄带的问题(Z_L 和 Z_A 一般会随着频率的变化发生明显的改变)。除此之外，相消条件通常会随着入射角和极化的变化而变化。

因此，一般情况应该抛弃这种方法，尽管起初是出于学术研究兴趣。参见 2.14.1 节、2.14.4 节和 2.14.7 节，以及 2.9 节和问题 2.2。

2.4 如何在宽频带上获得低σ_{tot}

目前，这个问题的答案应该是相当明显的。如图 2.7 所示，选择一个剩余散射接近零的天线(即 $C \sim 0$)，并且尽可能在宽频带上保持 Γ 尽可能的低，这将会同时确保最大功率传输(或几乎全部)和实现低 σ_{tot}。

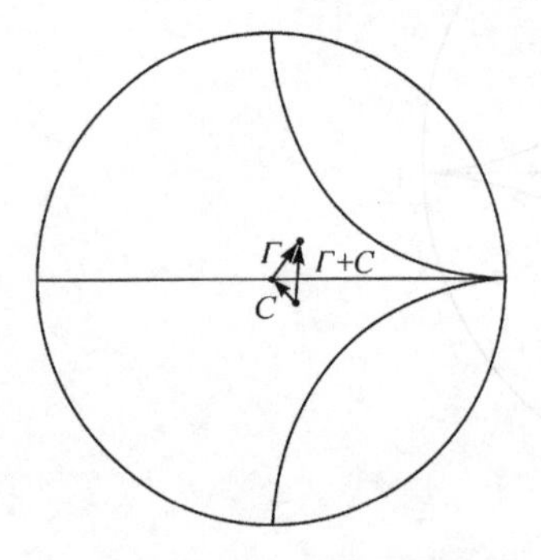

图 2.7 C 和 Γ 尽可能小的天线。

对这个建议的反应通常是这样的。好吧，我们已经测量过有接地面的和无接地面的偶极子天线、喇叭天线、抛物面天线及螺旋天线，但从来没有碰到一个没有剩余散射的天线。事实上，我们甚至不能确定没有剩余散射的天线是否违反了某些基本规则！

实际上，他们差不多是对的，但是基于有限数量的实际案例进行概括推广是不科学的。事实上，没有剩余散射项的天线结构配置组态不会违反任何基本定律，而且它们确实存在。这些将在 2.6 节和 2.7 节讨论。话说回来，我们理应向率先提出天线散射理论的核心人物表达敬意。

2.5 相关历史

20 世纪 60 年代中期，作者在俄亥俄州立大学天线实验室(现为电子科学实验室)Leon Peters, Jr. 教授的课题组读研究生时，大家都认为他是具有优秀工业背景的称职的天线工程师。他对天线阻抗有很好的了解，并具有相当丰富的匹配经验，他知道如何从复杂的天线系统获得辐射方向图。可是，他甚至没有听说过天线雷达散射截面。这在当时对于大多数天线工程师来说是很具有代表性的。

作者于 1966 年在俄亥俄州立大学的一个短期课程中首次接触到天线散射的奥秘。其中一个会议专门讨论天线的 RCS[37]，由 Robert Garbacz 教授主持，他当时是 Edward Kennaugh 教授的研究生。此外，在 1963 年以前的一段时间里，另一位研究生，Garbacz 的密友 Robert B. Green 撰写的博士学位论文专门论述了天线的 RCS[38]。正是这项工作成为本章 2.2 节的基础。

然而，McEntee 在俄亥俄州立大学的报告中首次提出了天线散射由两项组成的概念[39]。他清楚地认识到散射(再辐射)是因为天线和负载阻抗之间的失配(天线模式项)，除此之外还有来自与天线相关的其他部分的散射项(剩余模式项或结构模式项)。他实际上并没有用这些名字来称呼这些项，很明显，这是后来出现的。当然，所有这些研究都是在 Peters 教授和 Kennaugh 教授的密切关注下进行的，他们提供了许多基本的想法和概念。

还有其他重要贡献：Hansen 讨论了天线作为散射体和辐射体之间的关系[40]。Garbacz 讨论了天线测量技术[41]，Appel-Hansen[42]、Wang 等[43]也如此，还有 King[44]。Heidrich 和 Wiesbeck 报道了几篇有关天线测量的口头论文[45-48]，最终由 Heidrich 撰写成了博士学位论文[49]。

2.6 阵列的 RCS

在天线世界中，金属线阵列或偶极子阵列具有独特的地位，我们可将其设计成具有非常大的带宽(>7:1且 VSWR<2)，见第 6 章。可以将它们设计为具有非常低的雷达回波，这可能是目前唯一可用的概念。最后，它们构成了一个周期结构，因此本书就此进行了适当的讨论。

无论天线是否有接地面，在许多方面都会产生显著差异。因此，我们将分别详细地探究每种情况。

请注意，接下来的讨论仅仅是为了解释天线散射的物理原理。实际的精确计算可从 PMM 或 SPLAT 程序中得到，在第 5 章给出了许多严格的计算实例。据作者的经验看，虽然大多数科学家可以使用计算机程序，但只有少数人明白其物理内涵，他们正在失去设计的能力。因此，虽然此处介绍的是基于近似的思想，但是对于严谨的研究者来说，它们是非常重要的。

2.6.1　无接地面的偶极子阵列

基本上，我们将会研究在 x 和 z 方向上都是无限的阵列。可是，只要我们忽略边缘效应，此处讨论的基本概念也适用于非常大的阵列(依波长而定)。后续将会在第 5 章进行讨论，并着重讨论单元阻抗的变化规律。

图 2.8 展示了在三种不同负载条件下的偶极子阵列的侧视图，单元长度约为 $\lambda/2$。在左边的情况下，终端是开路的，因此，从天线终端看去，观察到的反射系数为 $\Gamma=+1$，见阵列下方的史密斯圆图。

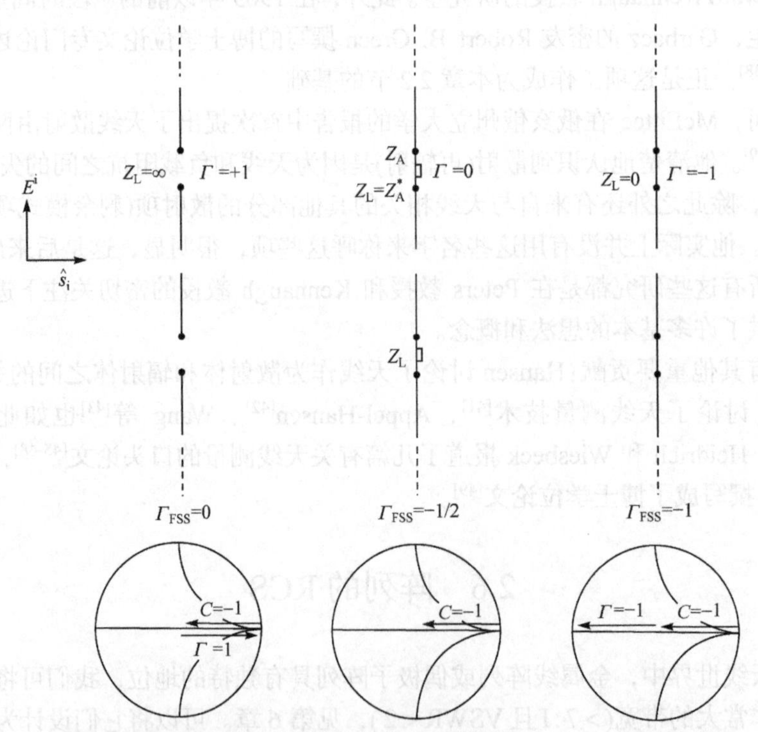

图 2.8　三种不同负载条件下无接地面的大型阵列的侧视图。左：终端开路，即 $\Gamma=+1$；中：终端加载了共轭匹配负载，即 $\Gamma=0$；右：终端短路，即 $\Gamma=-1$。

但是，也可以将该结构当作频率选择表面。当平面波入射到结构上时，反射系数 $\Gamma_{\mathrm{FSS}} \sim 0$ 。(从这个观点出发，此处假设 $\lambda/4$ 段的总散射与 $\lambda/2$ 偶极子相比可以忽略不计，尽管这种近似取决于线半径，但它不会改变基本方法。)

$\Gamma_{\mathrm{FSS}} \sim 0$ 意味着 $\sigma_{\mathrm{tot}} \sim 0$ ，从式(2.9)可以得到

$$C \sim -\Gamma = -1 \tag{2.11}$$

见阵列下方的史密斯圆图。

显而易见，式(2.11)证实了前几次提出的观点(见 2.2 节)，即无接地面的阵列具有与天线模式散射一样的剩余模式散射。

接下来研究 Z_{L} 与天线阻抗 Z_{A} 共轭匹配的情况。此时，阵列终端处的反射系数为 $\Gamma = 0$ ，且阵列的后向散射与 $C = -1$ 成正比。

最后研究在图 2.8 右边的情况。此处阵列的终端短路，因此 $\Gamma = -1$ ，见阵列下方的史密斯圆图，总后向散射场与 $\Gamma + C \sim -1-1 = -2$ 成比例[见式(2.9)]。可是，当把它视为单元长度为 $2l \sim \lambda/2$ 的 FSS 时，这种表面反射与接地面类似，因此，入射波的反射系数是 $\Gamma_{\mathrm{FSS}} = -1$ 。换一种说法， $\Gamma + C = -2$ 产生的反射系数对应于 $\Gamma_{\mathrm{FSS}} = -1$ 情形，因此，在图 2.6 中间部分的 $C = -1$ 的匹配情况产生的反射系数对应于 $\Gamma_{\mathrm{FSS}} = -1/2$ 情形。

负载阻抗为 $Z_{\mathrm{L}} = Z_{\mathrm{A}}^{*}$ 的阵列产生的后向散射雷达散射截面比短路情况下的后向散射要低 6 dB，通常将其称为“6-dB 规则”，具有这类特征的天线通常称为最小散射天线(MSA)(根据在 2.10 节中讨论的经典定义)。常常错误地认为该规则适用于所有天线，实际上不是。事实上，我们将在 2.6.2 节研究有接地面的阵列，并发现 6-dB 规则对于许多最重要的天线结构组态完全失效。在此谢天谢地！(见问题 2.3)

2.6.2　背靠接地面的偶极子阵列

如图 2.9 所示，将一个接地面添加到偶极子阵列上，这将会明显改变天线阻抗 Z_{A} ，但对于我们现在的意图而言，这并不是特别令人担忧。从图中可以看出，对于共轭匹配，由方向“1”“2”“3”表示的三个平面波相加为零，也就是说，所有的波都被吸收了。

正如文献[50]中讨论的那样，沿 $\hat{s}_{\mathrm{i}}$ 方向传播的入射平面波将会在单元上产生感应电流，这些电流反过来又会辐射出各向异性的平面波。零阶模式总是沿镜向 $\hat{s}_{\mathrm{r}}$ 传播，在图 2.9 中用“1”表示，类似地，辐射出的另一平面波与“1”对称，然后被接地面反射，使得它也沿镜向传播，记为“2”，最后，入射场将直接穿过这些单元，然后被接地面反射，记为“3”(需要注意的是，在我们的模型中我们用导电单元代替了电流，这些总是“透明的”)。

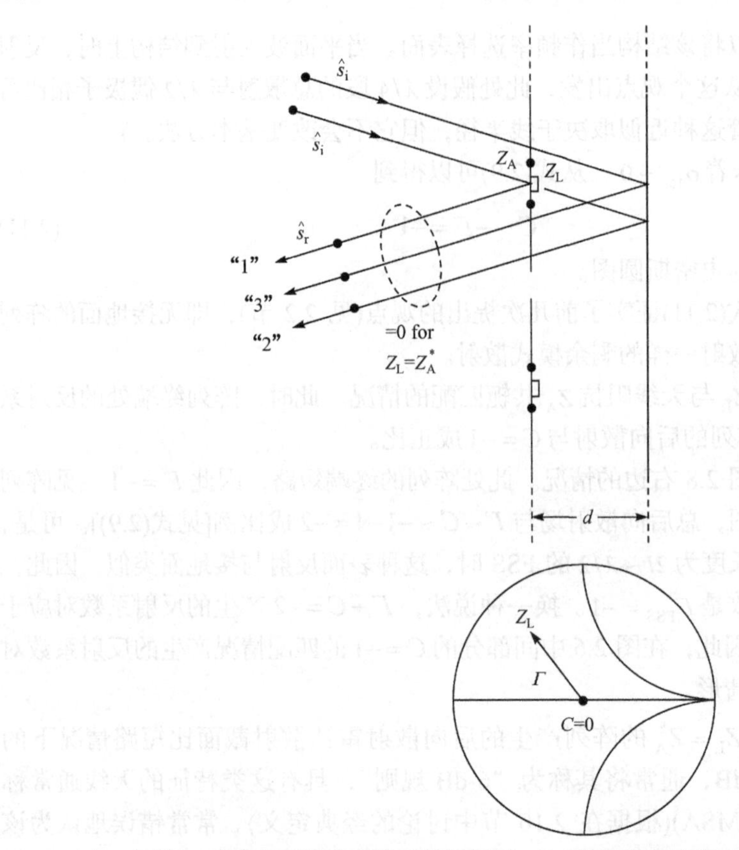

图 2.9　有接地面的大型阵列的侧视图，Z_A 与接地面间距 d 有关。

现在我们观察到散射场距离是如此之大，以至于所有凋落波实际上都消失了(通常，距偶极子的任何距离都超过 $\lambda/4$，除非单元间距 D_x 和 D_z 很大)。我们也可以假设 D_x 和 D_z 足够小到不存在栅瓣。现在留给学生一个练习(见问题 2.4)，如果负载阻抗 Z_L 与 Z_A 共轭匹配，则三个平面波"1""2"和"3"的和将会为 0(假设观察点超出了凋落波的范围)。因此，入射波必须被完全吸收，因为共轭匹配时没有任何的反射，即剩余散射为零，或 $C=0$。显然，这构成了图 2.7 所示的理想情况：如果天线是共轭匹配的，则 $\Gamma=0$，那么在后向区域天线是不可见。

这个结果令很多读者感到很惊讶，然而，它至少在半个世纪前就已经被人们所熟知。任何有关天线的经典教科书都会告诉你[51]，一个无接地面的具有均匀口径分布的大型阵列的接收面积是其物理尺寸的一半，因此，当共轭匹配时，这样的阵列将会接收一半的入射功率，另一半(即降低了 3 dB)将在前向和后向方向上均等地辐射——也就是再降低 3 dB。由此，我们简单地验证了前面介绍的"6-dB 规则"。

此外，众所周知，如果一个大阵列配备了接地面，接收面积就等于物理面积[52]。换句话说，一个有接地面和共轭匹配的阵列将会完全接收入射到其上的所有能量，因此在后向不会散射任何能量(请记住，这仅对于均匀口径分布，渐变口径分布将在 2.11.2 节中讨论)。

作为一个天线工程师，在作者早期从事天线 RCS 的研究时就充分认识到了这些事实，事实上，它们很快就成为追求天线隐身概念的指路明灯。在所有的研究进程中，如果你事先知道最终的结果，那将是一个巨大的帮助！

2.7　另一种方法：等效电路法

上述方法是适用于描述各种天线电磁散射理论的分析工具。但是，当研究上述大型平面阵列时，仅研究等效电路实际上要更容易得多。但是请注意，等效电路的主要初衷是增加在阵列设计方面的理解和指导。一般不可能用于获取实际意义的数值结果，这些结果都是从 PMM 或类似程序数值仿真获得的。

等效电路法出现得较早[53]，实际上在本书的第 6 章中还将具体深入应用于设计宽带大型阵列的设计。因此，它足以简单地展示无接地面阵列的等效电路[见图 2.10(左)]及有接地面阵列的等效电路[见图 2.10(右)]。在第一种情况下，我们发现它由特性阻抗为 $2R_A$ 的无限长传输线，与负载阻抗 Z_L 相串联的天线电抗 jX_A 再并联而组成，对于共轭匹配，我们得到在图 2.10 底部所示的等效电路，从左或右入射的信号的反射系数是

$$\Gamma = \frac{R_A \parallel 2R_A - 2R_A}{R_A \parallel 2R_A + 2R_A} = -\frac{1}{2} \tag{2.12}$$

也就是说，我们观测到了上面讨论到的“6-dB 规则”，见问题 2.5。

如图 2.10(右)所示，我们添加了一个接地面，原始天线阻抗将会变为 Z_A^G，通过终端短路(接地面)的与 $jX_A^G + Z_L$ 并联的传输线考虑了由接地面所带来的影响。如果负载阻抗 Z_L 与在终端处观察到的任何阻抗都共轭匹配，则所有资用功率都将被吸收，由于右侧有接地面的情况是一个连接到 Z_L 的无耗双端口结构(见图 2.3)，我们可以总结出，沿着传输线从左侧入射的信号也将被完全吸收，即 $\Gamma^G = 0$ 或剩余散射为零。换句话说，如果共轭匹配，从有接地面阵列反射出的信号比入射信号要低∞dB，有时将其称为“∞-dB 规则”。显然，6-dB 规则在有接地面的情况下根本不成立。两种情况之间的一个实质性区别是，前者是三端口结构，而后者是无损双端口结构。无接地面的阵列只有在 $Z_L = \infty$ 的情况下，才是“不可见的”，由于在这种情况下接收到的功率为零，所以起初的研究仅仅是学术

兴趣，见 5.3 节。

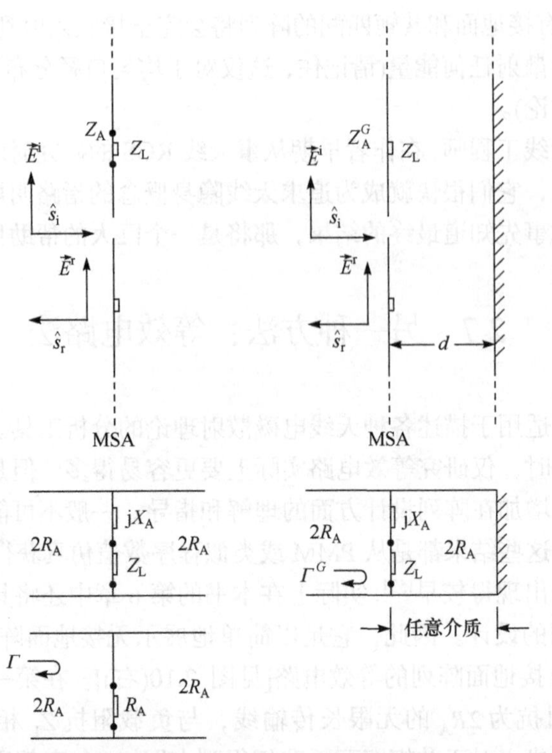

图 2.10　左：平面波入射到无接地面的阵列上及其等效电路；右：与上述阵列相同但有接地面及其等效电路。

注意，阵列和接地面之间的间距 d 可以是除 $n\lambda/2$ 以外的任何值。有关该主题的讨论请见 6.12.2 节。

最后我们注意到，有接地面和阻性负载的阵列实际上属于电路模拟吸收体的简单形式的范畴，在文献[54]中已经指出这种关系，并在 6.12 节和 1.4 节不同的背景下进行了具体讨论。

2.8　无限与有限阵列的辐射对比

2.8.1　无限阵列

众所周知，从无限阵列辐射出的场可以写成有限数量的传播波(如果存在栅瓣的话，则表示与 $k, n=0, 0$ 相应的主模项加上栅瓣)和无限数量的凋落波之和[50]。如图 2.11(上)所示的例子，主模方向表示为 $\hat{r}(0,0)$，并且没有栅瓣。画出来的还有凋落波，随着观察点远离阵列超过约 $\lambda/4$ 时，它们通常会逐渐消失，在观察点处将只存在传播波，因此，在处理无限阵列时，就辐射方向图而言，我们总是处于“近场”；对于无限阵列，“远场”这个概念根本不存在。

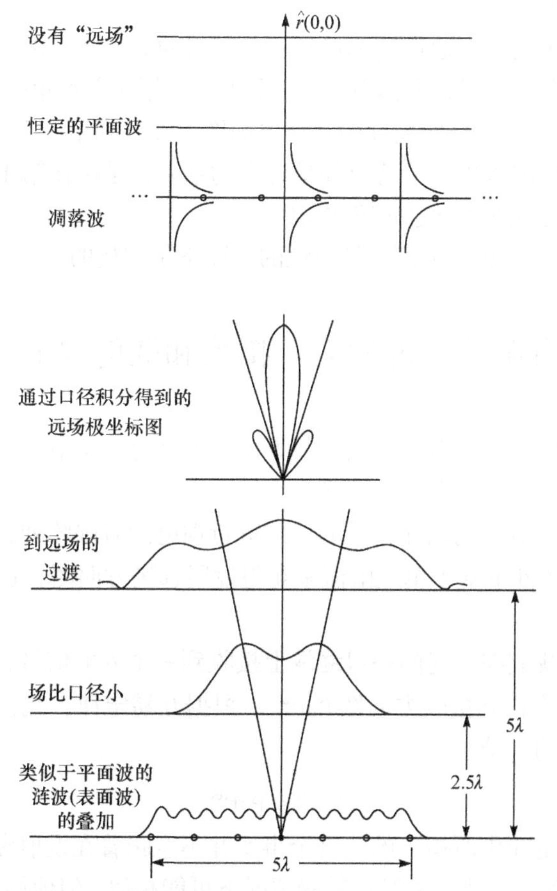

图 2.11　上：无限阵列的场包括有限数量的可传播平面波和无限多的凋落波，凋落波的总和基本上构成了阵列的近场；下：在不同距离处有限阵列的场。

2.8.2　有限阵列

在图 2.11(下)定性地[1]展示了有限阵列的辐射场。除了一些涟波之外，在阵列附近的辐射场近似于无限阵列的辐射场，这些涟波完全是由在第 1 章所遇到的且在第 4 章和第 5 章详细地讨论的同类型表面波引起的，每当口径是有限的而不是

1 原文为 quantitatively，此处著者本意为 qualitatively。——译者注

无限的时候，通常会出现这些表面波。

当远离有限阵列到距离大约为口径尺寸的一半时，我们发现场的宽度变得比口径更窄。在距离大约为口径尺寸的地方，场的宽度与口径尺寸类似。这些观察结果是典型的情形。

我们还进一步展示了通过简单口径积分获得的远场极坐标图。比较无限和有限的情况，我们发现前者在方向 $\hat{r}(0,0)$ 上具有“无限窄”波束(类似于狄拉克 δ 函数)，而后者表现出的是众所周知的远场方向图。在阵列单元上两者看起来类似，除了有限阵列的情况以外，沿着口径呈现出的结果，是由在第 1 章、第 4 章和第 5 章讨论的存在表面波而引起的涟波所致。

我们再次强调：图 2.11 仅仅是定性的，而不是定量的。

2.9 有限阵列的发射、接收和散射辐射方向图

在 2.8 节我们介绍了有限阵列辐射方向图的概念，本节将会更详细地研究在发射和接收或散射条件下会发生什么。

研究一个由一对终端以导电束的形式进行馈电的有限阵列，如果从这些终端发射，则在发射条件下基于单元电流来获得发射远场方向图 Pat^{tr} 从理论上来说是一个简单的过程。

相反，如果我们在上述同一对终端上接收到一个入射信号，然后将天线绕其中心旋转，我们将得到接收方向图 Pat^{rec} 。根据互易定律，我们知道发射和接收方向图总是相同的，即

$$\text{Pat}^{\text{tr}} \equiv \text{Pat}^{\text{rec}} \tag{2.13}$$

可是，正如互易定律中所指出的，这个事实并不意味着在发射和接收条件下的电流是相同的。事实上，他们虽然在某些情况下可能相似，但他们通常会有所不同。

此外，如果我们根据接收电流来计算辐射方向图，将获得所谓的散射方向图 Pat^{scat} 。显然，在接收条件下基于上述对于电流的观察，可以说在某些条件下 Pat^{scat} 可能类似于 $\text{Pat}^{\text{tr}} \equiv \text{Pat}^{\text{rec}}$ ，但一般情况下是不同的，也就是说

$$\text{Pat}^{\text{scat}} \neq \text{Pat}^{\text{tr}} \equiv \text{Pat}^{\text{rec}} \tag{2.14}$$

下面我们将通过各种示例来说明这些观点。

2.9.1 示例Ⅰ：无接地面的大型偶极子阵列

图 2.12(a)展示了一个无接地面的大型偶极子阵列，尽管在图中没有展示出来，仍然假定每个偶极子由带有混频器的线束进行馈电，稍后将在 2.12 节中进行讨论。

这将会表明，对散射而言，相当于每个单元都加载了相同的负载阻抗 Z_L 。既然我们对这种阵列在散射特征方面最感兴趣，那么目前这已经足够了。

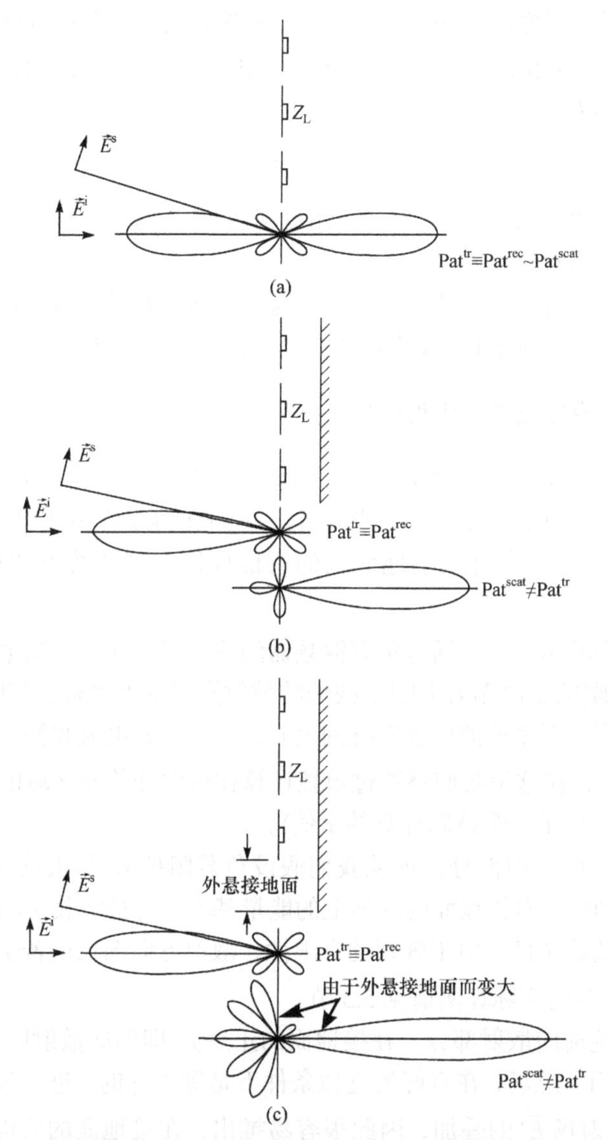

图 2.12　传输、接收和散射方向图。(a) 无接地面的偶极子阵列；(b) 有接地面的偶极子阵列；(c) 带有外悬接地面的偶极子阵列。

如果我们在每个终端上施加电压，我们将会获得在发射条件下的单元电流。对于单元总长度等于或大约为 $\lambda/2$ 或更短，单元电流可近似为正弦曲线。相反，如果入射平面波照射到阵列上，我们将会获得在接收或散射条件下的单元电流。

这两个电流是不同的。事实上，它们通常是不一样的，但如果单元总长度为接近于$\lambda/2$或更短，两者大致相同(见 2.11.1 节关于全波偶极子的讨论)。现在，基于发射电流得到了发射方向图$\mathrm{Pat}^{\mathrm{tr}}$。类似地，从接收或散射电流得到了散射方向图$\mathrm{Pat}^{\mathrm{scat}}$。由于在这种情况下两个电流分布是相似的(单元长度为接近于$\lambda/2$或更短)，可以得出这样的结论

$$\mathrm{Pat}^{\mathrm{scat}} \sim \mathrm{Pat}^{\mathrm{tr}} \tag{2.15}$$

注：对于接收方向图$\mathrm{Pat}^{\mathrm{rec}}$，从互易定律得到$\mathrm{Pat}^{\mathrm{rec}} \equiv \mathrm{Pat}^{\mathrm{tr}}$，尽管事实上在两种情况下的电流分布通常是不同的。

在此基础上，许多人认为散射方向图通常与发射(或接收)方向图大体上几乎一致。可是，下一个例子将会说明这是一个完全错误的臆断。

2.9.2 示例Ⅱ：有接地面的大型偶极子阵列

图 2.12(b)展示了一个背靠着尺寸与阵列一样大的有限接地面的大型偶极子有限阵列。当采用恒流发生器馈电时，我们获得了在发射条件下的电流，基于这些电流和它们在有限接地面上的近似成像，以传统方法得到了发射方向图$\mathrm{Pat}^{\mathrm{tr}}$。

类似于上面的示例Ⅰ，通过带有混频器的线束对单元进行馈电，以便实现单元相互之间解耦(见 2.12 节)，因此，我们的散射模型仅由加载了相同负载阻抗Z_{L}的单元组成。当入射平面波照射在阵列上时，基于单元电流我们需要求解双站散射方向图$\mathrm{Pat}^{\mathrm{scat}}$，在这里我们将通过单独计算在后向和前向区域的散射方向图来实现(在 5.3 节给出了一个精确计算的示例)。

首先讨论后向散射部分。如果我们假设负载阻抗Z_{L}与天线阻抗Z_{A}共轭匹配，所有入射到这个有接地面的阵列上的能量基本上都被吸收了(见 2.6.2 节)。因此，对于这种负载条件，由于阵列的有限性，散射方向图仅由若干低电平旁瓣给出。当$Z_{\mathrm{L}} \neq Z_{\mathrm{A}}^{*}$时的实际算例请见 5.3 节。

接下来讨论前向散射部分。在接地面的正后方(即前向散射区)，我们知道覆盖在整个接地面上总场，在良好的近似条件下是等于零的，进一步回忆，总场是入射场$\vec{E}^{\mathrm{i}}$和散射场$\vec{E}^{\mathrm{s}}$的叠加，因此很容易推出，在接地面的后面$\vec{E}^{\mathrm{s}} \sim -\vec{E}^{\mathrm{i}}$。此外，由于散射方向图$\mathrm{Pat}^{\mathrm{scat}}$是在接地面的背面通过对$\vec{E}^{\mathrm{s}}$做口径积分获得的，所以我们可以总结出，在前向的散射方向图是在整个接地面上积分的入射场$\vec{E}^{\mathrm{i}}$的相反数。于是，散射方向图$\mathrm{Pat}^{\mathrm{scat}}$在前向有一个很大的主瓣，在后向区域有一些小的旁瓣，见图 2.12(b)。事实上，人们可能会假设$\mathrm{Pat}^{\mathrm{scat}}$仅仅等于发射方向图$\mathrm{Pat}^{\mathrm{tr}}$

的相反数。情况并非如此，首先，回想一下在后向区域的散射方向图 Pat^{scat} 高度依赖于负载阻抗 Z_L，事实上，当 Z_L 为虚数时，我们在后向将会得到另一个主波束，这与完全独立于任何发生器或接收器阻抗的发射和接收方向图形成了鲜明的对比。此外，尽管在这种情况下 Pat^{tr} 和 Pat^{scat} 的主波束除方向相反外几乎完全相同，但这不是普遍情况。下一个例子将说明这一点。

2.9.3　示例Ⅲ：有大尺寸接地面的大型偶极子阵列

让我们最后研究一个单元数与示例Ⅰ和示例Ⅱ一样，但有限接地面比偶极子面积稍许大一些的阵列，如图 2.12(c)所示。

除了旁瓣区域外，发射方向图 Pat^{tr} 基本上与上述的示例Ⅱ相同，于是，可以立即总结出，共轭匹配时的接收功率基本上与示例Ⅱ相同。然而，后向散射的能量大不相同，当共轭匹配时，可以把散射区域看作是由良导体“环形区域”(即外悬接地面)环绕的吸波体(偶极子区域)。因此，后向区域的散射实际上来源于环形区域的散射，这将由许多大的“旁瓣”组成，其水平取决于环状区域的大小。

此外，正如前面所解释的那样，在整个接地面上入射场的积分给出了前向散射，也就是说，包括多出来的外悬接地面。因此，前向散射基本上由比上述示例Ⅱ中更窄更大的主瓣组成。

2.9.4　关于有限阵列的发射、接收和散射辐射方向图的最终评述

示例Ⅰ说明了散射方向图 Pat^{scat} 基本上具有与发射方向图 Pat^{tr} 相同的形状，但前者的幅值依赖于 Z_L，而后者独立于 Z_L。

示例Ⅱ说明了后向散射部分高度依赖于 Z_L，而前向区域基本上与 Z_L 无关，所以发射和散射方向图一般大不相同且十分复杂。

示例Ⅱ和示例Ⅲ说明了两个天线基本上有相同的发射方向图，但散射方向图明显不同。

最后应该注意到，示例Ⅲ中的天线在某些情况下通过调整 Z_L 在某些方向可以实现零后向散射。正如 2.3 节所述，不建议采用这种破坏性的干涉方法。

对许多人来说，发射和散射方向图指向相反的方向是违背直觉的。在问题 2.6 中，要求通过直接计算背靠着单个寄生偶极子反射器(或单列寄生偶极子)的单个偶极子(或单列偶极子)来找到这些辐射方向图。

没有什么比简单的计算更能直接阐明问题了。

2.10　最小与非最小散射天线

最小散射天线(MSA)的经典定义是：

(1) 共轭匹配时，散射总功率与吸收总功率相同；

(2) 具有相同的发射和散射方向图；

(3) 前向和后向具有相同的辐射场；

(4) 当终端“开路”时是“不可见的”。

结论：共轭匹配时，RCS 仅减少 6 dB，见上述示例Ⅰ。

这一定义至少自第二次世界大战以来就已经为人所知[55]，此后一直被广泛引用[37,38,56-58]。更重要的是，就目前来说，这类天线代表的是低雷达散射截面的极限，因此，应予以高度重视！

然而，情况可能并非如此(另一个糟糕的表示法)。事实上，作者建议放宽最小散射天线的条件，即散射总功率与吸收总功率相同，也就是说，只需要满足条件(1)即可(大多数天线散射的功率比其吸收的要多)。将会看到，这个放宽后的条件产生了更广泛的天线种类，其中有一些是真正值得注意的。上述三个示例很好地说明了这些概念。当应用于接收天线时，让我们简要回顾一下戴维南等效电路。

2.10.1　戴维南等效电路

众所周知，任一接收天线都可以用戴维南等效电路来描述分析，见图 2.13。由图可见，传送到负载阻抗 Z_L 的功率代表天线吸收的功率，在 Z_A 中消耗的功率代表天线向空间再辐射的功率。事实上，天线散射的功率实际上可能比在 Z_A 中消耗的功率更多。

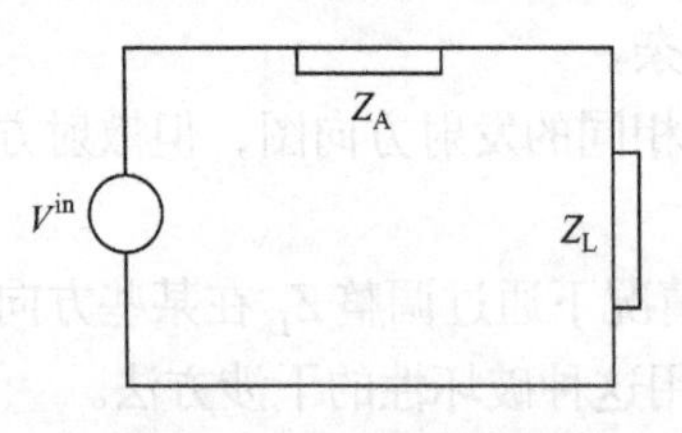

图 2.13　接收天线的戴维南等效电路总是可以正确地求得传送到负载阻抗 Z_L 的功率。天线阻抗 Z_A 所消耗的功率代表被散射的功率，不仅指后向。通常会存在与 Z_A 无关的额外散射。

2.10.2　讨论

首先研究上述示例Ⅰ。我们之前已经证实，对于共轭匹配的情况，入射功率的一半将会被 Z_L 吸收，而剩下的一半分散成两部分，即其中有四分之一处于前向散射，而剩余的四分之一处于后向散射(即 6-dB 规则)。此外，发射和散射方向图基本相同，并且前向的信号和后向一样强。最后，只有当 $Z_L=\infty$ 时，天线才基本上是“不可见的”。

因此，按照严格的经典定义，这种天线才是真正的最小散射天线。此外，只有在示例 I 中的阵列上，戴维南等效电路才可以正确地描述出所有的特征。

类似地，对于共轭匹配的情况，在示例Ⅱ中的天线将会吸收入射到天线上的所有能量，而在后向散射的能量几乎为零。但是，正如之前所看到的，在前向区域我们将会看到一个很强的散射方向图，可通过在整个接地面入射场的积分获得，基本上与我们在后向求解发射方向图的方式一致。因此，对于共轭匹配的情况，天线在前向区域散射的能量与吸收的能量相同。

可是，该发射(或接收)方向图与散射方向图完全不同，并且它在后向辐射的能量比在前向更多。当开路时，入射场基本上是直接照射到接地面上，因而产生极大的 RCS。因此，对于共轭匹配的情况，戴维南电路可以正确计算出吸收和散射功率，但对于 $Z_L = \infty$ 的情况则完全失效。见图 5.2 和图 5.3 给出的精确计算结果。

因此，该天线仅满足上述条件(1)，而不满足其他三个条件，因此不是经典意义上的最小散射天线。

然而，正如前面所看到的，对于共轭匹配的情况，示例Ⅱ中的天线产生的后向散射基本上比在 $Z_L = 0$ 时的散射功率要低 ∞ dB，而示例 I 中的最小散射天线的后向散射相比在 $Z_L = 0$ 时的后向散射仅仅低了 6 dB。

坦率地说，示例Ⅱ中的天线是唯一一种在共轭匹配时有“射门能力”实现隐身的天线，尽管事实上这不能做到像示例 I 中的天线那样“纯正”(完全隐身)。

对于共轭匹配的情况，示例Ⅲ中的天线散射的总能量总会比它吸收的更多，除此之外，和示例Ⅱ中的天线一样，它不满足条件(2)、(3)或(4)，也就是说，即使从宽松的意义上来说，它不是广义上的最小散射天线。

2.11　其他非最小散射天线

在前面我们没有用实际的证据来证明，为了获得零后向散射，当共轭匹配时，天线散射的总能量应该要比吸收的总能量低。只有很少的天线属于这类出类拔萃的天线，事实上，大部分天线都不是。下面结合实例来说明这些观点。

2.11.1　全波偶极子大型阵列

在共轭匹配(无栅瓣)时，无接地面的全波偶极子大型阵列散射的功率与接收的功率近似相等。可是，对于 $Z_L = \infty$ 的情况，它仅仅是一个 $\lambda/2$ 偶极子阵列(见图 2.14)，因此它在前向和后向都表现出很强的散射。于是，戴维南等效电路不能预测全波偶极子阵列的正确散射，因此不是经典意义上的最小散射天线，而是广义上的最小散射天线。此外，如果有接地面，对于共轭匹配(无栅瓣)的情况，可以发现它像 $\lambda/2$ 偶极子阵列的情况一样没有后向散射，也就是说，这是一个广义上的最小散射天线，见问题 2.3。

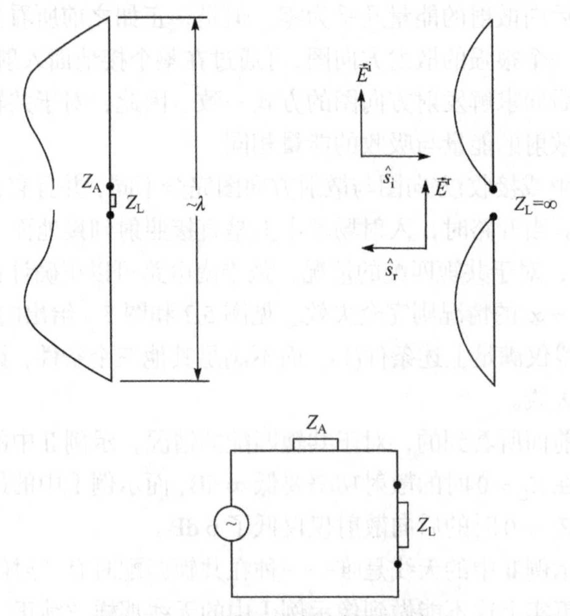

图 2.14　无接地的全波偶极子阵列。

2.11.2　渐变口径的影响

有接地面的均匀口径天线基本上可以吸收所有的入射能量，因此不会有后向散射(见 2.6.2 节)。与此相反，渐变口径天线只能吸收部分入射能量。因此，一些未被 Z_L 吸收的能量将会再辐射，很可能处于后向散射主要方向，但也不尽然，又或者是被其他吸收机制所吸收(见 2.13 节)。

针对平面口径天线，我们将这种情况总结在图 2.15 中，图 2.15(a)展示了均匀口径的情况，图 2.15(b)展示了渐变口径的情况。

假设这两个口径天线的物理尺寸是相同的，也就是说，相比于均匀口径天线，渐变口径天线的波束宽度更大些且增益更小些，此外，渐变口径的后向散射较大。可是，在这两种情况下的前向散射方向图基本相同。其结果就是，尽管均匀口径天线散射的能量与其吸收的能量相同，但渐变口径天线将会散射更多的能量，因此不是最小散射天线，甚至在广义上也不是。上述讨论默认所有单元都具有相同的扫描阻抗，但实际情况并非如此。第 5 章给出了更加严谨而详细的研究。

如果是在阵列上(见 2.13 节)，那么由渐变口径分布而导致在后向区域的散射能量可以被吸收掉。可是，大多数具有渐变口径分布的天线并非是合适的低 RCS 天线候选者，例如，由于在壁上边界条件的限制，喇叭天线的口径分布总是渐变的，对此我们无能为力(见第 7 章和第 8 章)。然而，假定没有栅瓣的情况下，对于共轭匹配的情况，喇叭阵列仍然没有后向散射。(一个独立的偶极子单元不存在“均匀渐变”，但放置在有接地面阵列中是完美存在的)。

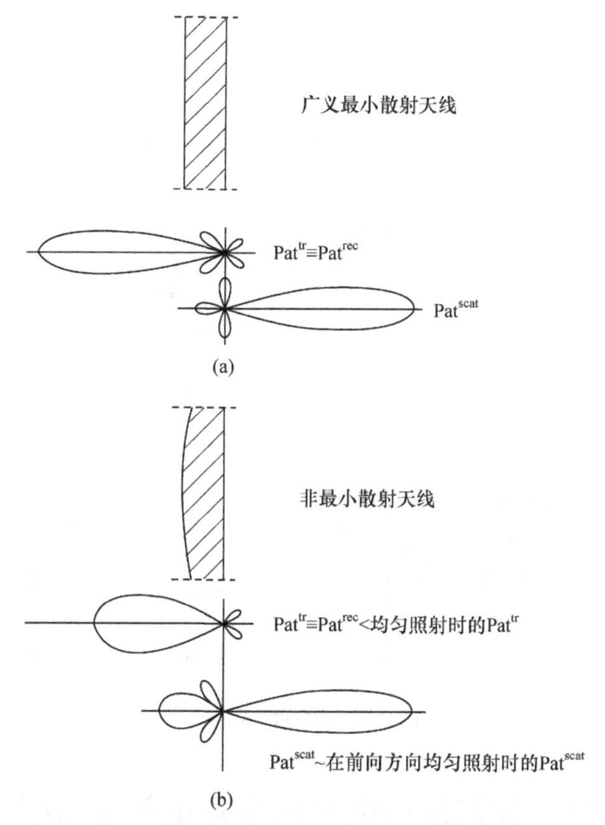

图 2.15　(a) 均匀口径，广义最小散射天线；(b) 渐变口径，非最小散射天线。

2.11.3　抛物线天线

如图 2.16 所示，通常状况下，抛物面天线由喇叭馈电，会形成孔径效率 $\eta<1$ 的渐变口径分布。这将产生具有较低旁瓣的发射模式，这在许多应用中是非常理想的。然而，正如上述所讨论的那样，共轭匹配会产生不需要的高电平后向散射；也就是说，它不是最小散射天线。然而，正如第 8 章详细讨论的那样，当入射场稍微偏离视准轴而集中在喇叭的一个边缘上时，实际上对后向散射的贡献可能最大。其他相关内容将在 2.14 节中深入地讨论。

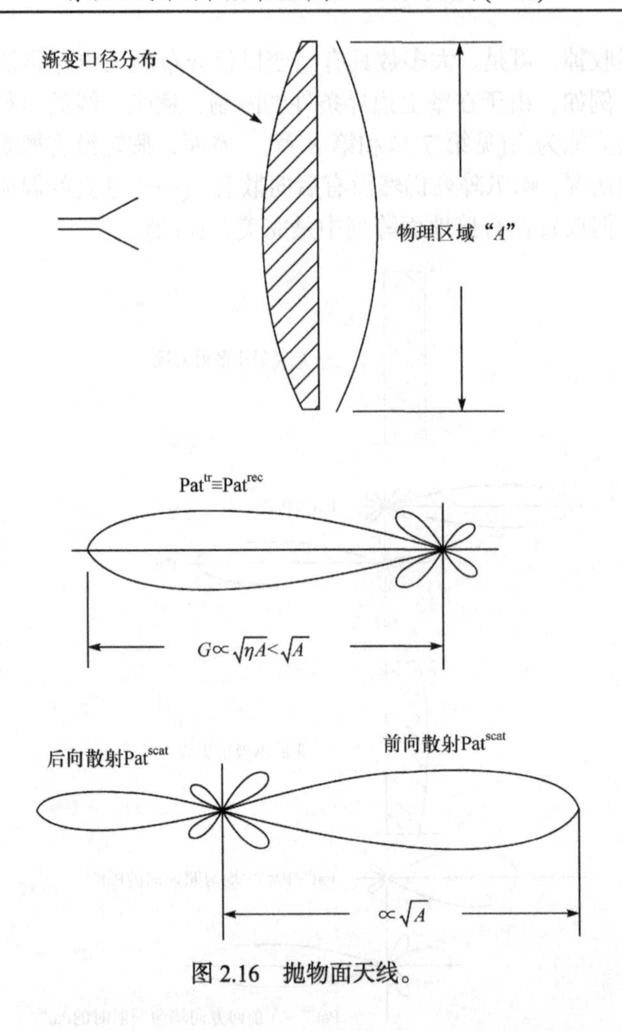

图 2.16 抛物面天线。

2.12 如何通过馈电网络防止单元间耦合

2.12.1 使用混频器

阵列中的单元通常会通过某一种线束进行馈电。除非采取特别的预防措施，否则会增大通过馈电电缆产生再辐射的可能性。举一个简单但非常基础的示例，见图 2.17。在这里，两个子阵列通过一个简单的并联的 T 形连接器馈电。需要注意的是，特征阻抗为 Z_0 的主馈线是如何分配成两条特征阻抗各为 $2Z_0$ 的支路，并且形成每条支路的终端接有输入阻抗为 $2Z_0$ 的子阵列。于是，无论是处于发射还是接收的情况，在所有频率上，我们都能实现完美匹配关系。

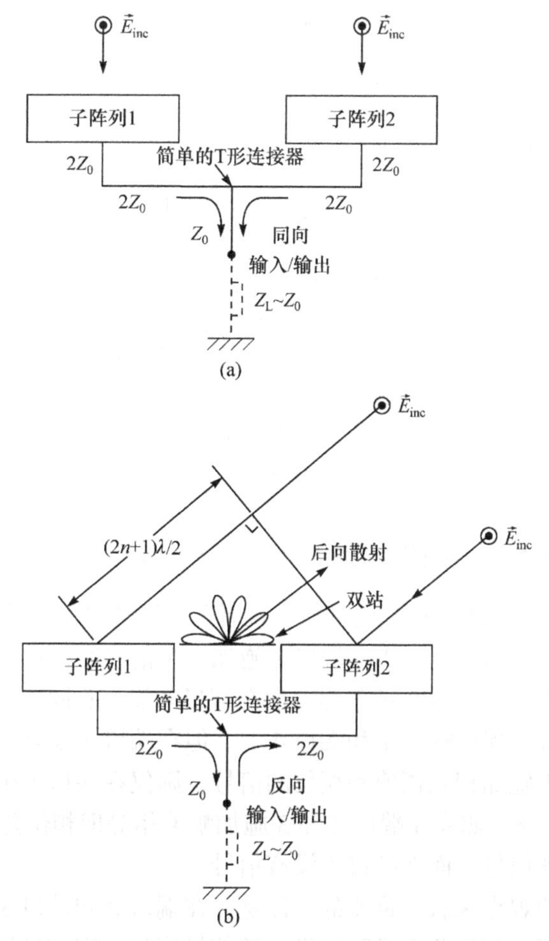

图 2.17　(a) 垂直入射基本没有后向散射；(b) 在斜入射下有很强的后向散射。

特别是，当信号从宽边(顶部)入射时，两个子阵列将不会发生再辐射(图 2.17(a))。可是，如果一个信号以某个斜入射角入射，使得两个子阵列之间的空间延迟达到 $(2n+1)\lambda/2$，则两个子阵列发出的信号到达 T 形连接器时相位相反，也就是说，信号将不会继续传到主线而是被反射回子阵列，发生再辐射(图 2.17(b))。结果是，后向散射方向图将会有几个很强的波瓣。实际上，子阵列本身可能还存在着其他散射方向图叠加在这些波瓣上。

可以将上述后向散射归因于 T 形连接器在某些入射角度下的失配，解决这一难题的一个非常有效的方法是使用一个或多个混频器，如图 2.18 所示的实际例子。

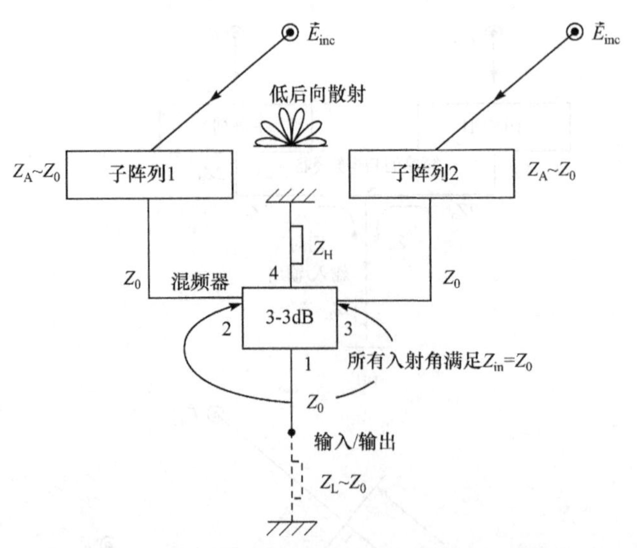

图 2.18 通过使用混频器代替如上所示的 T 形连接器。

混频器被视为“天线工程师的梦想实现者”。混频器有各种类型，在此考虑一个带有四个输入端口的盒子。当在端口 1 施加一个信号时，在端口 2 和端口 3 将出现幅值相等且相位差为 180°的信号，但在端口 4 没有；同样，如果在端口 2 施加一个信号，它将出现在端口 1 和端口 4 上，但在端口 3 没有。但是，如果同时在端口 2 和端口 3 施加相同幅值和相位的信号，则仅在端口 1 出现信号，在端口 4 不出现信号。此外，如果在端口 2 和 3 施加幅值相等但相位差为 180°的信号，仅会在端口 4 出现信号，而在端口 1 没有信号。

从后向散射的观点来看，重要的特征是，在端口 2 和端口 3 的输入阻抗始终与子阵列完全匹配。如果两个子阵列发出的信号同相，则信号将进入端口 1，如果不同相，则进入端口 4，但端口 2 和端口 3 的输入阻抗始终为 Z_0，无论子阵列发出的信号之间的相位差是多少，这是混频器独有的特征之一。

因此，通过使用混频器，从任意方向入射的信号都将被吸收，从而降低了后向散射。

两个子阵列的相位可以通过单独的移相器 ϕ_1 和 ϕ_2 控制。尽管如此，移相器对后向散射却没有影响。

2.12.2 使用环形器

另一种方法是使用环形器，见图 2.19。此处，具有内阻为 Z_G 的发射器连接到端口 1，天线阻抗为 Z_A 的天线连接到端口 2，最后是输入阻抗为 Z_R 的接收器连接到端口 3。环形器的工作方式是，当在端口 1 施加信号时，将只在端口 2 出现，而在端口 2 和端口 3 上施加信号时，将分别只在端口 3 和端口 1 出现信号。因此入射到天线的信号将只能看到接收机输入阻抗 Z_R 而不是发射机阻抗 Z_G，因为前者通常与天线阻抗 Z_A 匹配得很好，所以再辐射将会很低，这与看到 Z_G 的情况相反，Z_G 与 Z_A 可能完全不同将发生辐射。请参阅 B.9.1 节。

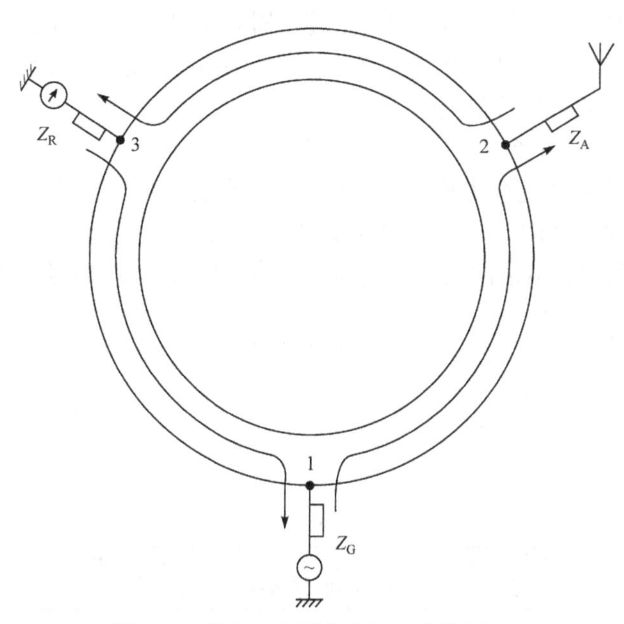

图 2.19　使用环形器获得低后向散射。

2.12.3　使用放大器

2.12.1 节和 2.12.2 节我们看到了如何使用混频器和环形器来防止在阵列单元之间通过馈电电缆形成的耦合。另一种方法是将每个单元连接到各自单独的放大器，那么负载阻抗就变成了放大器的输入阻抗，而且单元之间的隔离度很高。此外，这种方法还有一个优点，即如果放大器的噪声系数低，则馈线中的损耗可能会被放大器减弱，而且还可以在接收器或放大器后端做任何处理，而不必担心后向散射。

2.13　如何消除因渐变口径照射引起的后向散射

在 2.9.2 节我们已经看到背靠着接地面的大型均匀口径能够完全吸收入射平面波，从而导致后向散射非常低。此外，在 2.11.2 节我们看到渐变口径总是会后向散射，除非采取特殊的预防措施。这些内容将在本节进一步开展讨论。

如图 2.20(a)所示，我们描绘了一个阵列，阵列中的单元通过一个简单的带有

3-dB T 形连接器的线束进行馈电。显然，正如 2.12.1 节所讨论的那样，这将会产生一个均匀口径照射，并因此导致较低的后向散射，但这只出现在宽边入射和某些其他入射角的情况下。

接下来我们考虑研究相同的阵列。如图 2.20(b)所示，此时我们通过带有 T 形连接器的线束对单元进行馈电，该 T 形连接器被布置成产生如阴影区域所示的渐变口径。现在在 Z_L 上接收到的能量较少，而均匀口径和渐变口径之间多余的能量会重新再辐射，从而导致很强的后向散射水平。

最后，我们在图 2.20(c)展示了与图 2.20(b)相同的阵列，但此时我们使用之前在图 2.18 中使用的同类型混频器替换了所有的T形连接器。在负载阻抗 Z_L 上接收到的能量与上述图 2.20(b)的情况相同，可是，多余的能量将会被混频器负载 Z_H 吸收而不是再辐射(请注意：天线部分总是匹配的，因此不会发生再辐射)。

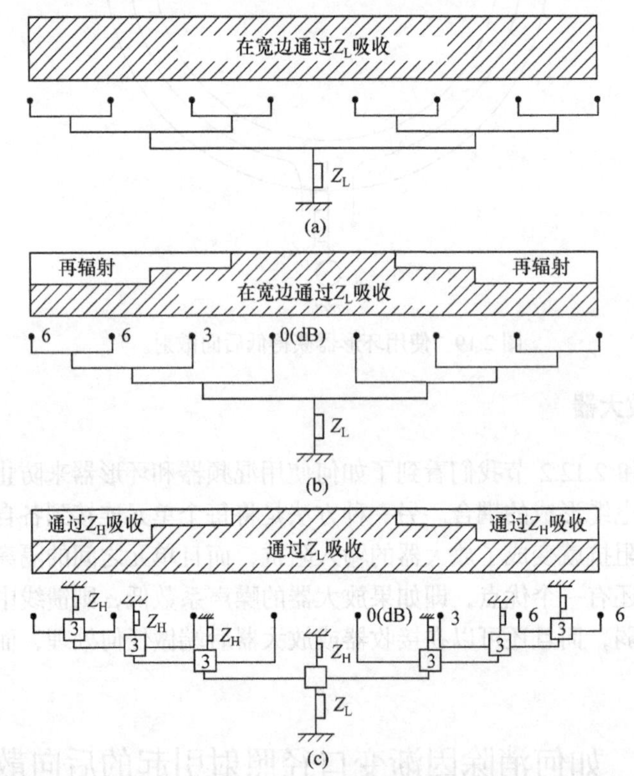

图 2.20 (a) 背靠着接地面的均匀口径照射能够吸收所有入射能量；(b) 渐变口径照射只能吸收一部分入射能量，如果我们使用简单的 T 形连接器，其余部分能量将会再辐射；(c) 用混频器代替 T 形连接器，多余的能量被混频器负载 Z_H 吸收而不是再辐射。

如果开始我们从主终端发射信号，也许能更好地理解这个结论。这将会很容易地产生如图 2.20 所示的渐变口径分布。接下来，我们接收到一个入射平面波，这产生了相同的功率并从各个单元传输到已匹配的混频器输入终端。但是，无论是处于接收或者是发射状态，口径渐变必定是相同的(互易性)，这证明了我们的情况。

注意：上述讨论假设混频器是理想的，也就是说，没有能量被反射。有关混频器反射小信号的讨论，请参见文献[59]。

上面的示例只是典型的情况。实际应用中可能会有无穷无尽的变化，例如，混频器不限于 3-dB 类型。图 2.21 展示了一个实例，功率分配为 2.3/4.0 dB，作者以前的一个博士生 Clayton Larson(现在是一个成功的“大咖”)和作者需要为一种非常特殊的天线制作这样一个混频器，这并不是现成的，我们不得不定做一个或者自己做。Clay 选择的是后一种方法(他对电话谈判不感兴趣)。他设计了一个晚上，并且用手持雕刻刀制作并组装了这样一个混频器。第二天早上，我们在这个特殊的天线上进行了测试，它正常工作。非常感谢 Clay。

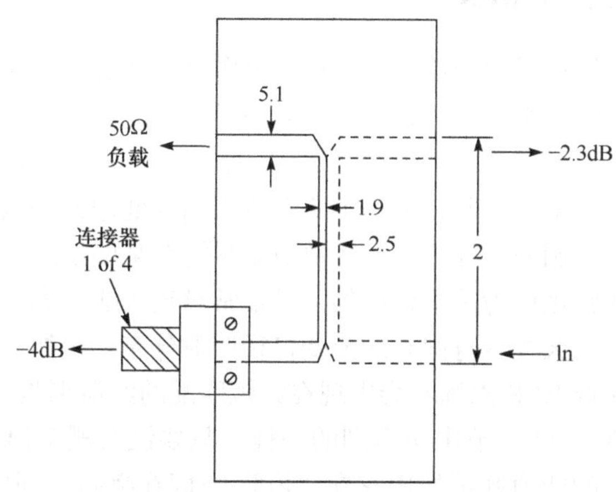

图 2.21　一种特殊设计的混频器，功率分配为 4.0/2.3 dB 而不是 3/3 dB。所有尺寸的单位均为 mm。

2.14　常见错误概念

2.14.1　关于结构散射

之前已经多次说过，现在所说的剩余散射项，以前常被称为结构散射项，正如人们可能会怀疑的那样，这导致了许多错误的想法。作者记得很清楚，有一次向一群业界工程师讲授天线 RCS。讲座结束后，一位听众评论说：“我们非常喜欢您的演讲，这似乎很有道理。可是，我们感到很困惑，因为上周我们和一位教授交流，他告诉我们，要降低天线的 RCS 首先要做的就是摆脱接地面，您好像是说接地面是我们的朋友，那么谁是对的？”

根据之前在 2.9 节的讨论，我们现在当然知道移除接地面仅意味着在共轭匹配时，RCS 不能比最大值低 6 dB。相反，当存在接地面时，RCS 缩减在原则上可以是无限大的！当然，该错误概念的根源在于这样一个事实：接地面构成了一个显著的“结构”，而我们可以摆脱的结构越多越好！显然事实并非如此。

这个问题的另一种情况是用吸波体(本质上是自由空间)代替接地面。好吧，从 RCS 的角度来看，我们无疑又回到了 6 dB 的情况[见图 2.10(左)]。此外，如果你的发射功率有 1 kW，那么将有大约 500 W 转化成了热量，这应该足以煎蛋饼了。

当然还一种情况：接地面随着频率的变化而“移动”的情况。该骗局在 6.12.1.3 节中进行了讨论。

2.14.2 关于喇叭天线的 RCS

经典的喇叭天线在微波领域已经流行了很多年，因此，其 RCS 很自然地成为许多研究的主题。但不幸的是，它从未成为隐形应用的主要候选者。

性能的表现不佳常常被归因于“结构性”散射，许多设计师将结构散射与喇叭边缘的散射联系起来。因此，采用了所有能想到的处理方法包括边缘卡、锯齿和其他种类的损耗机制来“处理”这些散射。尽管在某些情况下可能会观察到一些改进，但它们通常被认为是不合适的，且常常导致天线效率的损失。当然，真正的问题是所有喇叭天线本身固有的渐变口径照射分布，正如 2.11.2 节所述的那样，这仅意味着超低 RCS 永远不会出现在共轭匹配的经典喇叭天线上。

但是，正如在 2.11.2 节中所提到的一样，只要没有栅瓣出现，喇叭天线缺乏作为“独奏者”的能力并不妨碍它在“乐队”(即在喇叭阵列中)中演出好听的伴奏。

当在抛物柱面中作为馈源天线时，有关喇叭散射的深入地讨论请见第 8 章。在那里，您将会找到演示如何减轻某些问题的方法。

2.14.3 单元方向图是否重要

根据 2.9 节的讨论，很明显，单个单元的辐射方向图对阵列的 RCS 几乎没有影响。事实上，如图 2.22(a)所示，对于不存在栅瓣的情况，总天线方向图完全由阵因子决定，在如情况Ⅰ和情况Ⅱ所示的单元方向图中的任何改变对总方向图都无足轻重(无栅瓣——不那么接近栅瓣)。因此，总方向图将基本保持不变，从而方向性也基本保持不变，也就是说，对于均匀口径照射，我们将会接收到所有的入射能量且没有后向散射(对于渐变口径照射见 2.13 节)。尽管如此，并不是每个人都熟悉 2.6 节的内容。有时我们建议对单元进行修改，见图 2.22(b)，在右侧我们使用了截面为三角形的缝隙波导，而不是左侧所示的正方形截面。虽然这个想法乍一看可能很吸引人，但对于三角形截面和正方形截面的单元方向图的不同想法可能仅仅是出于学术兴趣。此外，对于这里要求的典型波导尺寸来说，后向散射完全不同于物理光学(一种常见的“sin”正弦形式)的预期。对于更高的频率，这种方法有一定的意义。可是，代之以混合天线罩通常会更有效。

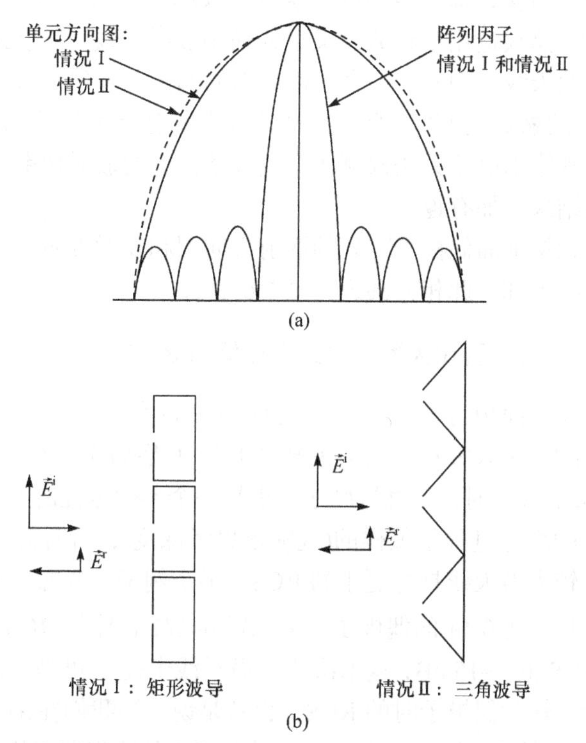

图 2.22　(a) 只要没有栅瓣出现，单元方向图的影响通常会“淹没”在阵因子中；(b) 无论是缝隙正方形波导(情况 I)还是三角波导(情况 II)阵列，它们对带内的散射影响都很小，在更高的频率下，方案 II 可能会更好。

2.14.4　依赖计算机能否获得低 RCS 天线

通过完全基于计算的或多或少的系统方法来获得低 RCS 天线的想法并不鲜见，当然，这是有可能的。事实上，在 2.3 节我们处理过这个问题，我们指出通过简单地调整负载阻抗 Z_L 使得天线模式项和剩余模式项相互抵消。我们还指出，具有剩余分量 $|C|<1$ 的任一天线的确可以产生低 RCS。同样也指出这种情况与最大功率发射不可兼得，并且更为致命的是，它通常是窄带的，且对入射角和极化敏感。因此，此类的解决方案主要是出于学术兴趣，在实践层面上讲授天线散射理论时，不应该将其作为主流进行传播。

2.14.5 从半波偶极阵列中可以得出的结论

简短地说，可得出的结论并不多。

尽管在前面已经反复陈述过，但我们要重点强调的是，对于无接地面的半波偶极子阵列而言，观察结果是正确的，一般而言，不一定对天线有效。大家熟知的可能是这样一个事实，即共轭匹配时这种天线的后向散射与最大回波(短路时)相比减少了 6 dB，这仅适用于经典意义上的最小散射天线。如果我们仅限研究散射不会超过吸收的天线，例如，一个有接地面的偶极子阵列，当共轭匹配时我们可以观察到∞ dB 的缩减，这种类型是广义的最小散射天线类型。它们具有一定的“缺陷”，例如，戴维南电路无法预测所有负载条件下的散射功率。可是从实际的角度来看，这些结果更加有趣。

另外，虽然无接地面偶极子阵列的散射方向图和发射方向图相同，但是在大多数更有趣的情况下却与此相去甚远，见 7.6 节。

2.14.6 “小型”天线是否比大型天线具有更低的 RCS

众所周知，物理面积为 A 的大型平板的 RCS 在宽边处与 A^2 成比例，但鲜为人知的是，相同平板的 RCS 在斜入射下基本上与 A 无关(至少在主平面上)。因此，当涉及一般物体的 RCS 时，σ 值与尺寸大小是一个不确定性的关系问题。

无论有些人的思考过程是怎样的(或缺乏思考深度)，有时会认为就波长而言小型天线相比于较大型天线具有更小的 RCS。举个例子，考虑一个总长度为 $\lambda/2$ 的偶极子和一个长度为 0.1λ 的偶极子，毫无疑问 $\lambda/2$ 长棒的 RCS 约为 $0.8\lambda^2$ ，然而它比短棒的 RCS 低 5~15 dB，这取决于偶极子线半径[1]。可是，我们更感兴趣的是当这两个“棒”作为偶极子时的 RCS，也就是说，当我们在 $\lambda/2$ 偶极子终端插入短路线和在 0.1λ 偶极子终端插入一个合适电感使其达到谐振状态。我们注意到在这两种情况下的增益实际上是相同的，因此，根据 2.2 节，在这两种情况下将会有相同的 RCS。

但是，这两种情况之间完全没有区别吗？当然有：就是其带宽。相比于较长偶极子来说，短偶极子的 RCS 随频率的变化会更快地从最大值下降。另请参阅第 7 章。

2.14.7 最为严重的错误：忽略了负载！

我们花费了相当多的时间来研究天线的一般散射理论，见 2.2 节。我们发现

1 请注意，线半径会影响带宽。

任何天线的总 RCS 通常很大程度上取决于负载阻抗 Z_L，通过众多实例我们进一步证明了这些结论，见 2.9 节。

然而，完全忽略天线负载影响的报告并不罕见。在我的记忆中，有一篇论文格外显眼，作者声称计算了一个贴片天线的 RCS。他的模型仅仅由悬置在无限大接地面之上的介质板中某处的单个贴片单元组成，没有引线，显然没有负载。当我指出他的缺点时，他却耸耸肩说："好吧，那样太难做到"(关于"难做"，请参阅附录 D)。

许多其他类型的天线通常在其终端短路时进行评估，这仅仅是"物体"的计算，而不是天线(当然，它是对天线问题重点介绍的一部分)。

换句话说，天线不应仅仅被当作在空腔内或其他位置有不确定负载的散射体来处理。负载是非常重要的，必须要考虑到负载才能产生有意义的结果。据作者看来，忽略负载这一事实是整个天线散射理论领域中最为严重的认识误区。

2.15　本 章 小 结

本章开篇就综述了天线散射的经典理论。任何天线的总 RCS 都可以写成两个项的相量相加，即天线模式项和剩余模式项。前者由天线增益 G、反射系数 Γ 和极化清晰地和精确地定义，而后者被模糊地定义为必须与天线模式项相加以获得总 RCS 的组成部分。

虽然这个定义听起来有些模棱两可，但它对于理解天线散射的复杂性还是非常有用的，而且在几个重要的情况下，我们能够确定剩余模式项以及天线散射项。

剩余散射一词也被称为结构散射，然而，我们通过几个实例分析证明了这种命名有一定的误导性。例如，将一个接地面添加到一个偶极子阵列中(即增加结构)可以将剩余散射减少到几乎没有的地步，而不是使它增加。类似地，即使在接地面之上看不到任何结构，平嵌缝隙天线也可能具有任何结构性散射。

进一步研究了一个非常"经典"的概念，即最小散射天线。最初它被定义为当共轭匹配时(总计)散射不大于吸收的天线，此外，散射方向图与在前向和后向散射大小相同的发射方向图基本上一致。对于这类天线，戴维南等效电路不仅能够预测负载阻抗 Z_L 的正确接收功率(恒定有效)，还能预测对于所有负载条件仅与天线阻抗 Z_A 相关的总散射功率。不幸的是，这些限制导致了一类天线，其中共轭匹配时的 RCS 仅比最大值低 6 dB(确实印象不深)。

进一步证明了如果我们将上述条件放宽到仅需满足第一条，即天线散射的总能量不超过吸收的能量，它可以使得天线的剩余散射几乎为零(但不一定如此)。这类天线的一个有趣特征是戴维南等效电路也许不再能正确预测在所有负载条件

下仅与 Z_A 相关的总散射功率，应当认识到这才是实际情况，如果没有意识到这一点，就可能会导致致命的错误。

综上所述，通过获取总散射功率不超过吸收功率要求，我们拓展了原始最小散射天线概念，从最大值减少到 6-dB，直至缩减可达 ∞ dB 的新型天线。多年来，对经典最小散射天线赋予了很多格外的“看重”，然而在作者看来，何种天线才真正地拥有“血统”是毫无悬念的。

我们还详细研究了口径照射对天线 RCS 的影响。可以确定，只有均匀口径照射能够吸收入射到其上的所有能量，使得后向散射几乎为零；如果口径照射是渐变的，则只有部分入射能量被吸收，其余的能量有两种不同的去向。它可以被再辐射导致显著的后向散射，或者在阵列结构情况下，可以通过适当的混频器对每个单元进行馈电，使多余的能量损耗在混频器负载中，使得后向散射几乎为零。环形器也可以达到这个目的。

另外一种方法是将每个单元连接到其各自的放大器上，这相当于所有单元连接到相同的匹配负载(放大器的输入阻抗)，类似于均匀照射的情况，使得后向散射几乎为零。一般来说，真实的口径渐变或任何处理都可以方便地在放大器的输出端完成。

简单分析了一下喇叭天线，与其说是优点，不如说是对其进行富有想象力的边缘处理，这似乎使某些人着迷。然而，正如所指出的那样，真正的问题是，喇叭具有固有的渐变口径照射，从而导致显著的后向散射。

第 8 章将会详细地介绍抛物面天线，并提出其他方法来减轻其散射问题。第 7 章将会分析全向辐射的隐形天线。

问　题

2.1 考虑一个具有均匀口径分布的阵列，并假定剩余散射及边缘效应可以忽略不计。

一束平面波从宽边入射到该阵列上，并在后向散射方向的反射系数为 Γ。

如果我们要求反射系数幅值 $|\Gamma|$ 应小于下面的值，求出在阵列终端处观察到的电压驻波比(VSWR)上限。

(1) 10 dB

(2) 26 dB

(3) 32 dB

(4) 40 dB

这是一个非常简单但很重要的问题。

见 5.8 节和 5.9 节。

2.2　证明

$$\sqrt{\sigma_{\text{ant}}}=\frac{1}{2}\left(\sqrt{\sigma_{\text{tot max}}}-\sqrt{\sigma_{\text{tot min}}}\right)$$

$$\sqrt{\sigma_{\text{res}}}=\frac{1}{2}\left(\sqrt{\sigma_{\text{tot max}}}+\sqrt{\sigma_{\text{tot min}}}\right)$$

这两个方程对于实验上确定σ_{ant}和σ_{res}非常有帮助。

2.3　考察一个无接地面的全波偶极子阵列，而不是图 2.8 所示的半波偶极子阵列。

求出与剩余散射相关的分量 C，并证明该阵列服从 6 dB 规则(近似)。

你可以假设开路时$\Gamma_{\text{FSS}}=-1$，短路时$\Gamma_{\text{FSS}}\sim 0$。这个最终近似实际上，比全波频率(垂直入射)略高的频段上基本上都是精确的。请问戴维南等效电路是否适用于各种负载条件?

2.4　如图 2.9 所示，考虑一个有接地面的半波偶极子无限阵列，其接地面在任意距离处。

求证对于共轭匹配的情况，证明标记为“1”“2”和“3”的三个平面波的总和加起来确实为零。

致指导教师:这是一个有些冗长的问题，布置作业只应作为惩罚!如图 2.10(右)所示，事实上使用等效电路要简单得多。

2.5　如图 2.10(左)所示，考虑一个无接地面的半波偶极子阵列的等效电路。

证明前向传输的信号及反射的信号在共轭匹配时都比入射信号要低 6 dB。

同时验证功率守恒。

2.6　具有寄生偶极子反射器的单个偶极子。

在图 P2.6 中展示了一个自阻抗为$Z_{1,1}$的单个偶极子，其背靠着自阻抗为$Z_{2,2}$的单个寄生单元。它们的互阻抗表示为$Z_{1,2}=Z_{2,1}$。

求出该天线结构的发射、接收和散射方向图。

发射情况：如图 P2.6(上)所示，有源单元由电压激励源V_{g}馈电。在发射条件下有源单元和寄生单元的单元电流分别表示为$I_{\text{t}}^{(1)}$和$I_{\text{t}}^{(2)}$。

对于该系统，由广义欧姆定律得

$$V_{\text{g}}=Z_{1,1}I_{\text{t}}^{(1)}+Z_{1,2}I_{\text{t}}^{(2)}$$

$$0=Z_{2,1}I_{\text{t}}^{(1)}+(Z_{2,2}+Z_{\text{L}}^{(2)})I_{\text{t}}^{(2)}$$

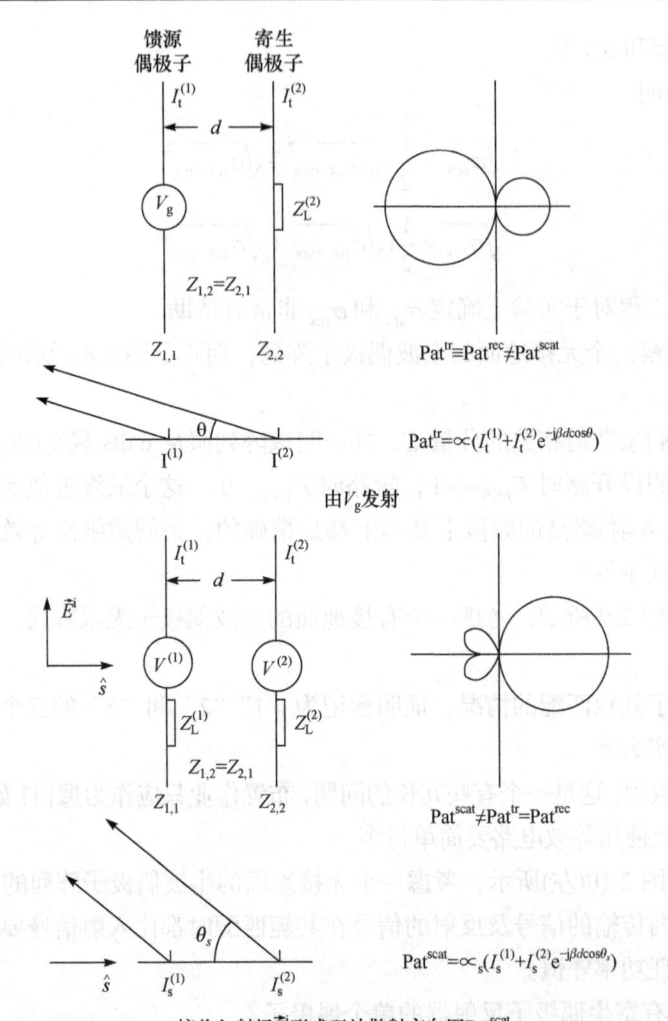

图 P2.6　由一个驱动单元(或列)和一个寄生单元(或列)组成的天线的发射、接收和散射方向图的确定。

(1) 求出该天线系统的输入阻抗 $Z_{in}=\dfrac{V_g}{I_t^{(t)}}$。

(2) 如图 P2.6(上)所示，根据 $I_t^{(1)}$、$Z_{2,1}$、$Z_{2,2}+Z_L^{(2)}$ 和两个单元之间的距离 d，求出相对发射方向图 Pat^{tr}。根据表达式画出发射方向图 Pat^{tr}。

接收情况： 如图 P2.6(下)所示，现在我们将发生器 V_g 从天线终端移除，并将天线暴露于具有传播方向 $\hat{s}$ 的入射平面波 $\vec{E}^i$ 下。终端加载了负载阻抗 $Z_L^{(1)}$，在有源和无源单元上的感应电压分别为 $V^{(1)}$ 和 $V^{(2)}$ (实际上我们不需要计算这些电压，

但是如果读者好奇的话，参见文献[60])。因此，对于接收的情况，由广义欧姆定律得

$$V^{(1)}=(Z_{1,1}+Z_{\mathrm{L}}^{(1)})I_{\mathrm{s}}^{(1)}+Z_{1,2}I_{\mathrm{s}}^{(2)}$$
$$V^{(2)}=Z_{2,1}I_{\mathrm{s}}^{(1)}+(Z_{2,2}+Z_{\mathrm{L}}^{(2)})I_{\mathrm{s}}^{(2)}$$

式中，$I_{\mathrm{s}}^{(1)}$ 和 $I_{\mathrm{s}}^{(2)}$ 表示在散射(接收)条件下的单元电流。

(3) 现在可以假设两个单元的长度是相同的(我们总是能够通过调整 $Z_{\mathrm{L}}^{(2)}$ 来调整寄生单元)。因此

$$V^{(2)}=V^{(1)}\mathrm{e}^{-\mathrm{j}\beta d}$$

求出由 $V^{(1)}$ 和所有恰当的阻抗项及双站角度 θ_{s} 和单元间距 d 表示的相对散射方向图 $\mathrm{Pat}^{\mathrm{scat}}$ 。根据表达式画出 $\mathrm{Pat}^{\mathrm{scat}}$ 方向图。

(4) 求出使得后向散射为零的负载阻抗 $Z_{\mathrm{L}}^{(1)}{}_{\mathrm{BS}}$ 。

(5) 求出将吸收大部分入射功率的负载阻抗 $Z_{\mathrm{L}}^{(1)}{}_{\max}$ 。比较 $Z_{\mathrm{L}}^{(1)}{}_{\mathrm{BS}}$ 和 $Z_{\mathrm{L}}^{(1)}{}_{\max}$ ，并估计使用 $Z_{\mathrm{L}}^{(1)}{}_{\mathrm{BS}}$ 代替 $Z_{\mathrm{L}}^{(1)}{}_{\max}$ 所带来的功率损失。

(6) 上面两种方向图中的哪一种(如果有的话)表示接收方向图 $\mathrm{Pat}^{\mathrm{rec}}$?

2.7 如图 P2.7 所示，考虑一个带有独立反射器四个单元组成的阵列，它由并联馈送网络来馈电。如图所示，两个子阵列通过两个具有的特性阻抗的简易 T 形连接器馈电，而两个 T 形连接器由如图所示的理想混频器馈电。入射平面波 $\vec{E}^{\mathrm{i}}$ 以

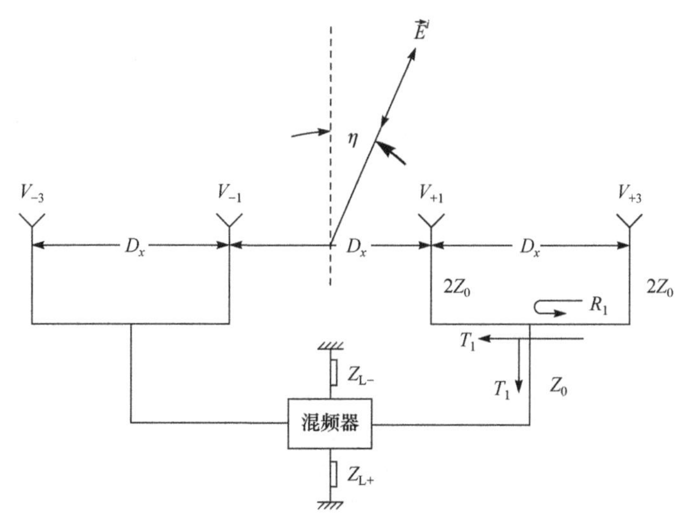

图 P2.7 有四个单元的简单阵列通过一个由简易混频器馈电的两个简易 T 形连接器组成的线束馈电。

角度η入射到该阵列上，由于天线阻抗Z_A和馈电电缆之间不匹配，在双站方向上将会出现一个主瓣，在后向散射方向上会出现一些较小的旁瓣。但是，您只需要求出在斜入射角η下由两个T形连接器的反射形成散射方向图。估计后向散射场的大小。

提示：一般来说

$$G=\frac{4\pi}{\lambda^2}A$$

也就是说，对于$G_i=G_r$并且$p_i=p_r=1$的情况，式(2.8)可以写成

$$\sigma_{ant}=\frac{4\pi}{\lambda^2}A^2\Gamma^2$$

式中，$\frac{4\pi}{\lambda^2}A^2$是物理面积为$A$的平板的RCS。

第3章 理　　论

3.1 引　　言

在第 1 章中，我们引入了一种仅存在于有限周期阵列上的第 2 类新型表面波(类型Ⅱ)的基本概念，指出了这种表面波的辐射会导致后向 RCS 的抬升。类似地，在有源的情况下，如相控阵，这类表面波会引起单元终端阻抗的显著变化。这使得精确匹配非常困难，当然并非不可能。

此外，在第 2 章中，我们笼统地介绍了天线的 RCS 理论，特别指出天线的散射可以分为两个部分：天线模式项和剩余模式项。天线模式项与反射系数(从天线的终端观察)的平方成正比，剩余模式项早期也被称为结构模式项，虽然第二项准确含义有点虚幻，但是我们证明过在电磁波均匀照射到大口径平面天线上时，它是等于零的。天线家族里面最为杰出的成员无疑是天线阵列，事实上，天线阵列在辐射体的世界中处于一个非常独特的位置。

到目前为止，我们的处理模式大都是基于物理洞察力的，这给我们指明了正确的努力方向，而不囿于大量烦琐的计算，这些计算往往会把我们引入死胡同。

在作者的第一本书里面[61]，我们主要研究了无限×无限周期结构。然而，在本章中，我们将主要发展用来研究有限×无限阵列的数学工具。

更确切地说，我们将会研究由 z 轴无限长的列组成的阵列，阵列单元具有任意排列方向 $\hat{p}=\hat{x}p_x+\hat{y}p_y+\hat{z}p_z$，这样的单列阵列通常被称为棒形阵列(stick array)，棒阵列只是构成更为复杂阵列的基石，因此，开展相关研究是极其重要的。

3.2 赫兹单元列阵列的矢位和磁场

如图 3.1 所示，考虑由长为 dl 的赫兹单元组成的阵列，单元任意的排列方向为 $\hat{p}$。参考单元位于 $(0,0,z')$，同时假设单元电流为

$$I_m = I_0 \mathrm{e}^{-\mathrm{j}\beta m D_z s_z} \tag{3.1}$$

式中，m 是沿 z 轴的单元编号，I_0 是参考单元($m=0$)的电流。

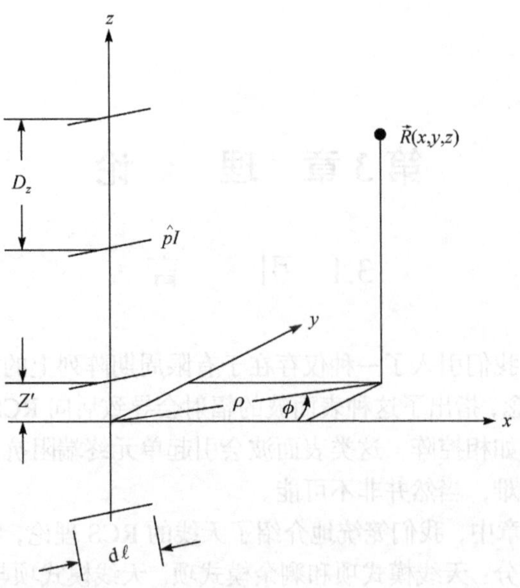

图 3.1　无限赫兹偶极子棒阵列，单元任意排列方向为 $\hat{p}=\hat{x}p_x+\hat{y}p_y+\hat{z}p_z$，单元电流为 $I_m=I_0\mathrm{e}^{-\mathrm{j}\beta mD_z s_z}$，参考单元位于 $(0,0,z')$。

事实上，在文献[62]中，已经推导了参考单元位于原点(即 $z'=0$)的矢位 $\mathrm{d}\vec{A}_q$，即

$$\mathrm{d}\vec{A}=\hat{p}\frac{\mu I_0\mathrm{d}l}{4\mathrm{j}D_z}\sum_{n=-\infty}^{\infty}\mathrm{e}^{-\mathrm{j}\beta z r_z}H_0^{(2)}(\beta r_\rho \rho) \tag{3.2}$$

式中

$$r_z=s_z+n\frac{\lambda}{D_z} \tag{3.3}$$

$$r_\rho=\sqrt{1-r_z^2}=\sqrt{1-\left(s_z+n\frac{\lambda}{D_z}\right)^2} \tag{3.4}$$

我们还将会推广到参考单元 0 位于 $(0,0,z')$ 图 3.1 所示的情况。这种情况相当于把参考单元固定在原点，将 $\vec{R}$ 向下移动到新的位置 $(0,0,z-z')$，根据式(3.2)，可以发现一般情况(参考单元位于 $(0,0,z')$)的矢位表达式为

$$\mathrm{d}\vec{A}=\hat{p}\frac{\mu I_0\mathrm{d}l}{4\mathrm{j}D_z}\sum_{n=-\infty}^{\infty}\mathrm{e}^{-\mathrm{j}\beta(z-z')r_z}H_0^{(2)}(\beta r_\rho \rho) \tag{3.5}$$

下一步得到在观察点 $\vec{R}$ 的磁场为

$$d\vec{H} = \frac{1}{\mu}\nabla \times d\vec{A} \tag{3.6}$$

将式(3.5)代入式(3.6)，可得

$$d\vec{H}_q = \frac{I_0 dl}{4jD_z}\sum_{n=-\infty}^{\infty}\nabla \times [\hat{p}e^{-j\beta(z-z')r_z}H_0^{(2)}(\beta r_\rho \rho)]$$

进一步使用向量恒等式

$$\nabla \times (\hat{p}\phi) = \phi\nabla \times \hat{p} - \hat{p}\times\nabla\phi$$

注意到，因为 $\hat{p}$ 是常量，所以右边第一项为零。我们由此得到

$$d\vec{H}_q = -\frac{I_0 dl}{4jD_z}\sum_{n=-\infty}^{\infty}\hat{p}\times\nabla[e^{-j\beta(z-z')r_z}H_0^{(2)}(\beta r_\rho \rho)] \tag{3.7}$$

在圆柱坐标系中，可将式(3.7)写为[1]

$$\begin{aligned} d\vec{H}_q &= -\frac{I_0 dl}{4jD_z}\sum_{n=-\infty}^{\infty}\hat{p} \\ &\quad\times\left[\hat{\rho}\frac{\partial}{\partial\rho}+\hat{\phi}\frac{1}{\rho}\frac{\partial}{\partial\phi}+\hat{z}\frac{\partial}{\partial z}\right][e^{-j\beta(z-z')r_z}H_0^{(2)}(\beta r_\rho \rho)] \\ d\vec{H}_q &= -\frac{\beta I_0 dl}{4jD_z}\sum_{n=-\infty}^{\infty}e^{-j\beta(z-z')r_z} \\ &\quad\cdot[\hat{p}\times\hat{\rho}r_\rho H_0^{(2)\prime}(\beta r_\rho \rho) - j\hat{p}\times\hat{z}r_z H_0^{(2)}(\beta r_\rho \rho)] \end{aligned} \tag{3.8}$$

在直角坐标系中，可以将式(3.7)写为

$$\begin{aligned} d\vec{H}_q &= -\frac{I_0 dl}{4jD_z}\sum_{n=-\infty}^{\infty}e^{-j\beta(z-z')r_z} \\ &\quad\cdot\hat{p}\times\left[\hat{x}\frac{\partial}{\partial x}H_0^{(2)}(\beta r_\rho\sqrt{x^2+y^2})+\hat{y}\frac{\partial}{\partial y}H_0^{(2)}(\beta r_\rho\sqrt{x^2+y^2})\right. \\ &\quad\left.-j\hat{z}\beta r_z H_0^{(2)}(\beta r_\rho\sqrt{x^2+y^2})\right] \end{aligned} \tag{3.9}$$

式(3.8)和式(3.9)对于任意指向 $\hat{p}$ 都是成立的，但是在后续研究中，将会专门研究两种情况：

Ⅰ：纵向排列情况，$\hat{p}$ 与阵列的轴线平行，即 $\hat{p}=\hat{z}$ 。

Ⅱ：横向排列情况，$\hat{p}$ 与阵列的轴线垂直，即[2] $\hat{p}=\hat{x}$ 。

---

1 原文式(3.8)第二表达式第二行中括号前“叉乘”欠妥，这里应以“点乘”表示乘法运算。——译者注

2 这样的选择决不会限制研究的一般性，因为观察点 $\vec{R}(x,y,z)$ 是任意的。——原书注

3.3 情况 I：纵向单元

对于 $\hat{p}=\hat{z}$ 的赫兹单元，通过式(3.8)可得到

$$\mathrm{d}\vec{H}_q=-\frac{\beta I_0\mathrm{d}l}{4\mathrm{j}D_z}\sum_{n=-\infty}^{\infty}\mathrm{e}^{-\mathrm{j}\beta(z-z')r_z}\hat{\phi}r_\rho H_0^{(2)'}(\beta r_\rho\rho) \tag{3.10}$$

又有

$$\begin{aligned}\vec{E}_q&=\frac{1}{\mathrm{j}\omega\varepsilon}\nabla\times\vec{H}_q\\&=\frac{1}{\mathrm{j}\omega\varepsilon}\left[\hat{\rho}\left[\frac{1}{\rho}\frac{\partial H_z}{\partial\phi}-\frac{\partial H_\phi}{\partial z}\right]+\hat{\phi}\left[\frac{\partial H_\rho}{\partial z}-\frac{\partial H_z}{\partial\rho}\right]\right.\\&\left.\quad+\hat{z}\left[\frac{1}{\rho}\frac{\partial}{\partial\rho}(\rho H_\phi)-\frac{1}{\rho}\frac{\partial H_\rho}{\partial\phi}\right]\right]\end{aligned} \tag{3.11}$$

将式(3.10)代入式(3.11)，可得

$$\begin{aligned}\mathrm{d}\vec{E}_q=&\frac{-1}{\mathrm{j}\omega\varepsilon}\frac{\beta I_0\mathrm{d}l}{4\mathrm{j}D_z}\sum_{n=-\infty}^{\infty}\mathrm{e}^{-\mathrm{j}\beta(z-z')r_z}\left[\mathrm{j}\hat{\rho}r_\rho r_z\beta H_0^{(2)'}(\beta r_\rho\rho)+\hat{z}r_\rho^2\beta\left[\frac{1}{\rho}\rho H_0^{(2)''}(\beta r_\rho\rho)\right.\right.\\&\left.\left.+\frac{1}{\beta r_\rho\rho}H_0^{(2)'}(\beta r_\rho\rho)\right]\right]\end{aligned} \tag{3.12}$$

应用 $\beta=\omega\sqrt{\mu\varepsilon}$ ，$Z=\sqrt{\mu/\varepsilon}$ ，并建立递归关系

$$H_0^{(2)''}(\beta r_\rho\rho)+\frac{1}{\beta r_\rho\rho}H_0^{(2)'}(\beta r_\rho\rho)=-H_0^{(2)}(\beta r_\rho\rho)$$

代入式(3.12)可得[1]

$$\begin{aligned}\mathrm{d}\vec{E}_q=&-\frac{\beta ZI_0\mathrm{d}l}{4D_z}\sum_{n=-\infty}^{\infty}\mathrm{e}^{-\mathrm{j}\beta(z-z')r_z}\\&\cdot\left[-\mathrm{j}\hat{\rho}r_\rho r_z H_0^{(2)'}(\beta r_\rho\rho)+\hat{z}r_\rho^2H_0^{(2)}(\beta r_\rho\rho)\right]\end{aligned} \tag{3.13}$$

其中 $\hat{p}=\hat{z}$ ，参考单元位于 $(0,0,z')$ 。

---

1 原文式(3.13)等式右边应添加负号。——译者注

3.3.1 任意长度 2*l* 的 *z* 向排列的单元构成的无限列阵列的总场

式(3.13)表示 *z* 方向(共线)排列的长度为 d*l* 单元的无限阵列的总场，I_0 是恒定电流。换句话说，这个表达式本质上是一个并矢格林函数。

因此，像文献[63]中讨论的一样，在单个单元上对 $\mathrm{d}\vec{E}^{(q)}$ (由式(3.13)给出)进行积分，可以获得任意长度单元的无限共线阵列的总场和任意电流 $I(z')$ 。

更具体地说，如图 3.2 所示，把参考单元的端点定义为点 *a* 和点 *b*。又有 $H_0^{(2)'}(\beta r_\rho\rho)=-H_1^{(2)}(\beta r_\rho\rho)$ ，可以得到总场 $\vec{E}^{(q)}$ [1]

$$\begin{aligned}\vec{E}^{(q)}=&-\frac{\beta Z}{4D_z}\sum_{n=-\infty}^{\infty}\int_{z'=a}^{b}I(z')\mathrm{e}^{-\mathrm{j}\beta(z-z')r_z}\mathrm{d}z'\\&\cdot\left[\mathrm{j}\hat{\rho}r_\rho r_z H_1^{(2)}(\beta r_\rho\rho)+\hat{z}r_\rho^2H_0^{(2)}(\beta r_\rho\rho)\right]\end{aligned}\tag{3.14}$$

如果用 $z^{(q)}$ 来表示源点 z' ，式(3.14)的积分会更容易些，参考点 $z^{(q)}$ 可以选择在参考单元的任意位置。很自然地把它选在长度为 2*l* 的单元的中点位置，即

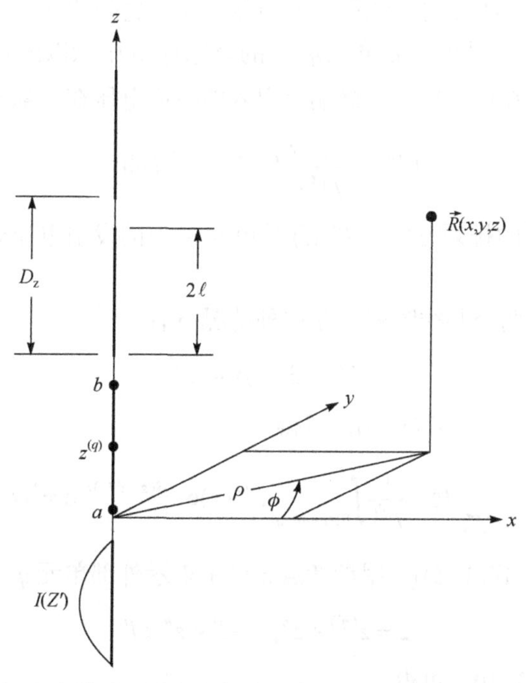

图3.2 长度为2*l*的*z*方向单元无限共线阵列,电流分布为 $I(z')$,参考单元位于 $(0,0,z^{(q)})$ 。

1 原文式(3.14)等式右边中括号内第一项表达式应为正号。——译者注

$$z' = z^{(q)} + z'', \quad -l < z'' < l \tag{3.15}$$

将式(3.15)代入式(3.14)，可得

$$\vec{E}^{(q)} = -\frac{\beta Z I^{(q)}}{4D_z} \sum_{n=-\infty}^{\infty} \mathrm{e}^{-\mathrm{j}\beta(z-z^{(q)})r_z} P_z^{(q)} \cdot \left[\mathrm{j}\hat{\rho} r_\rho r_z H_1^{(2)}(\beta r_\rho \rho) + \hat{z} r_\rho^2 H_0^{(2)}(\beta r_\rho \rho) \right] \tag{3.16}$$

其中，使用参考点 $z^{(q)}$ 处的参考电流 $I^{(q)}(z)$ 把型函数 $P_z^{(q)}$ 归一化，型函数定义为

$$P_z^{(q)} = \frac{1}{I^{(q)}} \int_{-l}^{l} I^{(q)}(z'') \mathrm{e}^{\mathrm{j}\beta z'' r_z} \mathrm{d}z'' \tag{3.17}$$

式(3.16)给出了 z 方向排列的长度为 $2l$ 的单元的无限共线阵列的总电场，任意电流分布为 $I^{(q)}(z)$，参考单元的参考点位于 $z^{(q)}$。

3.3.2 外场在单元上引入的感应电压

最后将要计算共线阵列 q 与阵列 q' 的参考单元之间的互阻抗 $Z^{q',q}$，通常互阻抗的定义是整个线阵列在外部单元 q' 上的负感应电压除以阵列 q 的参考单元的电流。任意电场 $\vec{E}$ 在单个单元的终端上引入的感应电压在文献[64]中给出

$$V^{(q')} = \frac{1}{I^{q't}} \int \vec{E} \cdot \vec{p}^{(q')} I^{q't}(l) \mathrm{d}l \tag{3.18}$$

其中，$\vec{p}^{(q')}$ 是单元的排列方向；$I^{q't}(l)$ 是单元 q' 上的发射电流分布；$I^{q't}(0)$ 是单元 q' 上的终端电流。

目前考虑的是两个共线阵列，在这种情况下有

$$\hat{p}^{q'} = \hat{z}, \quad \rho \to \rho' \tag{3.19}$$

将式(3.16)和式(3.19)代入式(3.18)，可得[1]

$$V^{(q')} = -\frac{\beta Z I^{(q)}}{4D_z} \sum_{n=-\infty}^{\infty} P_z^{(q)} \frac{1}{I^{q't}} \int_{\text{Element } q'} I^{q't}(z) \mathrm{e}^{-\mathrm{j}\beta(z-z^{(q)})r_z} \mathrm{d}z r_\rho^2 H_0^{(2)}(\beta r_\rho \rho') \tag{3.20}$$

与之前类似(见式(3.15))，用参考点 $z^{(q')}$ 来表示外部单元 q' 上的任意点 x：

$$z = z^{(q')} + z'', \quad -l' < z'' < l' \tag{3.21}$$

将式(3.21)代入式(3.20)，可得

---

1 原文式(3.20)等式右边，积分内 $I^{q't}$ 应改为 $I^{q't}(z)$，$H_0^{(2)}(\beta r_\rho \rho)'$ 应改为 $H_0^{(2)}(\beta r_\rho \rho')$。——译者注

$$V^{(q')} = -\frac{\beta Z I^{(q)}}{4D_z} \sum_{n=-\infty}^{\infty} \mathrm{e}^{-\mathrm{j}\beta(z^{(q')}-z^{(q)})r_z} P_z^{(q)} P_z^{q't} r_\rho^2 H_0^{(2)}(\beta r_\rho \rho') \tag{3.22}$$

其中，外部单元 q' 的归一化的发射型函数为

$$P^{q't} = \frac{1}{I^{q't}(z^{q'})} \int_{-l'}^{l} I^{q't}(z'')\mathrm{e}^{-\mathrm{j}\beta z'' r_z} \mathrm{d}z'' \tag{3.23}$$

3.3.3 列阵列 q 与外部单元 q' 间的互阻抗 $Z^{q,q'}$

如上所说，阵列 q 与外部阵列 q' 的参考单元间的互阻抗简单定义为

$$Z^{q',q} = -\frac{V^{(q')}}{I^{(q)}} \tag{3.24}$$

将式(3.22)代入式(3.24)，可得[1]

$$Z^{q',q} = \frac{\beta Z}{4D_z} \sum_{n=-\infty}^{\infty} \mathrm{e}^{-\mathrm{j}\beta(z^{(q')}-z^{(q)})r_z} r_\rho^2 P_z^{(q)} P_z^{q't} H_0^{(2)}(\beta r_\rho \rho') \tag{3.25}$$

其中，两个型函数 $P_z^{(q)}$ 和 $P_z^{q't}$ 分别由式(3.17)和式(3.23)给出。

如图 3.3 所示，把式(3.25)一般化为

$$Z^{q',q} = \frac{\beta Z}{4D_z} \sum_{n=-\infty}^{\infty} \mathrm{e}^{-\mathrm{j}\beta(z^{(q')}-z^{(q)})r_z} r_\rho^2 P_z^{(q)} P_z^{q't} H_0^{(2)}(\beta r_\rho |\vec{\rho}' - \vec{\rho}|) \tag{3.26}$$

其中，两个型函数不变。

最后我们再考虑更为普遍的情况，两列阵列的参考点分别为 $(\vec{\rho}^{(1)}, z^{(1)})$ 和 $(\vec{\rho}^{(2)}, z^{(2)})$，见图 3.3，把式(3.25)一般化得

$$Z^{2,1} = \frac{\beta Z}{4D_z} \sum_{n=-\infty}^{\infty} \mathrm{e}^{-\mathrm{j}\beta(z^{(2)}-z^{(1)})r_z} r_\rho^2 P_z^{(1)} P_z^{(2)t} H_0^{(2)}(\beta r_\rho |\vec{\rho}^{(2)} - \vec{\rho}^{(1)}|) \tag{3.27}$$

其中，两个型函数不变，并已经在式(3.17)和式(3.23)定义。

式(3.26)给出了处于 $(\vec{\rho}^{(1)}, z^{(1)})$ 的阵列与处于 $(\vec{\rho}^{(2)}, z^{(2)})$ 的阵列的参考单元间的互阻抗 $Z^{2,1}$，把它和之前的结果(平面阵列与另一个阵列的参考单元的互阻抗)比较[65]

$$Z^{2,1} = \frac{Z}{2D_x D_z} \sum_{k=-\infty}^{\infty} \sum_{n=-\infty}^{\infty} \frac{\mathrm{e}^{-\mathrm{j}\beta(\vec{R}^{(2)}-\vec{R}^{(1)})\cdot\hat{r}}}{r_y} \left[{}_\perp P^{(1)} {}_\perp P^{(2)t} + {}_\parallel P^{(1)} {}_\parallel P^{(2)t} \right] \tag{3.28}$$

---

1 为保证前后文保持一致，阵列 q' 与阵列 q 在 z 方向分量由分别由原文中的 q'、q 改为 $z^{(q')}$、$z^{(q)}$。——译者注

其中

$$_{\parallel\perp}P^{(1)} = \hat{p}^{(1)} \cdot {}_{\parallel\perp}\hat{n}P^{(1)}$$

$$_{\parallel\perp}P^{(2)t} = \hat{p}^{(2)} \cdot {}_{\parallel\perp}\hat{n}P^{(2)t}$$

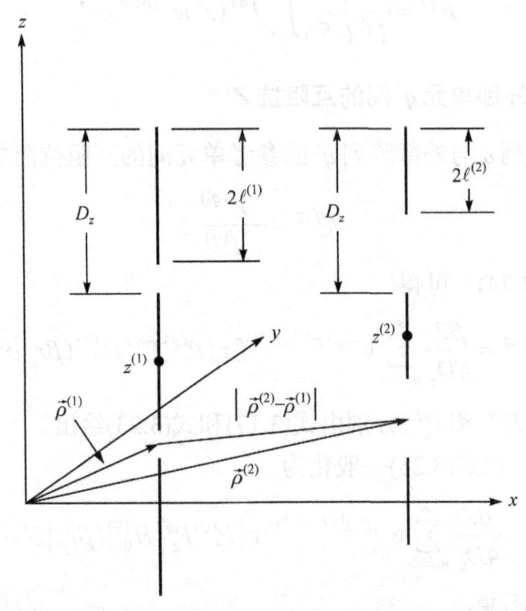

图 3.3 两个长度分别为 $2l^{(1)}$ 和 $2l^{(2)}$ 的 z 向排列单元组成的无限阵列，参考点分别在 $(\vec{\rho}^{(1)}, z^{(1)})$ 和 $(\vec{\rho}^{(2)}, z^{(2)})$。

如果我们限制在 yz 平面进行扫描，不同 k 值的垂直分量 $_{\perp}P^{(1)}$ 等于零或者相消。就 z 方向的变化而言，式(3.27)和式(3.28)是相似的，这应该没有使我们感到惊讶，因为在这个方向 Floquet 定理对两种情况都是成立的。然而，在 xy 平面，双无限阵列中表现为平面波，共线阵列中表现为圆柱波。

还要注意到 $\hat{p}^{(1)}=\hat{p}^{(2)}=\hat{z}$，我们有

$$\hat{p}^{(1)} \cdot {}_{\perp}\hat{n} = \hat{p}^{(2)} \cdot {}_{\perp}\hat{n} = 0$$

$$\hat{p}^{(1)} \cdot {}_{\parallel}\hat{n} = \hat{p}^{(2)} \cdot {}_{\parallel}\hat{n} = -r_{\rho}$$

3.4 情况Ⅱ：横向单元

下面探究横向情况，特别地，线阵列沿着 x 方向，参考单元位于 $\vec{R}'(0,0,z')$，观察点位于 $\vec{R}(x,y,z)$，见图 3.4。

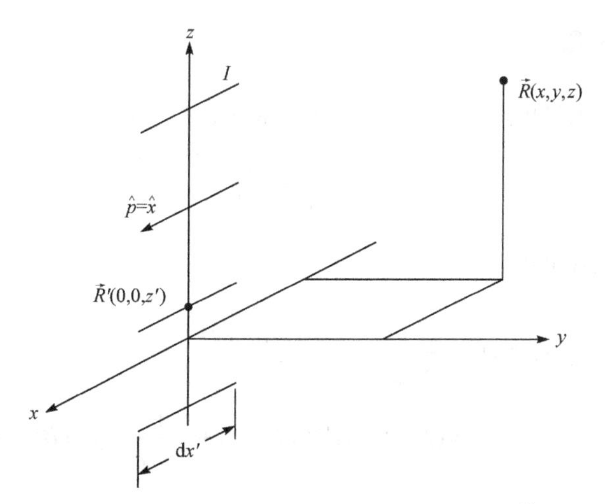

图 3.4 指向为 $\hat{p}=\hat{x}$ 的横向赫兹偶极子无限阵列，参考单元位于 $\vec{R}'(0,0,z')$，观察点位于 $\vec{R}(x,y,z)$。

令 $\hat{p}=\hat{x}$ 和 $\mathrm{d}l \to \mathrm{d}x'$，代入式(3.9)得

$$\begin{aligned}\mathrm{d}\vec{H}_q = -\frac{I_0 \mathrm{d}x'}{4\mathrm{j}D_z}\sum_{n=-\infty}^{\infty} \mathrm{e}^{-\mathrm{j}\beta(z-z')r_z}\Big[\hat{z}\frac{\partial}{\partial y}H_0^{(2)}(\beta r_\rho \sqrt{x^2+y^2}) \\ +\mathrm{j}\hat{y}\beta r_z H_0^{(2)}(\beta r_\rho\sqrt{x^2+y^2})\Big]\end{aligned} \tag{3.29}$$

此外，通常有

$$\begin{aligned}\vec{E} &= \frac{1}{\mathrm{j}\omega\varepsilon}\nabla\times\vec{H}_q \\ &= \frac{1}{\mathrm{j}\omega\varepsilon}\left[\hat{x}\left(\frac{\partial H_z}{\partial y}-\frac{\partial H_y}{\partial z}\right)+\hat{y}\left(\frac{\partial H_x}{\partial z}-\frac{\partial H_z}{\partial x}\right)+\hat{z}\left(\frac{\partial H_y}{\partial x}-\frac{\partial H_x}{\partial y}\right)\right]\end{aligned} \tag{3.30}$$

将式(3.29)代入式(3.30)，可得

$$\begin{aligned}\mathrm{d}\vec{E}_q = -\frac{1}{\mathrm{j}\omega\varepsilon}\frac{I_0\mathrm{d}x'}{4\mathrm{j}D_z}\sum_{n=-\infty}^{\infty}\mathrm{e}^{-\mathrm{j}\beta(z-z')r_z} \\ \cdot\left\{\hat{x}\left[\frac{\partial^2}{\partial y^2}H_0^{(2)}(\beta r_\rho\sqrt{x^2+y^2})-\beta^2 r_z^2 H_0^{(2)}(\beta r_\rho\sqrt{x^2+y^2})\right]\right. \\ \left.-\hat{y}\frac{\partial^2}{\partial x\partial y}H_0^{(2)}(\beta r_\rho\sqrt{x^2+y^2})+\mathrm{j}\hat{z}\beta r_z\frac{\partial}{\partial x}H_0^{(2)}(\beta r_\rho\sqrt{x^2+y^2})\right\}\end{aligned} \tag{3.31}$$

下一步将分别研究 x、y 和 z 各个分量。

3.4.1 $\vec{E}_q$ 的 x 分量

为了化简式(3.31)的 x 分量，在圆柱坐标系中引入 ∇^2 算符，即

$$\nabla^2 = \frac{1}{\rho}\frac{\partial}{\partial\rho}\left(\rho\frac{\partial}{\partial\rho}\right) + \frac{1}{\rho^2}\frac{\partial^2}{\partial\phi^2} + \frac{\partial^2}{\partial z^2}$$

作用在 $H_0^{(2)}(\beta r_\rho \rho)$ 可得[1]

$$\begin{aligned}\nabla^2 H_0^{(2)}(\beta r_\rho \rho) &= \frac{1}{\rho}\frac{\partial}{\partial\rho}\left(\rho\frac{\partial H_0^{(2)}(\beta r_\rho \rho)}{\partial\rho}\right)\\ &= (\beta r_\rho)^2\left[H_0^{(2)''}(\beta r_\rho \rho) + \frac{1}{\beta r_\rho \rho}H_0^{(2)'}(\beta r_\rho \rho)\right]\end{aligned}$$

再使用递归公式

$$H_0^{(2)''} + \frac{1}{x}H_0^{(2)'} = -H_0^{(2)}$$

可得

$$\nabla^2 H_0^{(2)}(\beta r_\rho \rho) = -(\beta r_\rho)^2 H_0^{(2)}(\beta r_\rho \rho) \tag{3.32}$$

在直角坐标系中展开得

$$\nabla^2 H_0^{(2)}(\beta r_\rho \rho) = \frac{\partial^2 H_0^{(2)}(\beta r_\rho \rho)}{\partial x^2} + \frac{\partial^2 H_0^{(2)}(\beta r_\rho \rho)}{\partial y^2} \tag{3.33}$$

式(3.32)和式(3.33)等同，得

$$\frac{\partial^2 H_0^{(2)}(\beta r_\rho \rho)}{\partial y^2} = -\frac{\partial^2 H_0^{(2)}(\beta r_\rho \rho)}{\partial x^2} - (\beta r_\rho)^2 H_0^{(2)}(\beta r_\rho \rho) \tag{3.34}$$

将式(3.34)代入式(3.31)，并假设在所有单元上的电流分布[2]为 $I_{x'}(x')$，我们通过在参考单元上积分可得到电场总的 x 分量[3]

$$\begin{aligned}\vec{E}_q^{x,x'} = &-\hat{x}\frac{1}{\omega\varepsilon}\frac{1}{4D_z}\sum_{n=-\infty}^{\infty} e^{-j\beta(z-z')r_z}\\ &\cdot\int_{\text{Ref. ele.}} I_{x'}(x')\left[\frac{\partial^2}{\partial x^2} + (\beta r_\rho)^2 + (\beta r_z)^2\right]H_0^{(2)}(\beta r_\rho \rho)\mathrm{d}x'\end{aligned}$$

1 原文等式右边 $H_0^{(2)''}(\beta r_\rho)$ 应改为 $H_0^{(2)''}(\beta r_\rho \rho)$。——译者注

2 为保证后文保持一致，此处及后文相应位置的 $I(x')$ 应改为 $I_{x'}(x')$。——译者注

3 式中积分号前的“叉乘”欠妥，这里应以“点乘”表示乘法运算。——译者注

式中，ρ是

$$\rho=\sqrt{(x-x')^2+y^2}$$

进一步的，注意到$r_\rho^2+r_z^2=1$，且$\frac{\partial^2}{\partial x'^2}=\frac{\partial^2}{\partial x^2}$，得

$$\begin{aligned}\vec{E}_q^{x,x'}&=-\hat{x}\frac{\sqrt{\mu/\varepsilon}}{\omega\sqrt{\varepsilon\mu}4D_z}\sum_{n=-\infty}^{\infty}\mathrm{e}^{-\mathrm{j}\beta(z-z')r_z}\\&\times\int_{\text{Ref. ele.}}I_{x'}(x')\left[\frac{\partial^2}{\partial x'^2}+\beta^2\right]H_0^{(2)}(\beta r_\rho\rho)\mathrm{d}x'\end{aligned}\tag{3.35}$$

对式(3.35)积分项的第一项做分部积分得

$$\begin{aligned}\vec{E}_q^{x,x'}&=-\hat{x}\frac{Z}{\beta 4D_z}\sum_{n=-\infty}^{\infty}\mathrm{e}^{-\mathrm{j}\beta(z-z')r_z}\left[I_{x'}(x')\frac{\partial}{\partial x'}H_0^{(2)}(\beta r_\rho\rho)\Big|_{\text{Ref.ele.endpts.}}\right.\\&\quad\left.-\int_{\text{Ref. ele.}}I'_{x'}(x')\frac{\partial}{\partial x'}H_0^{(2)}(\beta r_\rho\rho)-\beta^2 I_{x'}(x')H_0^{(2)}(\beta r_\rho\rho)\mathrm{d}x'\right]\\&=-\hat{x}\frac{Z}{\beta 4D_z}\sum_{n=-\infty}^{\infty}\mathrm{e}^{-\mathrm{j}\beta(z-z')r_z}\left[\left[I_{x'}(x')\frac{\partial}{\partial x'}H_0^{(2)}(\beta r_\rho\rho)\right.\right.\\&\quad\left.-I'_{x'}(x')H_0^{(2)}(\beta r_\rho\rho)\right]\Big|_{\text{Ref.ele.endpts.}}\\&\quad\left.+\int_{\text{Ref. ele.}}\left[I''_{x'}(x')+\beta^2 I_{x'}(x')\right]H_0^{(2)}(\beta r_\rho\rho)\mathrm{d}x\right]\end{aligned}\tag{3.36}$$

如果电流分布$I_{x'}(x')$是正弦函数，传播常数为β，式(3.36)的被积函数等于零。并且，在参考单元端点的电流$I_{x'}(x')$必须为零(边界条件)，因此，式(3.36)的第一项也等于零，最后得到

$$\vec{E}_q^{x,x'}=\hat{x}\frac{Z}{\beta 4D_z}\sum_{n=-\infty}^{\infty}\mathrm{e}^{-\mathrm{j}\beta(z-z')r_z}\left[I'_{x'}(x')H_0^{(2)}(\beta r_\rho\rho)\right]_{\text{Ref. ele. endpts.}}\tag{3.37}$$

传播常数为β的正弦电流分布

$$I_{x'}(x')=I_a\sin\beta(l'-|x'|),\quad -l'<x'<l'\tag{3.38}$$

由两部分组成，端点坐标在$x'=\pm l'$和0处。我们从式(3.37)得

$$\begin{aligned}\vec{E}_q^{x,x'}&=-\hat{x}\frac{ZI_a}{4D_z}\sum_{n=-\infty}^{\infty}\mathrm{e}^{-\mathrm{j}\beta(z-z')r_z}\left[H_0^{(2)}(\beta r_\rho\rho_+)+H_0^{(2)}(\beta r_\rho\rho_-)\right.\\&\quad\left.-2\cos\beta l' H_0^{(2)}(\beta r_\rho\rho_0)\right]\end{aligned}\tag{3.39}$$

式中，$\rho_\pm=\sqrt{(x\pm l')^2+y^2}$和$\rho_0=\sqrt{x^2+y^2}$，见图3.5。

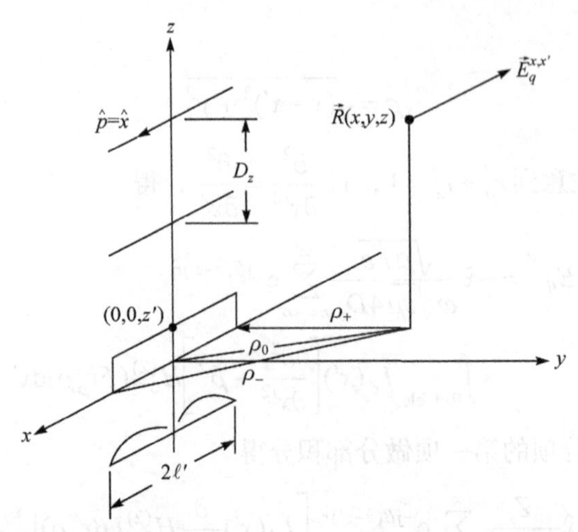

图 3.5　单元指向为 $\hat{p}=\hat{x}$ 的横向阵列在点 $\vec{R}(x,y,z)$ 产生电场的 x 分量，正弦电流分布可以表示为三个不同半径(ρ_+, ρ_- 和 ρ_0)汉克尔函数的无限级数，式(3.39)给出了详细说明。

电流分布为 $I_x(x)$ 的 x 指向单元，其终端感应电压为 $V_q^{x,x'}$ (图 3.6(上))，即[1]

$$V_q^{x,x'}=\frac{1}{I_x(0)}\int_{\text{Ext. ele.}}I_x(x)E_q^{x,x'}\mathrm{d}x \tag{3.40}$$

最后，棒形阵列和外部单元的互阻抗 $Z_q^{x,x'}$ 定义为

$$Z_q^{x,x'}=-\frac{V_q^{x,x'}}{I_{x'}(0)} \tag{3.41}$$

其中

$$I_{x'}(0)=I_a\sin\beta l' \tag{3.42}$$

将式(3.39)、式(3.40)和式(3.42)代入式(3.41)，我们可得

$$\begin{aligned}Z_q^{x,x'}=&\frac{Z}{\beta 4D_z}\frac{1}{\sin\beta l'}\sum_{n=-\infty}^{\infty}\mathrm{e}^{-\mathrm{j}\beta(z-z')r_z}\frac{1}{I_x(0)}\int_{\text{Ext. ele.}}I_x(x)\\&\cdot\left[H_0^{(2)}(\beta r_\rho\rho_+)+H_0^{(2)}(\beta r_\rho\rho_-)-2\cos\beta l' H_0^{(2)}(\beta r_\rho\rho_0)\right]\mathrm{d}x\end{aligned} \tag{3.43}$$

有关式(3.43)更进一步的讨论见 3.5 节。

---

1 原文式(3.40)似有不妥。计算终端感应电压时，式(3.40)本应为 $V_q^{x,x'}=\frac{1}{I_x(0)}\int_{\text{Ext. ele.}}I_x(x)\vec{E}_q^{x,x'}\cdot\vec{p}\mathrm{d}x$ 。去矢量符号后式(3.40)应为 $V_q^{x,x'}=\frac{1}{I_x(0)}\int_{\text{Ext. ele.}}I_x(x)E_q^{x,x'}\mathrm{d}x$，其中 $E_q^{x,x'}$ 为 $\vec{E}_q^{x,x'}$ 在 x 方向的分量。——译者注

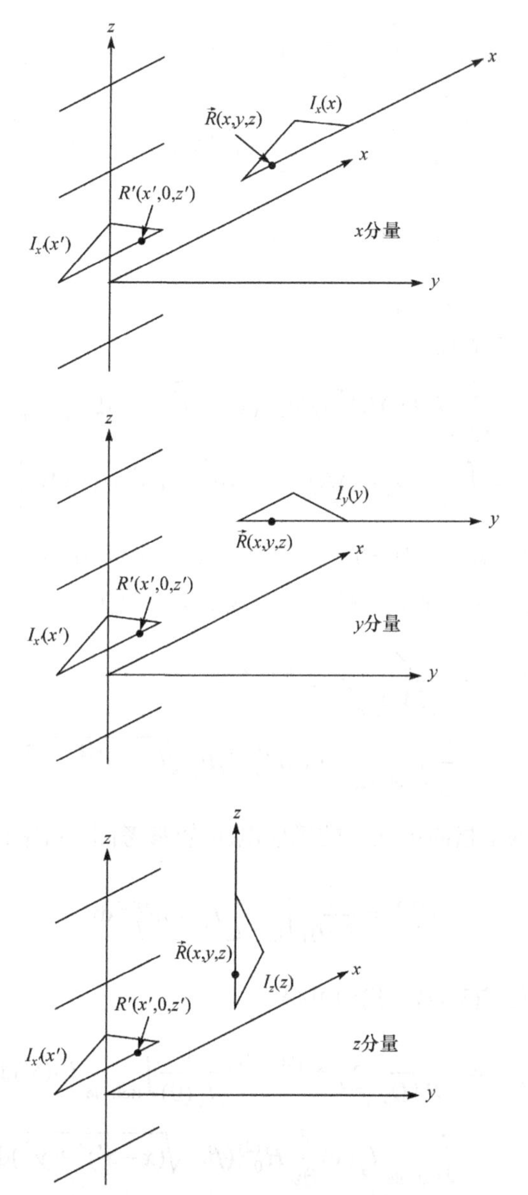

图 3.6　电流分布为 $I_{x'}(x')$ 的长度为 2l 的横向排列的无限线阵列，在一个偶极子上引入电压，偶极子电流分布沿 x 轴为 $I_x(x)$ (上)，沿 y 轴为 $I_y(y)$ (中)和沿 z 轴为 $I_z(z)$ (下)。

3.4.2　$\vec{E}_q$ 的 y 分量

参考单元的电流分布为 $I_{x'}(x')$，在参考单元上对 y 分量进行积分，从式(3.31)可以容易得到电流分布为 $I_{x'}(x')$ 的线阵产生的总电场 $\vec{E}_q$ 的 y 分量 $\vec{E}_q^{y,x'}$，即

$$\vec{E}_q^{y,x'} = \hat{y}\frac{\sqrt{\mu/\varepsilon}}{\omega\sqrt{\varepsilon\mu}4D_z}\sum_{n=-\infty}^{\infty}\mathrm{e}^{-\mathrm{j}\beta(z-z')r_z} \cdot \frac{\partial}{\partial y}\int_{\text{Ref. ele.}} I_{x'}(x')\frac{\partial}{\partial x'}H_0^{(2)}(\beta r_\rho\sqrt{(x-x')^2+y^2})\mathrm{d}x' \tag{3.44}$$

其中用到了 $\frac{\partial}{\partial x}=-\frac{\partial}{\partial x'}$。对 x' 分部积分得[1]

$$\begin{aligned}\vec{E}_q^{y,x'} = {}& \hat{y}\frac{Z}{\beta 4D_z}\sum_{n=-\infty}^{\infty}\mathrm{e}^{-\mathrm{j}\beta(z-z')r_z} \\ & \cdot\frac{\partial}{\partial y}\Big[I_{x'}(x')H_0^{(2)}(\beta r_\rho\sqrt{(x-x')^2+y^2}\,\mathrm{d}x'\Big|_{\text{Ref. ele. endpts.}} \\ & -\int_{\text{Ref. ele.}} I'_{x'}(x')H_0^{(2)}(\beta r_\rho\sqrt{(x-x')^2+y^2})\mathrm{d}x'\Big]\end{aligned} \tag{3.45}$$

在参考单元端点处 $I_{x'}(x')=0$，那么式(3.45)方括号中的第一项必须等于零。因此，横向单元线阵在 $\vec{R}(x,y,z)$ 处感生电场的 y 分量为

$$\vec{E}_q^{y,x'} = -\hat{y}\frac{Z}{\beta 4D_z}\sum_{n=-\infty}^{\infty}\mathrm{e}^{-\mathrm{j}\beta(z-z')r_z} \cdot\frac{\partial}{\partial y}\int_{\text{Ref. ele.}} I'_{x'}(x')H_0^{(2)}(\beta r_\rho\sqrt{(x-x')^2+y^2})\mathrm{d}x' \tag{3.46}$$

电流为 $I_y(y)$ 的 y 指向单元上的感应电压为(参考图 3.6(中))：

$$V_q^{y,x'} = \frac{1}{I_y(0)}\int_{\text{Ext. ele.}} I_y(y)E_q^{y,x'}\mathrm{d}y \tag{3.47}$$

将式(3.46)代入式(3.47)，我们可得

$$V_q^{y,x'} = -\frac{Z}{\beta 4D_z}\sum_{n=-\infty}^{\infty}\mathrm{e}^{-\mathrm{j}\beta(z-z')r_z}\frac{1}{I_y(0)}\int_{\text{Ref. ele.}} I'_{x'}(x')\mathrm{d}x' \cdot\int_{\text{Ext. ele.}} I_{\mathrm{y}}(y)\frac{\partial}{\partial y}H_0^{(2)}(\beta r_\rho\sqrt{(x-x')^2+y^2})\mathrm{d}y \tag{3.48}$$

对 y 使用分部积分得

1 原文式(3.45)有中“*”含义不明，应去掉。——译者注

$$V_q^{y,x'} = -\frac{Z}{\beta 4D_z}\sum_{n=-\infty}^{\infty} e^{-j\beta(z-z')r_z}\frac{1}{I_y(0)}\int_{\text{Ref. ele.}} I'_{x'}(x')dx' \cdot\left[I_y(y)H_0^{(2)}(\beta r_\rho\sqrt{(x-x')^2+y^2})\Big|_{\text{Ref. ele. endpts.}} - \int_{\text{Ext. ele.}} I'_y(y)H_0^{(2)}(\beta r_\rho\sqrt{(x-x')^2+y^2})dy\right] \tag{3.49}$$

既然在外部单元端点 $I_y(y)=0$，那么式(3.49)方括号中的第一项等于零。因此，式(3.49)化简到只有最后一项，对于线阵和外部单元的互阻抗，我们发现

$$\begin{aligned} Z_q^{y,x'} &= -\frac{V_q^{y,x'}}{I_{x'}(0)} \\ &= -\frac{Z}{\beta 4D_z}\sum_{n=-\infty}^{\infty} e^{-j\beta(z-z')r_z}\frac{1}{I_{x'}(0)I_y(0)} \\ &\quad \cdot\int_{\text{Ref. ele.}} I'_{x'}(x')dx'\int_{\text{Ext. ele.}} I'_y(y)H_0^{(2)}(\beta r_\rho\sqrt{(x-x')^2+y^2})dy \end{aligned} \tag{3.50}$$

对于式(3.38)给出的正弦电流分布，得到

$$I'_{x'}(x') = \pm\beta I_a\cos\beta(l'-|x'|),\quad -l'<x'<l'$$

$$I_{x'}(0) = I_a\sin\beta l'$$

因此

$$Z_q^{y,z'} = -\frac{Z}{4D_z\sin\beta l'}\sum_{n=-\infty}^{\infty} e^{-j\beta(z-z')r_z}\frac{1}{I_y(0)}\int_{\text{Ref. ele.}} \text{sign}x\cos\beta(l'-|x'|)dx' \cdot\int_{\text{Ext. ele.}} I'_y(y)H_0^{(2)}(\beta r_\rho\sqrt{(x-x')^2+y^2})dy \tag{3.51}$$

或者，我们可以简单地在式(3.44)中作 $H_0^{(2)}$ 对 x' 和 y 的偏微分[1]

$$\frac{\partial}{\partial x'}H_0^{(2)}(\beta r_\rho\sqrt{(x-x')^2+y^2})$$

$$= -\beta r_\rho H_0^{(2)\prime}(\beta r_\rho\sqrt{(x-x')^2+y^2})\frac{x-x'}{\sqrt{(x-x')^2+y^2}}$$

$$\frac{\partial}{\partial y}\left[\frac{\partial}{\partial x'}H_0^{(2)}(\beta r_\rho\sqrt{(x-x')^2+y^2})\right]$$

$$= -\beta r_\rho\left[\beta r_\rho H_0^{(2)\prime\prime}(\beta r_\rho\sqrt{(x-x')^2+y^2})\cdot\frac{y}{\sqrt{(x-x')^2+y^2}}\frac{x-x'}{\sqrt{(x-x')^2+y^2}}\right.$$

1 原文式(3.52)有中右中括号位置似有不妥，应加在尾项之后。——译者注

$$
\begin{aligned}
&-H_0^{(2)\prime}(\beta r_\rho\sqrt{(x-x')^2+y^2})\frac{(x-x')y}{\left[(x-x')^2+y^2\right]^{3/2}}\\
&=-(\beta r_\rho)^2\frac{(x-x')y}{(x-x')^2+y^2}\left[H_0^{(2)\prime\prime}(\beta r_\rho\sqrt{(x-x')^2+y^2})\right.\\
&\left.-\frac{1}{\beta r_\rho\sqrt{(x-x')^2+y^2}}H_0^{(2)\prime}(\beta r_\rho\sqrt{(x-x')^2+y^2})\right]
\end{aligned}
\tag{3.52}
$$

使用递归关系

$$
H_n^{(2)\prime}(x)-\frac{n}{x}H_n^{(2)}(x)=-H_{n+1}^{(2)}(x)
$$

有

$$
H_0^{(2)\prime}=-H_1^{(2)},\quad H_0^{(2)\prime\prime}=-H_1^{(2)\prime}
$$

即

$$
H_0^{(2)\prime\prime}-\frac{1}{x}H_0^{(2)\prime}=-H_1^{(2)\prime}+\frac{1}{x}H_1^{(2)}=H_2^{(2)}
\tag{3.53}
$$

将式(3.53)代入式(3.52)得

$$
\begin{aligned}
&\frac{\partial^2}{\partial x'\partial y}H_0^{(2)}(\beta r_\rho\sqrt{(x-x')^2+y^2})\\
&=-(\beta r_\rho)^2\frac{(x-x')y}{(x-x')^2+y^2}H_2^{(2)}(\beta r_\rho\sqrt{(x-x')^2+y^2})
\end{aligned}
\tag{3.54}
$$

将式(3.54)代入式(3.44)得

$$
\begin{aligned}
\vec{E}_q^{y,x'}=&-\hat{y}\frac{\beta Z}{4D_z}\sum_{n=-\infty}^{\infty}\mathrm{e}^{-\mathrm{j}\beta(z-z')r_z}r_\rho^2\\
&\cdot\int_{\text{Ref. ele.}}I_{x'}(x')\frac{(x-x')y}{(x-x')^2+y^2}H_2^{(2)}(\beta r_\rho\sqrt{(x-x')^2+y^2})\mathrm{d}x'
\end{aligned}
\tag{3.55}
$$

将式(3.55)代入式(3.47)，我们得到电流分布为 $I_y(y)$ 的 y 指向单元上的感应电压

$$
\begin{aligned}
V_q^{y,x'}=&-\frac{\beta Z}{4D_z}\sum_{n=-\infty}^{\infty}\mathrm{e}^{-\mathrm{j}\beta(z-z')r_z}r_\rho^2\int_{\text{Ext. ele.}}\frac{I_y(y)}{I_y(0)}\mathrm{d}y\\
&\cdot\int_{\text{Ref. ele.}}I_{x'}(x')\frac{(x-x')y}{(x-x')^2+y^2}H_2^{(2)}(\beta r_\rho\sqrt{(x-x')^2+y^2})\mathrm{d}x'
\end{aligned}
\tag{3.56}
$$

最后，对于阵列互阻抗，我们有

$$Z_q^{y,x'} = -\frac{V_q^{y,x'}}{I_{x'}(0)}$$

$$= \frac{\beta Z}{4D_z}\sum_{n=-\infty}^{\infty} \mathrm{e}^{-\mathrm{j}\beta(z-z')r_z} r_\rho^2 \int_{\text{Ext. ele.}} \frac{I_y(y)}{I_y(0)} \mathrm{d}y \tag{3.57}$$

$$\cdot \int_{\text{Ref. ele.}} \frac{I_{x'}(x')}{I_{x'}(0)} \frac{(x-x')y}{(x-x')^2+y^2} H_2^{(2)}\left(\beta r_\rho \sqrt{(x-x')^2+y^2}\right)\mathrm{d}x'$$

在 3.5 节会作进一步的讨论。

3.4.3 $\vec{E}_q$ 的 z 分量

通过在参考单元上对 z 分量进行积分，可以容易从式(3.31)得到电流分布为 $I_{x'}(x')$ 的线阵产生的总电场 $\vec{E}_q$ 的 z 分量 $\vec{E}_q^{z,x'}$，即[1]

$$\vec{E}_q^{z,x'} = \hat{z}\frac{\mathrm{j}\beta}{\omega\varepsilon 4D_z}\sum_{n=-\infty}^{\infty} \mathrm{e}^{-\mathrm{j}\beta(z-z')r_z} r_z$$

$$\cdot \int_{\text{Ref. ele.}} I_{x'}(x') \frac{\partial}{\partial x} H_0^{(2)}\left(\beta r_\rho \sqrt{(x-x')^2+y^2}\right)\mathrm{d}x'$$

注意到 $\frac{\partial}{\partial x} = -\frac{\partial}{\partial x'}$ 且 $\frac{\beta}{\omega\varepsilon} = Z$，则有[2]

$$\vec{E}_q^{z,x'} = -\hat{z}\frac{\mathrm{j}Z}{4D_z}\sum_{n=-\infty}^{\infty} \mathrm{e}^{-\mathrm{j}\beta(z-z')r_z} r_z$$

$$\times \int_{\text{Ref. ele.}} I_{x'}(x') \frac{\partial}{\partial x'} H_0^{(2)}\left(\beta r_\rho \sqrt{(x-x')^2+y^2}\right)\mathrm{d}x' \tag{3.58}$$

使用分部积分，我们得到

$$\vec{E}_q^{z,x'} = -\hat{z}\frac{\mathrm{j}Z}{4D_z}\sum_{n=-\infty}^{\infty} \mathrm{e}^{-\mathrm{j}\beta(z-z')r_z} r_z \left[I_{x'}(x') H_0^{(2)}\left(\beta r_\rho \sqrt{(x-x')^2+y^2}\right)\Big|_{\text{Ref. ele. endpt.}} \right. \tag{3.59}$$

$$\left. - \int_{\text{Ref. ele.}} I'_{x'}(x') H_0^{(2)}\left(\beta r_\rho \sqrt{(x-x')^2+y^2}\right)\right]\mathrm{d}x'$$

像之前提到的一样，在参考单元的端点[3] $I_{x'}(x') = 0$ (即式(3.59)的第一项等于

1 原文式中 $I'_{x'}(x')$、$\frac{\partial}{\partial x'}$ 应分别改为 $I_{x'}(x')$、$\frac{\partial}{\partial x}$。——译者注

2 原文式(3.58)中积分符号前的“叉乘”欠妥，应改为“点乘”表示乘法运算。另外，式中 $I'_{x'}(x')$ 应改为 $I_{x'}(x')$。——译者注

3 此处用 $I'_{x'}(x') = 0$ 表示参考单元端点似有不妥，应改为 $I_{x'}(x') = 0$。——译者注

零)，则有

$$\vec{E}_q^{z,x'} = \hat{z}\frac{\mathrm{j}Z}{4D_z}\sum_{n=-\infty}^{\infty}\mathrm{e}^{-\mathrm{j}\beta(z-z')r_z}r_z\int_{\text{Ref. ele.}}I'_{x'}(x')H_0^{(2)}(\beta r_\rho\sqrt{(x-x')^2+y^2})\mathrm{d}x' \tag{3.60}$$

z 向排列的单元电流分布为 $I_z(z)$，感应电压由下式给出[1]：

$$V_q^{z,x'} = \frac{1}{I_z(0)}\int_{\text{Ext. ele.}}I_z(z)E_q^{z,x'}\mathrm{d}z \tag{3.61}$$

将式(3.60)代入式(3.61)得

$$\begin{aligned}V_q^{z,x'} &= \frac{\mathrm{j}Z}{4D_z}\sum_{n=-\infty}^{\infty}\frac{r_z}{I_z(0)}\int_{\text{Ext. ele.}}I_z(z)\mathrm{e}^{-\mathrm{j}\beta(z-z')r_z}\mathrm{d}z \\ &\quad\cdot\int_{\text{Ref. ele.}}I'_{x'}(x')H_0^{(2)}(\beta r_\rho\sqrt{(x-x')^2+y^2})\mathrm{d}x'\end{aligned} \tag{3.62}$$

用 $z^{(q)}$ 来表示 z 以使式(3.62)的第一项积分具有可操作性：

$$z = z^{(q)} + z'', \quad -l_z < z < l_z \tag{3.63}$$

将式(3.63)代入式(3.62)，在对 z 的积分过程中 z' 是常数，我们可以得到互阻抗

$$\begin{aligned}Z_q^{z,x'} &= -\frac{V^{z,x'}}{I_{x'}(0)} \\ &= -\frac{\mathrm{j}Z}{4D_z}\sum_{n=-\infty}^{\infty}\mathrm{e}^{-\mathrm{j}\beta(z^{(q)}-z')r_z}r_zP_z \\ &\quad\cdot\frac{1}{I_{x'}(0)}\int_{\text{Ref. ele.}}I'_{x'}(x')H_0^{(2)}(\beta r_\rho\sqrt{(x-x')^2+y^2})\mathrm{d}x'\end{aligned} \tag{3.64}$$

其中，型函数 P_z 定义如下(与式(3.24)相似)：

$$P_z = \frac{1}{I_{z''}(0)}\int_{\text{Ext. ele.}}I_z(z'')\mathrm{e}^{-\mathrm{j}\beta z'' r_z}\mathrm{d}z'' \tag{3.65}$$

3.5 讨　论

我们回忆一下式(3.4)

$$r_\rho = \sqrt{1-r_z^2} = \sqrt{1-\left(s_z + n\frac{\lambda}{D_z}\right)^2}$$

---

1 原文式(3.61)等式左边 $V_q^{y,x'}$ 应改为 $V_q^{z,x'}$ 。——译者注

对于基模$n=0$和在实空间的入射场(即$|s_z|<1$)，我们发现r_ρ总是实数。然而，当$n\to\infty$时，也会发现r_ρ变成了虚数，即

$$r_\rho=(\pm)\mathrm{j}\sqrt{\left(s_z+n\frac{\lambda}{D_z}\right)^2-1} \tag{3.66}$$

[很快就会知道式(3.66)中符号如何进行选择]

r_ρ是虚数，则汉克尔函数的变量也是虚数，即它们是修正的汉克尔函数。图3.7给出了自变量为负虚数的第二类0阶和1阶汉克尔函数的示例。我们看到随着负变量的增加，函数值下降得很快。事实上，函数渐近值由下式给出：

$$H_\upsilon^{(2)}(x)\xrightarrow[x\to\infty]{}\sqrt{\frac{2\mathrm{j}}{\pi x}}\mathrm{j}^\upsilon\mathrm{e}^{-\mathrm{j}x} \tag{3.67}$$

这说明，当x是负虚数时，它比指数项衰减得更快一点。

因此，尽管$r_\rho^2\sim(s_z+n\lambda/D_z)^2$项取$n$值非常大，但无穷级数式(3.27)还是会很快收敛。其实，在问题3.3中，您会要求比较由式(3.27)给出的无限长列阵列的阻抗和由式(3.28)给出的无限×无限阵列的阻抗的收敛性。当然，后者正如在PMM代码中看到的一样，收敛得非常快。

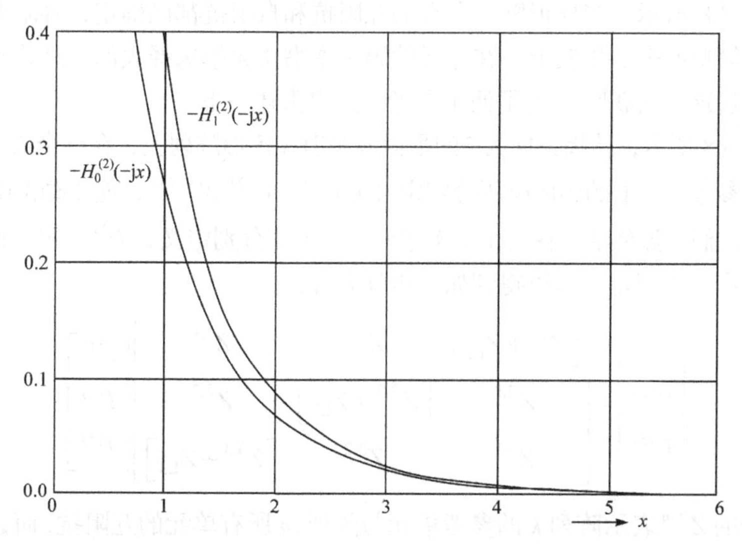

图3.7 第二类0阶和1阶汉克尔函数，变量为负虚数，有关渐近近似请看式(3.67)。

现在总结一下研究结果。

在纵向的情况，发现场的z分量和ρ分量可以用一个快速收敛的汉克尔函数级数来表示(请看式(3.16))，再有，共线阵列和平行于阵列单元的外部单元的互阻

抗也可以用简单的快速收敛的级数来表示(请看式(3.27))，可是，如果外部单元是指向 ρ 的，那么只通过简单的积分是难以得到结果的。

在横向情况下，发现平行于阵列单元(在这里是指向 x 方向)的场可以用简单的快速收敛的无穷级数(含有汉克尔函数)表示[请看式(3.39)]，可是要获取由式(3.43)所给的互阻抗，就必须要作数值积分。

再者，正交于 x 方向的分量，即 y 和 z 方向分量分别由式(3.55)和式(3.60)给出，目前还没有可能把它积分成简单的形式。

正是出于这个原因，Usoff 在编写 SPLAT 程序时决定在空间域工作求解。他进一步使用 Shanks 变换使得收敛更快[24]。这是个非常绝妙而又通用的程序，实际上，这是我们对有限阵列进行研究的主力军。

可是，像 PMM 程序一样工作在谱域一直是作者的愿望，那样的话收敛非常快，且在没有栅瓣的情况下，就可以将阻抗的实部作为一个项来处理。因此，如果有人提出过，作者将会非常乐意听到这个消息。

3.6　单元电流的确定

如图 3.8 所示，当棒形阵列所有的互阻抗和自阻抗都已确定，寻求单元电流是件非常简单的事。事实上，在作者的第一本书《频率选择表面：理论与设计》已经讨论过这个问题[62]，为了便于参考，这里重述一下。

如图 3.8 所示，传播方向为 $\hat{s}$ 的平面波照射在棒形阵列上，在三个或更多的棒形阵列的参考单元上的感应电压分别定义为 $V^{(1)}$ 、$V^{(2)}$ 和 $V^{(3)}$ ，通过式(3.18)很容易可以确定他们。类似地，在每个参考单元上的电流分别定义为 $I^{(1)}$ 、$I^{(2)}$ 和 $I^{(3)}$ 。

根据广义欧姆定律可以得到如下矩阵方程：

$$\begin{bmatrix} V^{(1)} \\ V^{(2)} \\ V^{(3)} \end{bmatrix} = \begin{bmatrix} \left[Z^{1,1}+Z_{\mathrm{L1}}\right] & Z^{1,2} & Z^{1,3} \\ Z^{2,1} & \left[Z^{2,2}+Z_{\mathrm{L2}}\right] & Z^{2,3} \\ Z^{3,1} & Z^{3,2} & \left[Z^{3,3}+Z_{\mathrm{L3}}\right] \end{bmatrix} \begin{bmatrix} I^{(1)} \\ I^{(2)} \\ I^{(3)} \end{bmatrix} \tag{3.68}$$

此处的 $Z^{k,m}$ 表示阵列 k 的参考单元与阵列 m 所有单元的互阻抗，而 Z_{L1} 、Z_{L2} 和 Z_{L3} 表示相应阵列单元的负载阻抗。

请注意，棒与棒之间的单元指向可以不一致，间距也可以是任意的。对于不同的棒阵列，在 z 方向单元间隔 D_z 必须是一样的，否则会违反 Floquet 定理。

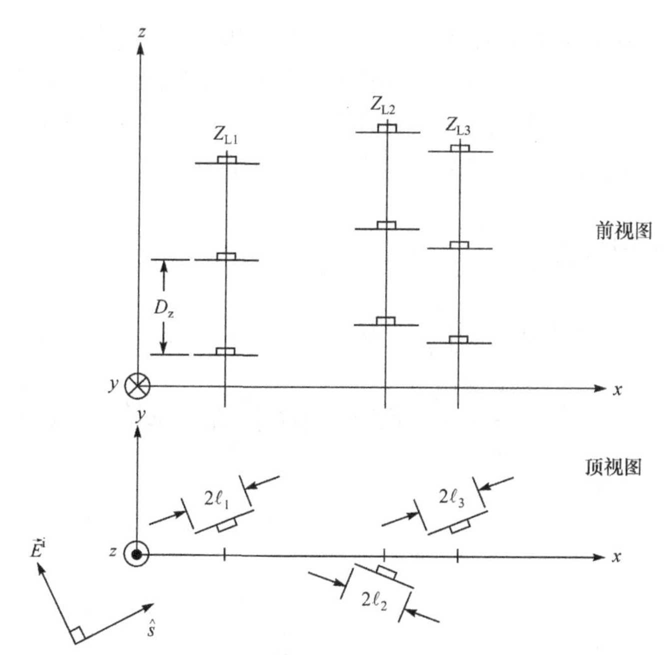

图 3.8 入射平面波 $\vec{E}^i$ 照射到任意的但数目有限的无限长棒阵列(单元间隔 D_z)上，列与列之间的单元指向和长度可以不一样。

3.7 任意方向排列的双无限阵列

在作者的第一本书中，我们发现了长度为 dl 的任意方向排列的赫兹单元双无限阵列的矢位以及磁场和电场[63]。然而，对任意长度单元的研究基本上局限在阵列平面的单元(但在平面内单元是任意形状和指向的)。

作者之前的几位学生和一些人已经解决了相关问题[66-71]，在作者的第一本书中没有研究它的原因是它会引入一个非常烦琐的网格积分，这往往会导致收敛性问题。Peter Munk 后续的推导避免了这个问题，因此在这里展示这些推导是合适的[1]。

如何得到良态的表达式？

如图 3.9 所示，考虑位于分层媒质中的第 m 层的单元方向为 $\hat{p}^{(1)}$ 的无限阵列，在文献[61]中，假设单元被外部平面波激励，该阵列产生的平面波谱被分解为五

1 在俄亥俄州立大学读研究生的时候，Peter 完成了作者的所有课程。他不能算是作者的学生，因为那么说是不合适的。然而，私下里会交流一些好的想法。有人曾说一个好的老师有时会向他的学生学习。虽然作者从未声称自己是一个特别好的老师，但至少他从他的学生那里学到了很多东西。

个波模式，正如在文献[66]～[71]中描述的一样，其中四个模式包含介质界面的反射系数(反射到第 m 层介质中)，然而第五个模式不包含介质界面的反射系数，因此称为“直接模式”。这个模式需要特殊的处理，所以需要在这详细说明。在第 m 层媒质中排列方向为 $\hat{p}$ 的测试单元上的某一点 $\vec{R}$ 的直接模式场可写为[66,68]

$$\vec{E}(\vec{R})=\frac{Z_m}{2D_xD_z}\sum_{k=-\infty}^{+\infty}\sum_{n=-\infty}^{+\infty}\left[\frac{\mathrm{e}^{-\mathrm{j}\beta_m(\vec{R}-\vec{R}^{(1)})\cdot\hat{r}_{m+}}}{r_{my}}\cdot\vec{e}_+U(l_1+l_0)\int_{-l_1}^{l_0}I_0^{(1)}(l)\mathrm{e}^{\mathrm{j}\beta_m l\hat{p}^{(1)}\cdot\hat{r}_{m+}}\mathrm{d}l\right.$$
$$\left.+\frac{\mathrm{e}^{-\mathrm{j}\beta_m(\vec{R}-\vec{R}^{(1)})\cdot\hat{r}_{m-}}}{r_{my}}\cdot\vec{e}_-U(l_1-l_0)\cdot\int_{-l_0}^{l_1}I_0^{(1)}(l)\mathrm{e}^{\mathrm{j}\beta_m l\hat{p}^{(1)}\cdot\hat{r}_{m-}}\mathrm{d}l\right] \tag{3.69}$$

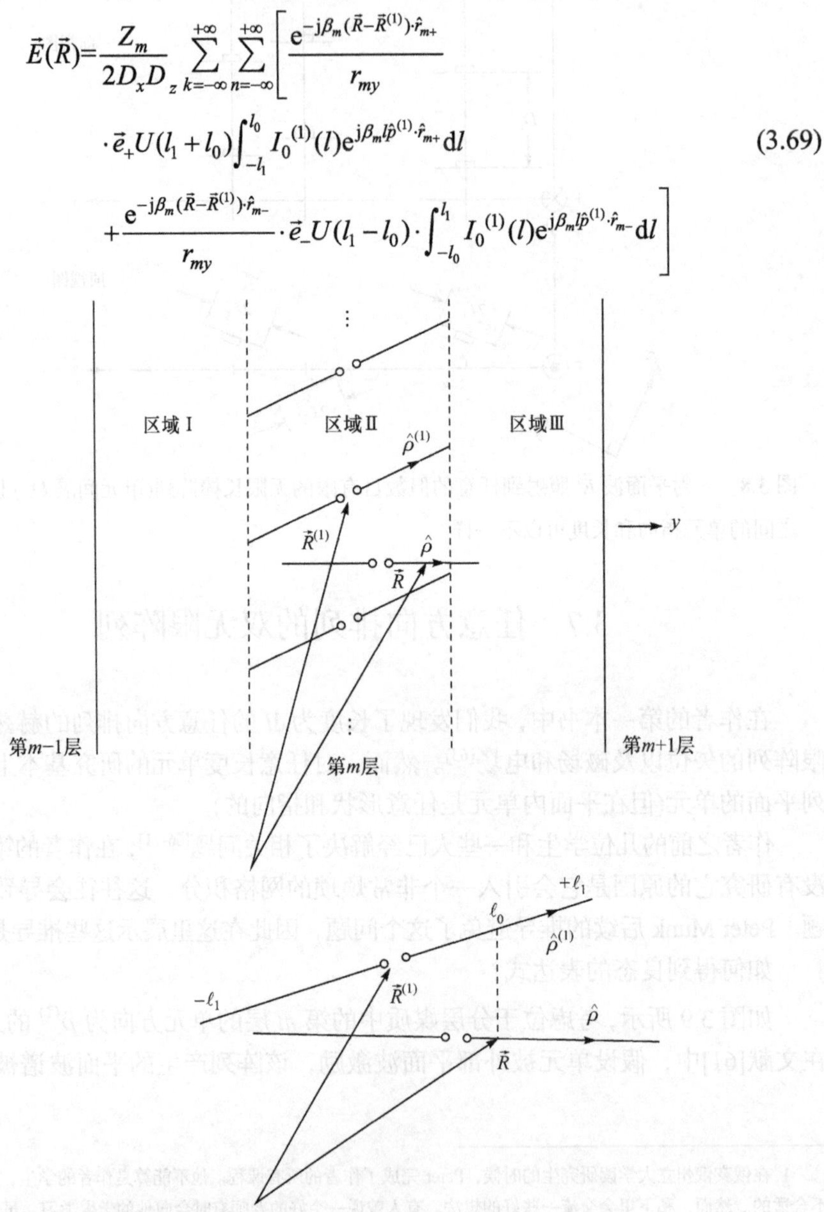

图 3.9　上：任意方向排列的偶极子阵列，位于第 m−1 层和第 m+1 层之间的第 m 层媒质中。图中显示了用偶极子端点定义的区域 I 、II 和 III。下：单元结构的细节。

其中，赫维赛德单位阶跃函数$U(l_1-l_0)$和$U(l_1+l_0)$说明了如果$\vec{R}$位于区域Ⅰ(Ⅲ)时，只有$\hat{r}_{m-}$ ($\hat{r}_{m+}$)方向的波。除此之外，l_0定义为场点$\vec{R}$在参考单元上的y方向投影，可以表示为[66,68]

$$l_0=\frac{1}{p_y^{(1)}}(R_y-R_y^{(1)}) \tag{3.70}$$

其中

$$\vec{R}\equiv R_x\hat{x}+R_y\hat{y}+R_z\hat{z} \tag{3.71}$$

并给出沿着参考单元上的点$\vec{R}'$

$$\vec{R}'=\vec{R}^{(1)}+l\hat{p}^{(1)} \tag{3.72}$$

对于$-l_1\leqslant l\leqslant +l_1$

$$\vec{R}^{(1)}\equiv R_x^{(1)}\hat{x}+R_y^{(1)}\hat{y}+R_z^{(1)}\hat{z} \tag{3.73}$$

检查式(3.69)方括号中的第一项积分，使用分部积分我们可以写出[1]

$$\int_{-l_1}^{l_0}I_0^{(1)}(l)\mathrm{e}^{\mathrm{j}\beta_m l\hat{p}^{(1)}\cdot\hat{r}_{m+}}\mathrm{d}l=\frac{I_0^{(1)}(l)}{\mathrm{j}\omega_+}\mathrm{e}^{\mathrm{j}\omega_+ l}\bigg|_{-l_1}^{l_0}-\frac{1}{\mathrm{j}\omega_+}\int_{-l_1}^{l_0}\frac{\partial I_0^{(1)}(l)}{\partial l}\mathrm{e}^{\mathrm{j}\omega_+ l}\mathrm{d}l \tag{3.74}$$

其中，$\omega_\pm=\beta_m\hat{p}^{(1)}\cdot\hat{r}_{m\pm}$。对第二项积分可以使用同样的方法得

$$\int_{l_0}^{l_1}I_0^{(1)}(l)\mathrm{e}^{\mathrm{j}\beta_m l\hat{p}^{(1)}\cdot\hat{r}_{m-}}\mathrm{d}l=\frac{I_0^{(1)}(l)}{\mathrm{j}\omega_-}\mathrm{e}^{\mathrm{j}\omega_- l}\bigg|_{l_0}^{l_1}-\frac{1}{\mathrm{j}\omega_-}\int_{l_0}^{l_1}\frac{\partial I_0^{(1)}(l)}{\partial l}\mathrm{e}^{\mathrm{j}\omega_- l}\mathrm{d}l \tag{3.75}$$

当在$-l_1$和$+l_1$计算时，式(3.74)和式(3.75)的积分是良态的，而且在双重无限求和中收敛很快。可是这两项在l_0处就会出现收敛问题，因此必须分开处理。将这两项分解为x、y和z三个分量，此时$\vec{e}_\pm$可以写为[64]

$$\vec{e}_\pm=\hat{x}\left(\frac{\omega_\pm r_{mx}}{\beta_m}-p_x^{(1)}\right)+\hat{y}\left(\frac{\pm\omega_\pm r_{my}}{\beta_m}-p_y^{(1)}\right)+\hat{z}\left(\frac{\omega_\pm r_{mz}}{\beta_m}-p_z^{(1)}\right) \tag{3.76}$$

这两项的$\hat{x}$分量可以合并为

$$\frac{I_0^{(1)}(l_0)\varLambda_0 p_x^{(1)}}{\mathrm{j}\omega_- r_{my}}-\frac{I_0^{(1)}(l_0)\varLambda_0 p_x^{(1)}}{\mathrm{j}\omega_+ r_{my}} \tag{3.77}$$

其中

1 原文式(3.74)与式(3.75)中等式右边第一项$\frac{I_0^{(1)}}{\mathrm{j}\omega_+}\mathrm{e}^{\mathrm{j}\omega_+ l}\bigg|_{-l_1}^{l_0}$应改为$\frac{I_0^{(1)}(l)}{\mathrm{j}\omega_+}\mathrm{e}^{\mathrm{j}\omega_+ l}\bigg|_{-l_1}^{l_0}$。——译者注

$$\Lambda_0 \equiv \mathrm{e}^{-\mathrm{j}\beta_m\left[\left(R_x-R_x^{(1)}-p_x^{(1)}l_0\right)r_{mx}+\left(R_z-R_z^{(1)}-p_z^{(1)}l_0\right)r_{mz}\right]} \tag{3.78}$$

同样地，合并 $\hat{z}$ 分量得

$$\frac{I_0^{(1)}(l_0)\Lambda_0 p_z^{(1)}}{\mathrm{j}\omega_- r_{my}} - \frac{I_0^{(1)}(l_0)\Lambda_0 p_z^{(1)}}{\mathrm{j}\omega_+ r_{my}} \tag{3.79}$$

式(3.77)和式(3.79)表明了在 k、n 的双重无限求和中同样迅速收敛。合并 $\hat{y}$ 分量得到的表达式与合并 $\hat{x}$ 和 $\hat{z}$ 分量的表达式不同，如下所示[1]：

$$-\mathrm{j}\Lambda_0 I_0^{(1)}(l_0)\cdot\left[\frac{2}{\beta_m}+\frac{p_y^{(1)}}{\omega_- r_{my}}-\frac{p_y^{(1)}}{\omega_+ r_{my}}\right] \tag{3.80}$$

式(3.80)中，方括号中的第二项和第三项在形式上与式(3.77)和式(3.79)是一致的，在双重无限求和中它们同样收敛很快，然而第一项收敛的性并没有立即表现出来。应用同样的数学恒等式(在文献[66]和[68]中使用过)，式(3.80)中的包含 Λ_0 的第一项双重无限求和可以写为

$$\begin{aligned}\frac{-\mathrm{j}2I_0^{(1)}(l_0)}{\beta_m}\cdot\sum_{k=-\infty}^{+\infty}\sum_{n=-\infty}^{+\infty}\Lambda_0 = &\frac{-\mathrm{j}2I_0^{(1)}(l_0)}{\beta_m}\cdot\mathrm{e}^{-\mathrm{j}\beta_m\left[s_{mx}\left(R_x-R_x^{(1)}-p_x^{(1)}l_0\right)+s_{mz}\left(R_z-R_z^{(1)}-p_z^{(1)}l_0\right)\right]}\\ &\cdot D_x D_z\cdot\sum_{k=-\infty}^{+\infty}\sum_{n=-\infty}^{+\infty}\delta\left[\left(R_x-R_x^{(l)}-p_x^{(1)}l_0\right)-kD_x\right]\\ &\cdot\delta\left[\left(R_z-R_z^{(l)}-p_z^{(1)}l_0\right)-nD_z\right]\end{aligned} \tag{3.81}$$

在式(3.81)中，狄拉克 δ 函数一般为零，除非满足如下两个表达式：

$$R_x-R_x^{(l)}-p_x^{(1)}l_0=kD_x \tag{3.82}$$

其中，$k=0,\pm1,\pm2,\cdots$。

$$R_z-R_z^{(l)}-p_z^{(1)}l_0=nD_z \tag{3.83}$$

其中，$n=0,\pm1,\pm2,\cdots$。

仅仅考虑式(3.69)中赫维赛德单位阶跃函数不为零的情况(即在 $\hat{y}$ 方向与 $\bar{r}$ 参考单元重叠的特殊情况)，可以看到式(3.82)和式(3.83)不会成立，除非测试单元与参考阵列单元的一个(或多个)接触。由于不是这种情况，所以式(3.80)中的第一项可能会被消掉。

再次合并独立的 x、y 和 z 分量得到新的“表现良好的”电场表达式

---

1 原文式(3.80) $-\mathrm{j}\Lambda_0 I_0^{(1)}(l_0)\cdot\left\{\frac{2}{\beta_m}+\frac{p_y^{(1)}}{\omega_-}-\frac{p_y^{(1)}}{\omega_+}\right\}$ 应改为 $-\mathrm{j}\Lambda_0 I_0^{(1)}(l_0)\cdot\left\{\frac{2}{\beta_m}+\frac{p_y^{(1)}}{\omega_- r_{my}}-\frac{p_y^{(1)}}{\omega_+ r_{my}}\right\}$。——译者注

$$\begin{aligned}\vec{E}(\vec{R})=\frac{\mathrm{j}Z_m}{2D_xD_z}\sum_{k=-\infty}^{+\infty}\sum_{n=-\infty}^{+\infty}&\left\{\frac{\mathrm{e}^{-\mathrm{j}\beta_m(\vec{R}-\vec{R}^{(1)})\hat{r}_{m+}}}{r_{my}\omega_+}\left[I_0^{(1)}(-l_1)\mathrm{e}^{-\mathrm{j}\omega_+l_1}\right.\right.\\&\left.+\int_{-l_1}^{l_0}\frac{\partial I_0^{(1)}(l)}{\partial l}\mathrm{e}^{\mathrm{j}\omega_+l}\mathrm{d}l\right]\vec{e}_++\frac{I_0^{(1)}(l_0)\varLambda_0}{r_{my}\omega_+}\hat{p}^{(1)}\\&-\frac{\mathrm{e}^{-\mathrm{j}\beta_m(\vec{R}-\vec{R}^{(1)})\hat{r}_{m-}}}{r_{my}\omega_-}\left[I_0^{(1)}(l_1)\mathrm{e}^{-\mathrm{j}\omega_-l_1}-\int_{l_0}^{l_1}\frac{\partial I_0^{(1)}(l)}{\partial l}\mathrm{e}^{-\mathrm{j}\omega_-l}\mathrm{d}l\right]\vec{e}_-\\&\left.-\frac{I_0^{(1)}(l_0)\varLambda_0}{r_{my}\omega_-}\hat{p}^{(1)}\right\}\end{aligned}\tag{3.84}$$

因此，形如式(3.84)的电场表达式没有之前观察到的收敛性问题，后面应该会被用于将来的PMM程序框架来计算任意排列的非平面单元。

3.8 总 结

在本章中，我们从任意长度 $2l$ 的横向和纵向单元组成的棒形阵列获得了电场。

在纵向情况下，电场可以用一个汉克尔函数级数乘以一个简单型函数来表示[型函数请看式(3.17)]，类似地，再乘以外部单元的型函数[请看式(3.27)]可以得到该阵列与平行于纵向单元的外部单元的互阻抗。如果外部单元正交于纵向单元，那么沿着外部单元对正交电场作数值积分可以得到互阻抗。

在横向情况下，我们发现，平行于阵列单元的场可以用三个汉克尔函数之和(分别是单元的两个端点和中点)的无限级数表示，通过对这三个汉克尔函数的数值积分可以得到阵列与外部单元的互阻抗。

对于横向单元阵列和外部正交单元之间的互阻抗，我们发现需要数值双重积分。

使用汉克尔函数计算的便捷性在于其变量是 $\beta r_\rho \rho$，在进入虚空间的时候，r_ρ 变成虚数(见3.4节)，会使得修正的汉克尔函数随着 ρ 和 n 的增加而指数衰减(见图3.7)，因此就得到了单元任意方向排列的阵列之间的互阻抗。当这些都确定之后，计算单元电流就是相当简单的事了(见3.6节)。

当Usoff编写有限阵列的计算程序时，大多数的表达式都不可用，因此，计算横向单元阵列的程序大都是停留在空间域，除了纵向的情况。结果是该程序非常通用，成为有限阵列研究的主力军。后来，Dan Janning和其他学生又给这个程序做了个“整容手术”，从而减少了运行时间并使其更加用户友好。

作者的学生将来是否会像最初设想那样，尝试编写在谱域的计算有限阵列的程序是值得怀疑的(我没有时间、学生和经费了！)。但是如果有人写出了这个程序，请一定要告知我。

问 题

3.1 如图 3.2 所示，由横向单元组成的棒形阵列，单元长度为 $2l = 1.5\,\text{cm}$，$D_z = 1.6\,\text{cm}$，入射场从宽边入射，$\hat{s} = \hat{y}$ 和 $\vec{E}^{\text{i}} = \hat{z}E^{\text{i}}$，线半径 a 是 0.1 cm。假设是正弦电流分布。

(1) $f = 10\,\text{GHz}$，当 $n = 0,\ \pm1,\ \pm2,\ \pm3$ 时，采用式(3.26)评估其结果。

(2) 这些不同 n 的值中有多少项是包含实部的?

(3) 当 D_z 为多少时，我们会遇到第一个栅瓣?

(4) 如果 D_z 非常小，没有栅瓣的出现，那么辐射电阻 R_{A} 随着 D_z 是怎样变化的(固定频率)?

(5) 辐射电阻 R_{A} 会随着线半径“a”明显变化吗?

(6) $n = 0$ 的项会依赖于线半径“a”吗?

3.2 一个单元排列方向为 $\hat{p} = \hat{z}$ 的无限×无限阵列，单元间隔 $D_x = 0.8\,\text{cm}$，$D_z = 1.6\,\text{cm}$，单元的总长度为 $2l = 1.5\,\text{cm}$，线半径 $a = 0.1\,\text{cm}$，入射电磁波从宽边入射，即 $\hat{s} = \hat{y}$，同时 $\vec{E}^{\text{i}} = \hat{z}E^{\text{i}}$。假设正弦电流分布。

(1) 当 $f = 10\ \text{GHz}$，$n = 0,\ \pm1,\ \pm2,\ \pm3$ 和 $k = 0$ 时，采用式(3.28)来评估结果。

(2) 有哪些项的值是实数?

(3) 如果我们假设 D_x 和 D_z 非常小，没有栅瓣出现，辐射电阻 R_{A} 随着单元间距是怎样变化的?

(4) R_{A} 是否完全取于导线半径“a”(如果有)?

3.3 比较问题 3.1 中的棒阵列和问题 3.2 中的无限×无限阵列的收敛性。

3.4 如图 3.4 所示，横向单元组成的棒形阵列的单元间隔 $D_x = 0.8\,\text{cm}$，参考单元位于原点。单元的总长为 $2l = 1.5\,\text{cm}$，线半径 $a = 0.1\,\text{cm}$，入射场从宽边入射，$\hat{s} = \hat{y}$ 和 $\vec{E}^{\text{i}} = \hat{x}E^{\text{i}}$。当 n 分别为 $n = 0,\ \pm1,\ \pm2,\ \pm3$，和不同观察点时，评估式(3.39)结果。

(1) $\vec{R} = (0,1,0)\text{cm}$。

(2) $\vec{R} = (\pm1.5,1,0)\text{cm}$。

3.5 文献[63]给出了 $\hat{p} = \hat{x}$ 的无限×无限阵列的电场

$$\vec{E}(\vec{R})=I(\vec{R}^{(1)})\frac{Z}{2D_xD_z}\sum_{k=-\infty}^{\infty}\sum_{n=-\infty}^{\infty}\frac{e^{-j\beta(\vec{R}-\vec{R}^{(1)})}}{r_y}\vec{e}_{\pm}P$$

其中

$$\vec{e}_{\pm}=(\hat{p}\times\hat{r}_{\pm})\times\hat{r}_{\pm}$$

$$P=\frac{1}{I\vec{R}^{(1)}}\int_{\text{Ref. Ele.}}I(l)e^{j\beta l\hat{p}\cdot\hat{r}_{\pm}}dl$$

$$r_y=\sqrt{1-\left(s_x+k\frac{\lambda}{D_x}\right)^2-\left(s_z+n\frac{\lambda}{D_z}\right)^2}$$

电场从宽边入射，$\vec{E}^{i}=\hat{x}E^{i}$，$D_x=1.6\,\text{cm}$ 和 $D_z=0.8\,\text{cm}$，单元的总长为 $2l=1.5\,\text{cm}$，线半径 $a=0.1\,\text{cm}$。

比较问题 3.4 中的棒形阵列电场的收敛性和此问题中的无限×无限阵列的电场的收敛性。

第 4 章　无源有限表面上的表面波

4.1　引　　言

不同类型的表面波可以沿着周期结构传播，最熟悉的类型就是位于分层媒质中周期结构上的表面波。文献[72]指出，随着频率增加，栅瓣(grating waves)终将开始沿着介质内部的周期结构传播。如果此类平面波以大于临界角的角度入射到介质表面，因其会被完全反射进而被约束在分层介质内。这些纵横交错的平面波叠加而成的与位于介质板中众所周知的表面波类似，就是说，在介质层内部，它们似乎是驻波；在介质层外，则是凋落波。但是，上述这类表面波通常必须由施加在单元终端上的电压来维持。此外，因为没有能量从周期结构逃逸到自由空间，所以也没有能量传输到终端，换言之，与其相关的特征阻抗为纯虚数，因此，这类表面波称为强制表面波。若此时特征阻抗又恰好为零，则表面波的传播不需要外加终端电压来维持，这种情况下的表面波为自由表面波，这也是经典教科书中常见的类型[73]。无论是强制表面波还是自由表面波，通过无限阵列理论的计算机程序，譬如 PMM 程序，都可以很容易地计算出这种类型的表面波。在这里将上述类型的表面波称为第一类表面波(类型Ⅰ)。

相应地，只要周期结构至少存在一个维度有限，不管介质板是否存在，第 1 章介绍的新型表面波(第二类表面波，类型Ⅱ)都有可能出现，如图 4.1 所示。然而

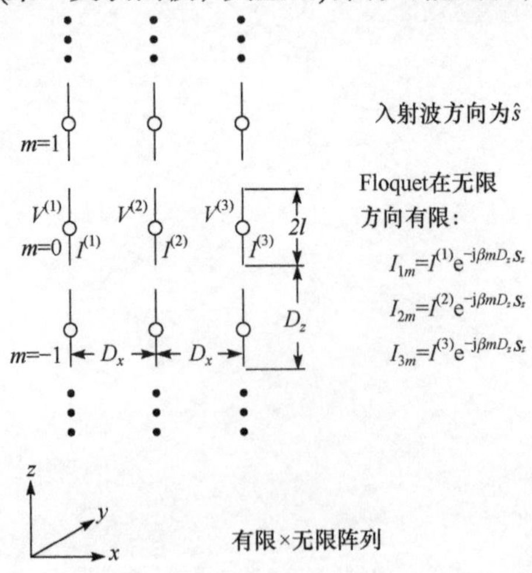

图 4.1　列阵列构成的有限阵列在方向为 $\hat{s}$ 的平面波照射下所有单元上的感应电压。

第一类表面波通常只出现在较高频点(确保栅瓣出现)，第二类表面波(类型Ⅱ)则首先需满足周期结构的单元间隔 $D_x < 0.5\lambda$，且只出现在较低频点，如低于谐振频率的 20%～30%，这说明此时栅瓣一定不会出现。

有限周期结构上存在表面波主要有两个原因：

(1) 若被应用于 FSS 以减少后向散射，表面波的再辐射会导致总 RCS 的抬升；

(2) 若被应用于相控阵，表面波会导致相邻单元之间的扫描阻抗发生剧烈变化，使得阻抗的精确匹配变得困难(见图 1.3 和图 1.5)。

本章将更详细地研究应用于 FSS 的情况，特别是在如何控制表面波方面。应用于相控阵的情况将在第 5 章进行讨论。

4.2　模　　型

有限阵列的模型可由列数有限、长度无限的列阵列沿轴向排列而成(也称为棒阵列，见图 4.1)，这种方式已被多名研究人员广泛使用[74-80]，Usoff 就是其中一位，他在其博士论文[24]中就叙写了一个关于“细线单元周期阵列的散射”(SPLAT)的计算机程序。在该程序中，激励可以是传播方向为 $\hat{s} = \hat{x}s_x + \hat{y}s_y + \hat{z}s_z$ 的平面波(无源情况)，也可以是连接到各个单元上的发生器(有源情况)，且通过该程序可以计算出有限阵列的双站散射场及阵列每列的扫描阻抗。这里仅列举上述程序的一些功能。

基本上，该方法主要结合了平面波展开(频域)方法与第 3 章和文献[62]中所介绍的互阻抗方法。

4.3　无限阵列的情况

当分析有限阵列时，建议首先需要回顾一下无限阵列情况，也就是说，将图 4.1 所示的列数有限阵列转化为图 1.1 所示的列数无限阵列。正如文献[62]或第 3 章中所讨论的例子那样，分析无限阵列明显比分析有限阵列更简单。特别地，当入射平面波的传播方向为 $\hat{s}$，根据 Floquet 定理，单元电流都是相互关联的：

$$I_{qm} = I_{00}\mathrm{e}^{-\mathrm{j}\beta q D_x s_x}\mathrm{e}^{-\mathrm{j}\beta m D_z s_z} \tag{4.1}$$

其中，q 表示列数，m 表示行数(见图 1.1)。

然而，如图 4.1 所示，当阵列的列数有限时，列与列之间的电流 $I^{(q)}$ 在幅值和相位上都不相同。Floquet 定理只适用于无限的 z 方向。

图 4.2 为一个单元间距 D_x/λ 约为0.24 的无限阵列在 $f=8$ GHz 下的扫描阻抗典型理想化示例图，其中单元总长度为 $2l=1.5$ cm，也就是说，该阵列的谐振频点约为 10 GHz，因此 $f=8$ GHz 时，该阵列的扫描阻抗 Z_A 位于复平面的容性区域，正如图 4.2 所示。

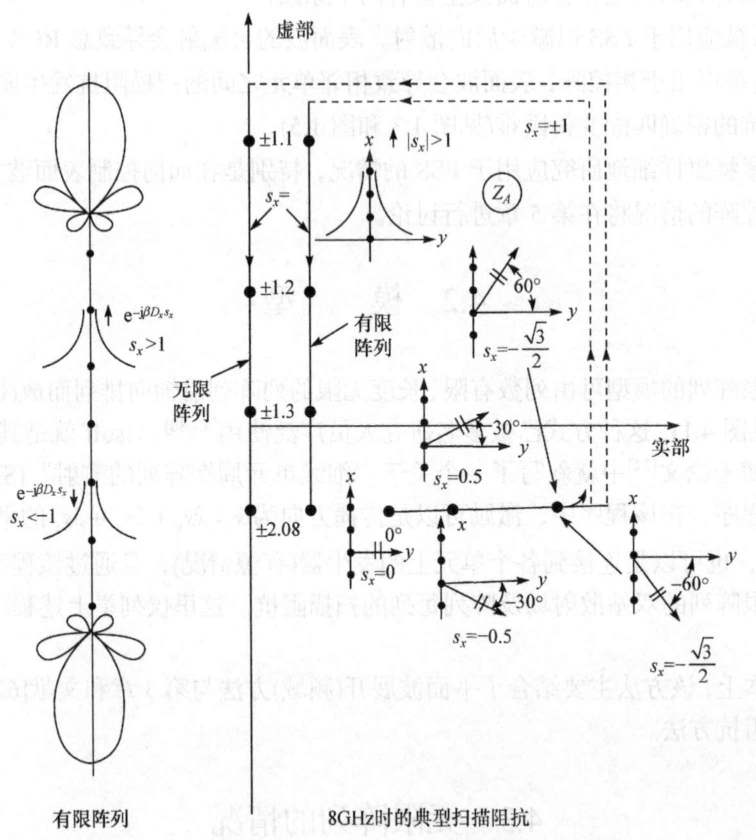

图 4.2　在 8 GHz 下，单元间距为 $D_x<0.5\lambda$ 的无限阵列和有限阵列的典型扫描阻抗随扫描角的变化。

此外，从式(4.1)可知，单元电流的相位由方向余弦 s_x 和 s_z 共同决定。例如，当 $s_x=s_z=0$ 时，所有的单元电流相位相同，主波束将指向宽边方向。类似地，当 $s_z=0$ 时，主波束只出现在 XY 平面或 H 平面上。另外，若 $s_x=0.5$ 或 $\sqrt{3/2}$，相应地，主波束与视准轴分别成 30°或 60°夹角，图 4.2 中的小插图就描述了一些临近不同扫描阻抗 $Z_A=R_A+jX_A$ 的典型情况。值得特别注意的是，当扫描角度变化时，X_A 几乎不变[1]，而 R_A 随其迅速增大。实际上，在掠入射时，$s_x=1$ 或 $\eta=90°$，R_A 出现奇异点(注意：无接地面)。

1 仅在 D_x/λ 很小时才成立。

当我们用入射平面波对阵列单元进行激发，则扫描阻抗的整体扫描范围被限制在 $s_x = 0\ (0°)$ 与 $s_x = \pm 1\ (\pm 90°)$ 之间，但是，如果我们用独立的电压发生器对阵列进行馈电，那么扫描范围可以被扩展到虚(或不可见) 空间。

例如，假设单元间距为 $\beta D_x = \pi / 2$，当相邻单元之间的相位增量等于 90°时则满足端射条件。但是因为每个独立的电压发生器完全都是由“操控者”控制，所以，可选择超过 90°的相位增量，对应 $s_x > 1$ 的情况。

现在回顾一下[61]

$$r_y^2 = 1 - (s_x + k\frac{\lambda}{D_x})^2 - (s_z + n\frac{\lambda}{D_z})^2 \tag{4.2}$$

当 $0 < r_y^2 < 1$ 时，存在传播波，当 $r_y^2 < 0$ 时，存在凋落波。因此，传播波与凋落波之间的分界线是 $r_y^2 = 0$；根据式(4.2)可得到

$$(s_x + k\frac{\lambda}{D_x})^2 + (s_z + n\frac{\lambda}{D_z})^2 = 1 \tag{4.3}$$

在 (s_x, s_z) 平面中，式(4.3)描述了圆心位于 $(k\lambda / D_x, n\lambda / D_z)$ 的单位圆，如图 4.3 所示。

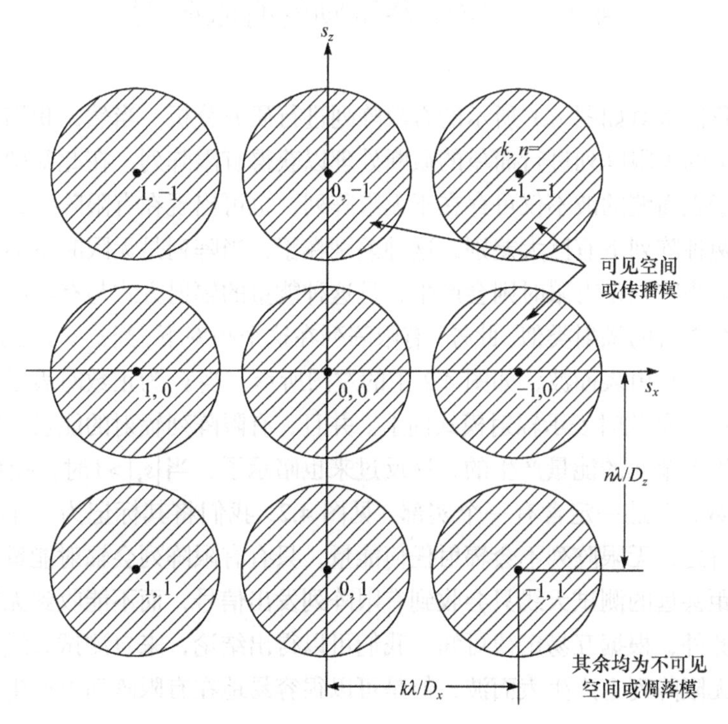

图 4.3　绘制在 (s_x, s_z) 平面上的栅瓣图。

当(s_x, s_z)落在其中的一个单位圆内，则处于可见空间，我们可观察到传播模；当(s_x, s_z)落在单位圆外时，则处于虚空间，此时的模是凋落的。有关栅瓣图的更多信息，详见文献[61]。

若$D_x / \lambda = 0.5$或更小，可以很容易发现这些单位圆一定不会出现重叠，也就是说，绝不会出现栅瓣。但是，当(s_x, s_z)落在某一个单位圆内时，也只存在一个传播波。

图 4.2 给出了一个$D_x / \lambda = 0.24$(或$\lambda/D_x = 4.15$)的典型示例，当s_x从$s_x = 1$逐渐增加时，扫描阻抗Z_A一直位于虚轴上，且当$s_x = 0.5\lambda/D_x = 2.08$时，$Z_A$为最低值。当进一步增大$s_x$至$s_x = \lambda/D_x - 1 = 4.15 - 1$(相当于$s_x = -1$，见图 4.3)时，$Z_A$沿着虚轴以图 4.2 所示的下降方式原路返回。

需特别注意的是，当$s_x = \pm 1.32$时，$Z_A = 0$，这就构成了我们前面所讨论的自由表面波的产生条件，换言之，即使外加电压为零，表面波也可以进行传播。另外还需注意的是，由各个凋落波叠加而成的自由表面波是唯一的，并且满足在阵列单元处的边界条件，而不是各个单一模式。

4.4　由发生器激励的有限阵列

现在我们将对如图 4.1 所示的有限阵列进行研究分析。当然，我们首先需要对上述讨论的无限阵列进行简单的截断处理以获得有限阵列，在此基础上，假设这种类似于表面波的波不仅可存在于无限阵列，也可出现在有限阵列，然而，这类波在这两种阵列下有巨大差别，这种差别在于，当阵列是无限时不会发生能量的辐射，但当阵列是有限时则会产生，且这种能量的辐射方式与有限阵列在端射模式下连续电流的辐射类似。此外，有限阵列在这个频率下，当$s_x = \pm 1.32$左右时，通常都会产生自由表面波，如图 4.2 中的左图所示，当s_x为正数时表示辐射模式向上，当s_x为负数时表示辐射模式向上。并且，有限阵列辐射的能量一定是由电压源供给每个单元的能量产生的，这反过来也暗示了，当$|s_x| > 1$时，扫描阻抗不再是纯虚数，而是一定含有一个实部，见图 4.2，我们将其标记为“有限阵列”。

总而言之，无限阵列不会辐射任何能量，只有有限阵列会辐射能量。因此，与阵列相距甚远的测试天线只会收到有限阵列发出信号，而不能收到无限阵列发出信号。此外，根据互易定律可知，我们可以得出结论，来自测试天线发出的信号不能在无限阵列上产生表面波，但是可以很容易地在有限阵列上产生表面波。

由于扫描阻抗存在损耗分量，所以，对于损耗不大的有耗周期结构而言，有限阵列上的波可以被认为是表面波。

4.5 有限阵列上由入射波激发的单元电流

现在回到一开始讨论的问题，即有限阵列处于入射场中而不是由每个终端通过电压发生器进行馈电。

当传播方向为 $\hat{s}=\hat{x}s_x+\hat{y}s_y+\hat{z}s_z$ 的平面波入射到周期结构上时，我们会发现结构上存在很强的 Floquet 类型电流，即式(4.1)所给出的类型，这些电流具有相同的幅值和与入射波相匹配的相对相位。

当阵列是无限时，这些 Floquet 电流是唯一存在的，并且 Floquet 定理表明，对于周期结构而言，其上的单元电流的相位一定与入射场的相位相匹配。然而，当结构成为有限时，便不再具有周期性，Floquet 理论也不再适用。

对于图 4.1 所示的有限×无限阵列，我们认为这个电流会是：

(1) 在无限周期结构上所发现的 Floquet 类型，即式(4.1)给出的形式。

(2) $|s_x|>1$时沿着阵列横向两边方向传播的行波。每一个行波都会有一个端射辐射方向图，也正是这个辐射，说明了它们存在一个损耗分量，除此以外，这里的行波与无限周期结构上的表面波十分相似。

(3) 最后，存在一个与三个行波在阵列边缘反射相关的边缘效应。

至此，尽管我们能够理解，有限阵列上的电流是 Floquet 类型的，且与在无限结构上的类似，但是对于上述两个沿阵列横向方向传播的行波只存在于有限阵列，而不存在于无限阵列的论断难以接受。因此，我希望接下来的讨论能够阐明这个问题。

4.6 如何在有限阵列上激发表面波

如图 4.4(上)所示，传播方向为 $\hat{s}$ 的入射平面波 $\vec{E}^{i}$ 照射到一个无限阵列上，根据周期结构的基本理论，我们可以知道再辐射场(散射场)是由传播方向为 $\hat{s}=\hat{x}s_x\pm\hat{y}s_y+\hat{z}s_z$ 的平面波和数量有限的栅瓣组成。此外，当远离阵列时，无数的凋落波也会很快地随之消逝。

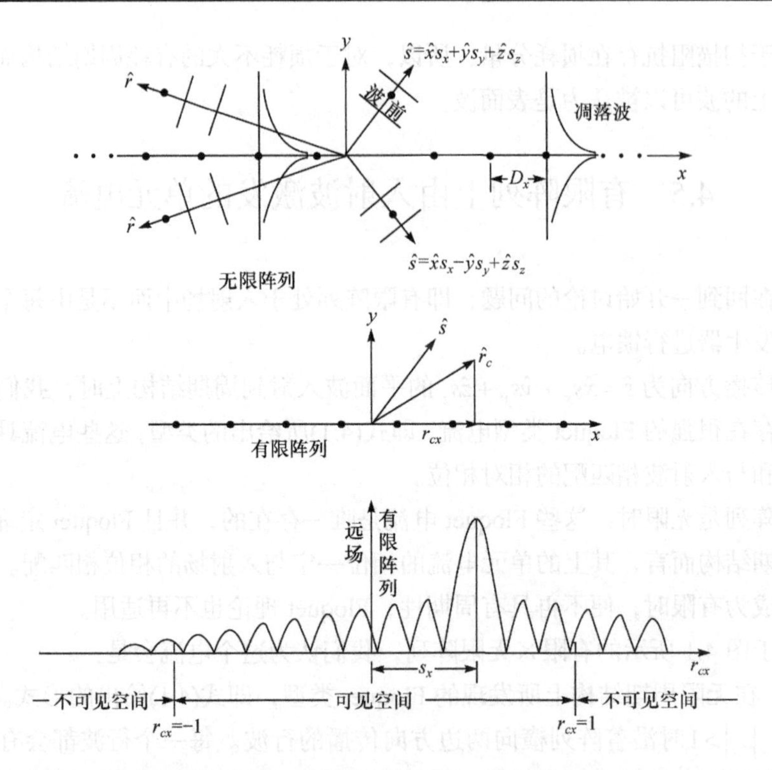

图 4.4　上：如果一个无限阵列在传播方向为 $\hat{s}$ 的入射平面波照射下，将会辐射传播方向为 $\hat{s}=\hat{x}s_x\pm\hat{y}s_y+\hat{z}s_z$ 的平面波，也可能是有限数量的栅瓣，除此之外，总是存在凋落波。中：只有 Floquet 电流的有限阵列将产生一个具有主瓣和旁瓣的连续波谱 $\hat{r}_c$，如图底部所示，注意到我们使用了 $\hat{r}_c$ 的 x 分量 r_{cx} 作为变量，这与使用 s_x 相一致，s_x 是入射平面波方向 $\hat{s}$ 的分量。下：Floquet 电流的远场随连续辐射方向 $\hat{r}_c$ 的变化。

下一步，我们对图 4.4(中)所示的有限阵列进行研究。当其也处于传播方向为 $\hat{s}$ 的同一个入射平面波中时，若对其单元电流进行一阶近似，此时单元电流也为式(4.1)给出的 Floquet 电流。

我们可以很简单地发现，电流的远场其实是一个有关连续辐射方向 $\hat{r}_c$ 的函数。图 4.4(下)就展示了一个典型的例子，电流的远场被绘制成有关 r_{cx} 的函数，如图 4.4(中)所示，而不是辐射角的函数，而这样的表示方式通常是为了与入射波相关的变量 s_x 更加融洽，同时又与平面波的展开更加和谐。如图 4.4(下)所示，当 $r_{cx}=s_x$ 时，主瓣出现，我们还需注意的是，此时的可见空间范围为 $r_{cx}=-1$ 至 $r_{cx}=+1$，而不可见空间为 $|r_{cx}|>1$。

还需注意的是，当 $r_{cx}<-1$ 或 $r_{cx}>1$，我们会继续进入不可见空间，其辐射方向图的基本特征没有发生实质性的变化。

但是，图 4.4(下)所展现的辐射方向图只是一阶近似，而图 4.5 展示了阵列实际的辐射情况。图 4.5(a)表示了一个被传播方向为 $\hat{s}$ 的入射平面波照射的无限周期结构，其上的单元电流是我们在图 4.4 中所遇到的 Floquet 类型的电流。我们通过把两个单元电流为 Floquet 电流的半无限阵列叠加到一个无限阵列上的方式，创建了一个有限阵列，如图 4.5(b)所示，其中，半无限阵列上的 Floquet 电流与无限阵列的原始 Floquet 电流相反。需要注意的是，两个半无限阵列上的电流仅由式(4.1)中的 Floquet 电流严格给出。然而，正如我们希望看到的那样，有限阵列在中间部分的电流与上述那种简单形式的电流不同[1]，因此，我们会清晰地意识到有限阵列单元上的感应电压有两个来源：

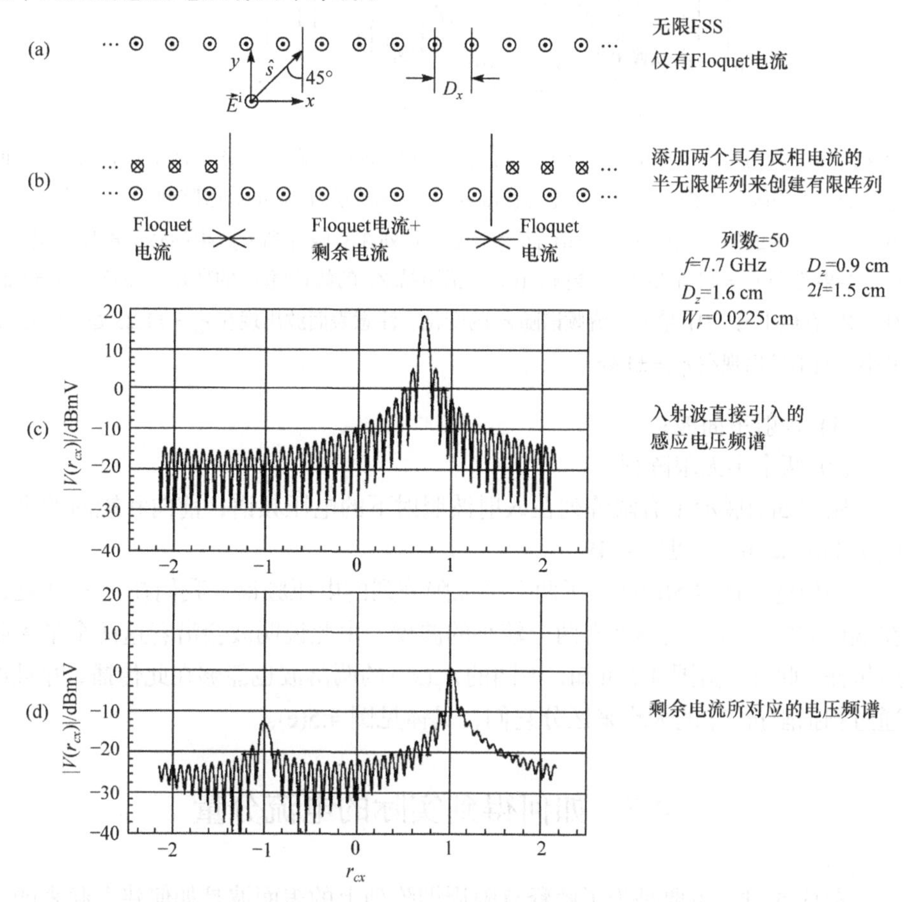

1 见 4.19 节常见错误概念。

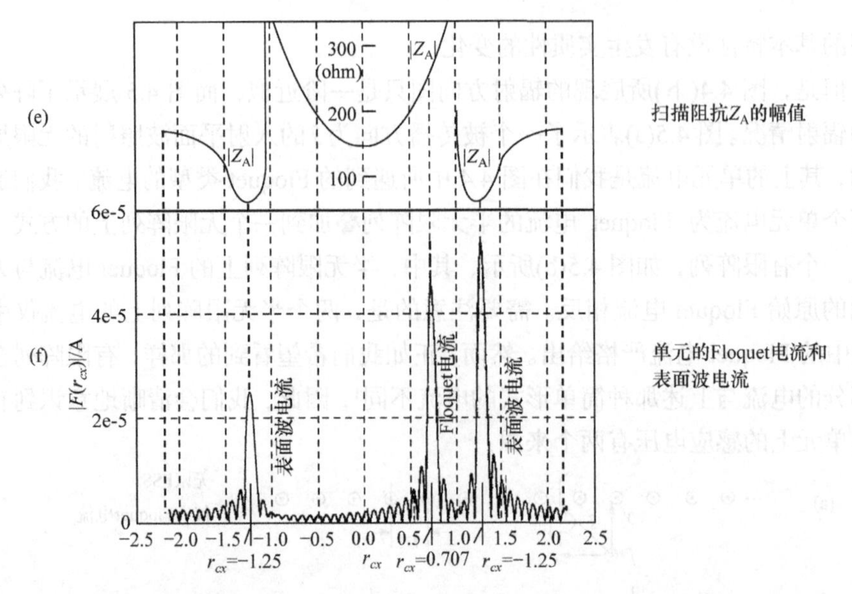

图 4.5 (a) 入射平面波照射下的无限阵列只存在 Floquet 电流。(b) 添加两个具有反向 Floquet 电流的半无限阵列来构建具有实际电流(Floquet 电流和剩余电流)的有限阵列。(c) 入射波在有限阵列上产生的感应电压频谱。(d) 两个半无限阵列在有限阵列上产生的感应电压频谱。注意在端射方向 $r_{cx}=\pm1$ 上的两个峰值。(e) 扫描阻抗 Z_A 的幅值随 r_{cx} 的变化，注意 $r_{cx}=\pm1.25$ 时，Z_A 有最小值。(f) 单元电流频谱随 r_{cx} 的变化。注意表面波出现在 $r_{cx}=\pm1.25$ 处，此时 $|Z_A|$ 最小，而不是出现在 $r_{cx}=\pm1$ 处。

(1) 入射平面波；

(2) 两个半无限阵列。

图 4.5(c)展示了有限阵列在入射波照射下的电压频谱，前向和镜向的主瓣对应于 Floquet 电流(见图 4.4)。

类似地，图 4.5(d)展示了两个半无限阵列的电压频谱。我们在 $r_{cx}=\pm1$ 处，即在端射方向，可以观察到有两个较小的波瓣，由此说明波会沿着这两个半无限阵列传播。此外，由图 4.2 可知，不同的 $r_{cx}(s_x)$ 的凋落波也能够在此传播，并且可以通过扫描阻抗 Z_A 的大小来区分它们，具体见图 4.5(e)。

4.7 如何得到实际的电流分量

前面的讨论主要是为了解释有限周期阵列上的表面波是如何建立起来的，即两个半无限阵列激发的电压与潜在表面波的阻抗之比。

然而，在实际中，我们计算单元电流不一定会使用这种方法，而是采用第 3

章讨论的 SPLAT 程序去直接计算有限阵列的电流，图 1.3(b)和图 1.3(c)就展示了一些典型示例。从图 1.3(c)中，我们可以清晰地看到阵列中的单元电流很不稳定，为了找出这种电流分布中实际包含的电流成分，我们进行了一次简单的傅里叶变换，得到了如图 4.5(f)所示的电流频谱。由图我们发现，$r_{cx}=0.707$ 处的电流尖峰可以很容易地与平面波 45°角入射到无限大阵列上时产生的 Floquet 电流联系起来，而 $r_{cx}=\pm1.25$ 处的两个尖峰仍然有些神秘，直到 4.6 节的解释为止。

最后，傅里叶分析表明，有限阵列除了含有 Floquet 电流和表面波电流之外，在其阵列边缘也存在少量的额外电流，这种电流通常与两个表面波和 Floquet 电流在阵列边缘处的反射有关，我们称其为“端电流”。

通过观察，我们可以发现一个有趣的现象，其中一个表面波的幅值实际上大于 Floquet 电流的幅值，图 1.3(c)也有力地证明了这一点，然而表面波所带来的影响并不是只由其幅值决定。Floquet 电流和表面波都会辐射(散射)，在 4.8 节中，我们将看到前者的辐射效率通常高于后者。

注意：有时候读者会认为引入具有负 Floquet 电流的两个半无限阵列是一个不恰当的近似处理，正如 4.19 节(常见错误概念)中详细讨论的那样，情况并非如此。但是，即使我们的解释是有些不准确，但这真的无关紧要，因为图 4.5(f)中的电流是从实际电流计算得到的，而这个实际电流是从适用于有限阵列的 SPLAT 程序中获得的。

4.8　有限阵列的双站散射场

在 4.7 节中，我们不仅给出了有限阵列上各种电流分量如何产生的物理解释，还结合傅里叶分析，利用 SPLAT 程序确定了有限阵列上实际的单元电流，进而根据单元电流的相速度将其分解，我们发现，当入射角为 45°时，在 $r_{cx}=s_x=0.707$ 处存在一个很强的电流分量，其对应于无限阵列上的 Floquet 电流，在 $r_{cx}=\pm1.25$ 处存在着两个沿着阵列传播但方向相反的表面波电流，此外，还存在一个与有限阵列边缘反射相关的分量(此时，我们并不确定这个解释是否正确)，我们将其称为“端电流”。

为方便起见，这里我们引入“剩余电流”的概念，将其定义为有限阵列上实际电流与 Floquet 电流之差。换句话说，这里的剩余电流可以简单地表示为两个表面波与端电流之和。

这些电流分量都会辐射，而它们的辐射方向图可以简单地通过把整个周期结构当作天线来获得(表面波不会辐射的说法只有在无限结构中才是正确的，而大多数教科书中讨论的通常也是这种情况)。

因此，基于 4.7 节严格求得的电流分量，下面将分别介绍与这些电流分量相关的辐射方向图。

首先，图 4.6 展示了当一个信号以 45°的入射角入射到列数为 50 列的阵列上时 Floquet 电流的双站散射图，通过观察图我们可以发现，在阵列的前向和镜向方向各有一个主瓣，且它们的旁瓣电平看起来如期望的一样“干净”(sinc 函数)。

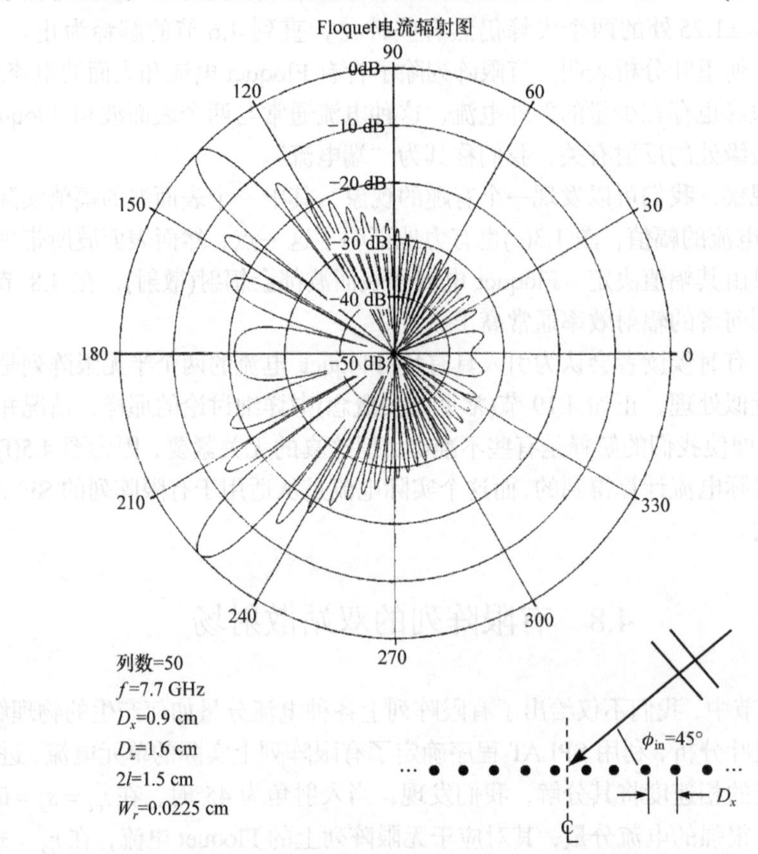

图 4.6 Floquet 电流的双站散射图，入射角为 45°。

在这里，正好可以提醒各位读者，阵列的前向的总场是散射场和入射场的叠加，而散射场和入射场在相位上基本相反，大小大致相同，因此，除了一些小的旁瓣之外，阵列在前向的总场约等于零，也正如所期望的那样，我们在前向方向看到是一片阴影。

此外，图 4.7 展示了两个表面波的双站散射图，由图我们发现这两个表面波除了幅值和传播方向外其余均相同。值得注意的是，这两个表面波在散射图中的幅值之比接近于图 4.5 中给出的两个表面波的幅值之比。

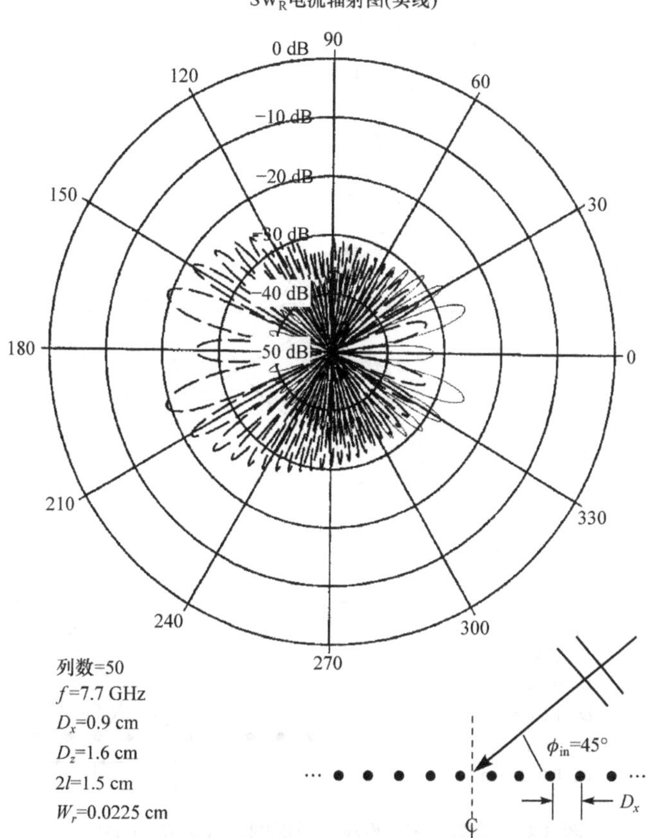

图 4.7　左行和右行表面波的双站散射图，入射角为 45°。

然而，也许更值得注意的是，尽管其中一个表面波的峰值比 Floquet 电流的峰值高 5 dB 左右，但其表面波散射图的峰值却比 Floquet 电流对应的峰值低 20 dB 左右，换句话说就是，表面波的辐射效率远低于 Floquet 电流的辐射效率，或者说，与表面波相关的辐射电阻远低于 Floquet 模的辐射电阻，图 4.5(e)也证实了这个结论的正确性。因此，当我们试图去控制表面波的辐射而不明显减弱 Floquet 模的辐射时，这个发现是至关重要的。

另外，图 4.8 和图 4.9 分别展示了与端电流和剩余电流相关的双站散射图，通过对比图 4.7、图 4.8 与图 4.9，可以发现表面波电流和端电流基本上是反相的，具体内容详见 4.9 节。

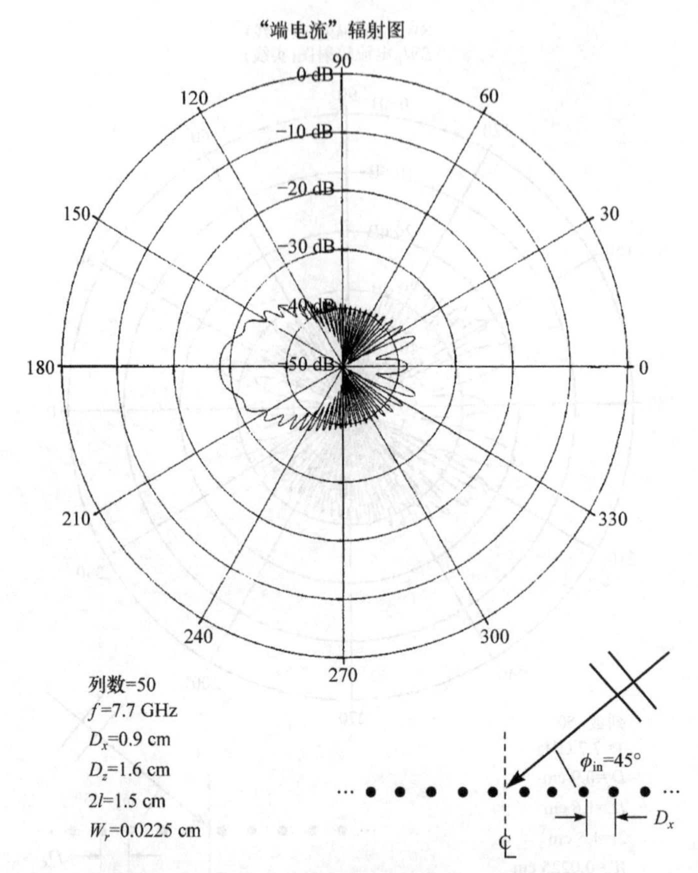

图 4.8　"端电流"的双站散射图，入射角为 45°。

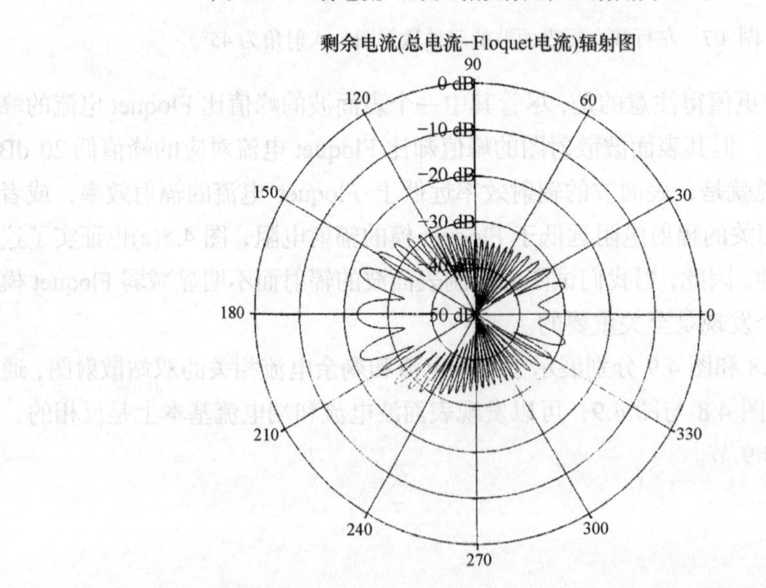

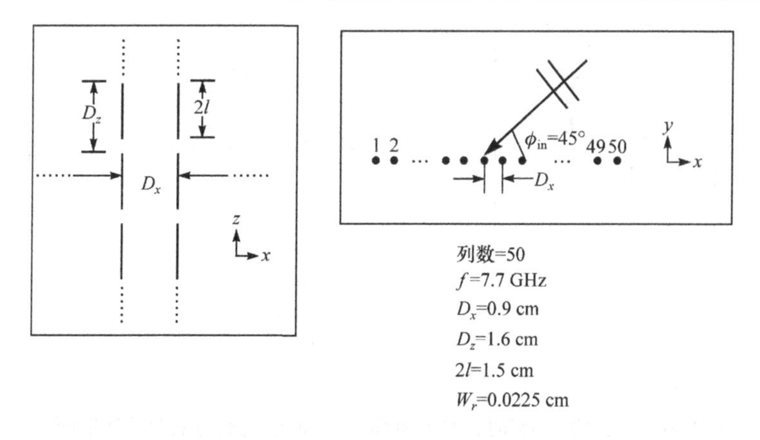

图 4.9　剩余电流(即总电流−Floquet 电流)的双站散射图，入射角为 45°。

最后，图 4.10(虚线)展示了通过 SPLAT 程序计算出的有限阵列上实际电流的双站散射图，而有限阵列上的实际电流是 Floquet 电流、表面波和端电流的总和。将上述的双站散射图与图 4.6 所示的 Floquet 散射图进行比较，为了便于比较，特将 Floquet 散射图重新绘制在图 4.10 中(实线)，通过观察，可以明显看到有限阵列的主瓣和旁瓣的位置没有受到影响，然而，当考虑剩余电流的辐射时，旁瓣电平比未考虑时高了 5～7dB。

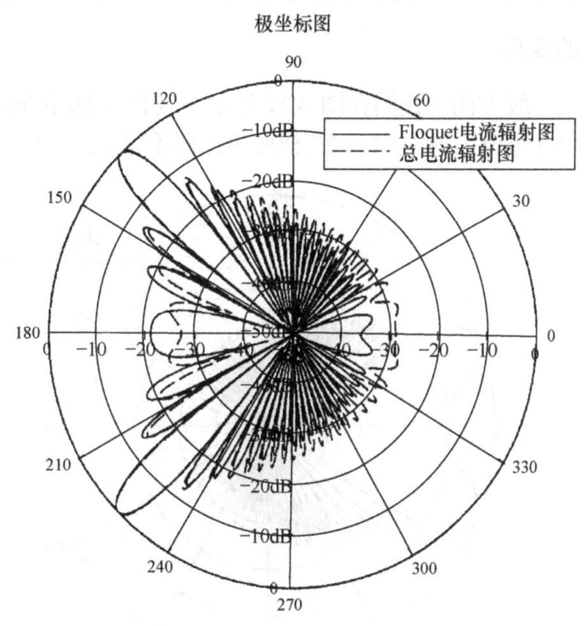

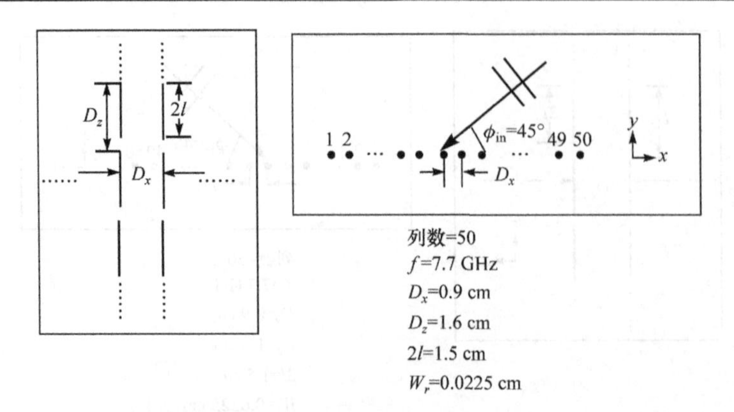

图 4.10　入射角为 45°时，总电流和 Floquet 电流对应的双站散射图。

4.9　参 数 研 究

对于任何周期结构，无论是有限还是无限的，它的性质通常会随着入射角变化发生显著变化。当这个周期结构表面为有限时，它的特性在一定程度上与其尺寸大小相关。并且，如前所述，该有限周期结构产生的表面波只存在于某一特定频带内。

因此，接下来我们将对其中部分的几个因素进行更详细的分析。

4.9.1　入射角的变化

首先，对于一般方向，我们在图 4.11 显示了与图 4.10 相同的情况，除了平面波入射角为 67.5°(与掠入射方向成 22.5°夹角)，而不是 45°。对比图 4.10 与图 4.11，

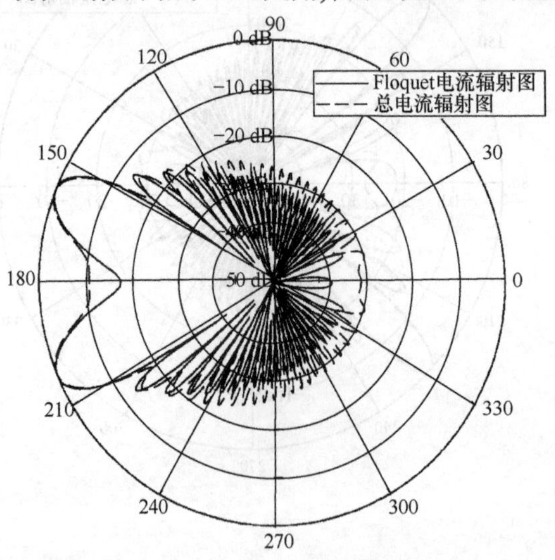

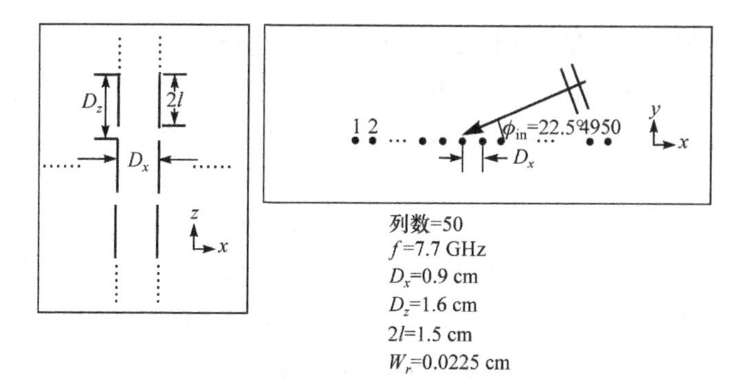

图 4.11　入射角为 67.5°时，总电流和 Floquet 电流对应的双站散射图。

我们发现，入射角的改变对镜向的主瓣影响较小，但对旁瓣的位置和电平大小影响较大。但是，正如我们接下来要看到的，实际上只要入射角有很小的变化，就会引起双站散射图的明显改变。

图 4.5(a)和 图 4.5(d)已经解释了位于有限阵列两端的两个半无限阵列是如何沿着有限结构发射表面波的。我们在图 4.12(a)中进行了更为详细的展示，位于有限阵列右边的半无限阵列产生一个指向左边的场，进而发射出一个左行表面波，类似地，我们也可以得到一个右行表面波。而这两个半无限阵列产生的场存在一个相位差，这个相位差与有限阵列的大小和入射角有关，如图 4.12(b)所示。如果用 L 表示有限阵列的宽度，用 θ 表示入射角，则这两个半无限阵列产生的信号之间的相位差为

$$\Delta = \beta L \sin\theta \tag{4.4}$$

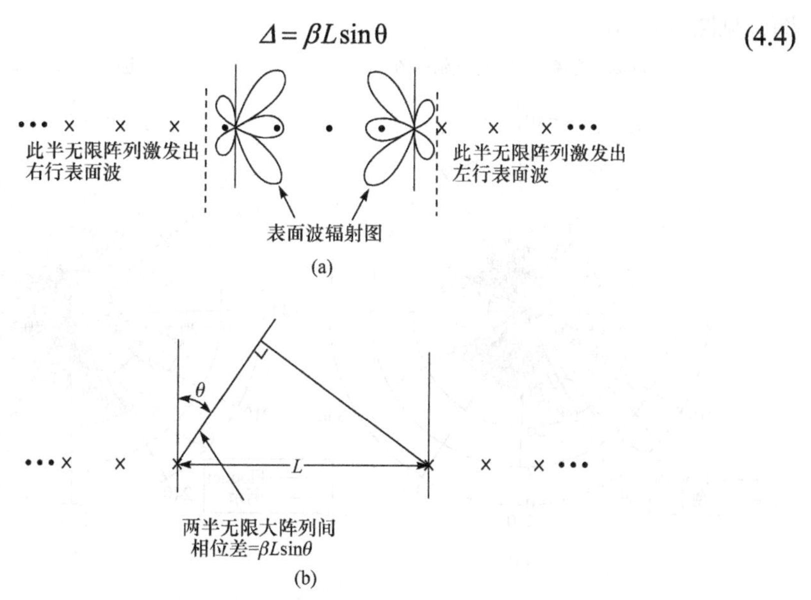

图 4.12　(a) 两个半无限阵列激发的右行和左行表面波；(b) 两个半无限阵列之间的相位差。

有限阵列长度 L 通常比波长要大，因此 $\varDelta$ 也可能很大。但最重要的是，这半无限阵列两信号之间的相位差是直接由上述的两个表面波中传递表现的。也就是说，两个表面波的辐射方向会随着入射角 θ 变化而出现同相和反相的情况。下面，让我们看一个例子。

例 4.1 假设存在一个由 50 列棒阵列组成的典型阵列，其单元间距为 $D_x = 0.9\ \text{cm}$，那么对应的有限阵列的总宽度为 $L = 50\times 0.9 = 45\ \text{cm}$。因此，当入射角 $\theta = 45°$，频率 $f = 7.7\ \text{GHz}$ 时，右行和左行的表面波之间的相位差为

$$\varDelta = \beta L \sin\theta = 16.35\pi\ (\text{rad})$$

现在入射角减小 $\Delta\theta$ 使得两个表面波之间的相位差减小 $\pi\ \text{rad}$，即

$$\sin(\theta - \Delta\theta) = \frac{(16.35-1)\pi}{\beta L} = 0.665$$

换句话说，$\Delta\theta = 3.4°$，两个表面波之间会发生 180°的相位改变。

在图 4.13 中，我们也用了一个例子证实了上述的这个结论，在这个例子中，首先我们给出了计算所得的一系列随入射角变化的阵列散射图，其中入射角以 0.2°为步进，从 45.5°到 41°变化。然后，我们在这些阵列散射图中选择了剩余模式最强的双站散射图，即图 4.13(a)，对应于 $\theta = 45.2°$，以及剩余模式最弱的双站散射图，见图 4.13(c)，对应于 $\theta - \Delta\theta = 41.8°$。因此，为了使这两个表面波(包括端电流)反向，入射角应该改变 $\Delta\theta = 45.2° - 41.8° = 3.4°$，这与上述计算的估计值一致。作为一个额外的验证，我们也给出了一个入射角在 41.8°和 45.5°之间的散射图，见图 4.13(b)。

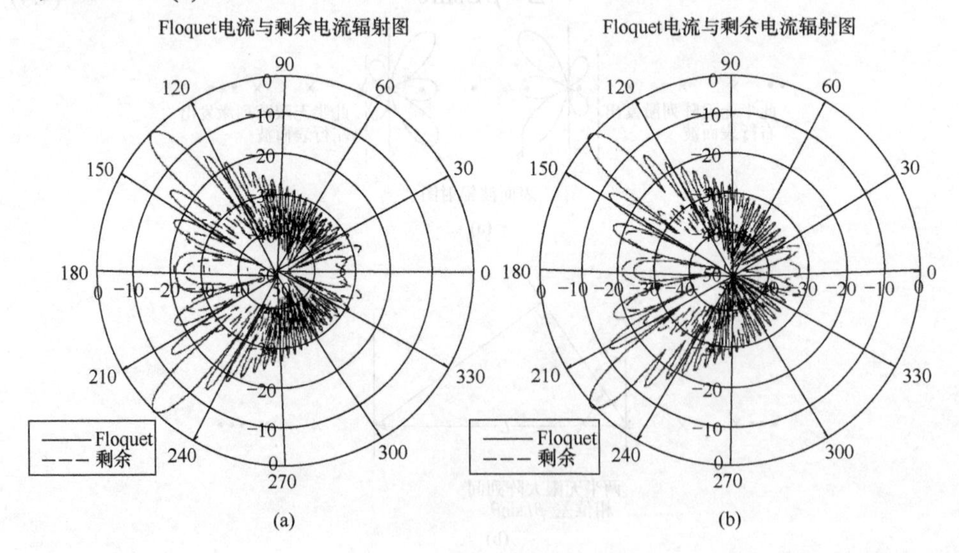

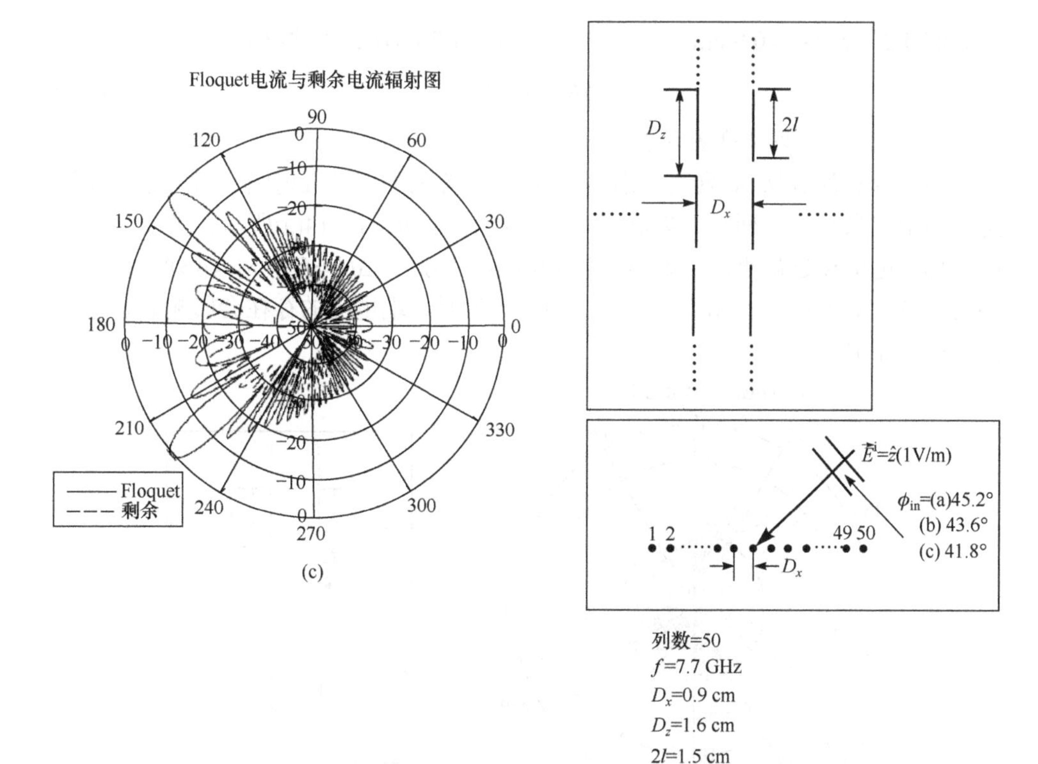

图 4.13　$f=7.7\text{GHz}$ 时，列数为 50 的阵列在不同入射角下的双站散射场。(a) 45.2°；(b) 43.6°；(c) 41.8°。

4.9.2　阵列尺寸的变化

观察式(4.4)可知，两个半无限阵列之间的相位差可以通过入射角 θ，或有限阵列的宽度 L 来进行改变。

更具体地说，我们将有限阵列的原始宽度 L 变为 $L+\Delta L$，以实现相位差 $\varDelta$ 变化 π，由式(4.4)得

$$\varDelta+\pi=\beta(L+\Delta L)\sin\theta \tag{4.5}$$

由式(4.4)和式(4.5)得

$$\Delta L=\frac{\lambda}{2\sin\theta} \tag{4.6}$$

或者是单元数改变量 ΔN

$$\Delta N\sim\frac{\Delta L}{D_x}=\frac{\lambda}{2D_x\sin\theta} \tag{4.7}$$

例 4.2 若 $D_x = 0.9\ \text{cm}$ ，$\theta = 45°$ ，且 $f = 7.7\ \text{GHz}$ ，由式(4.7)得

$$\Delta N \sim 3.1(\text{列}) \tag{4.8}$$

注：ΔN 与阵列宽度 L 无关。

通过计算列数从 50 列逐一递增至 55 列的阵列的双站散射图，对上述估算值进行验证，当 $N = 51$ 列时，剩余电流接近最大值，如图 4.14(a)所示；当 $N = 55$ 列时，剩余电流接近最小值，如图 4.14(b)所示。因此，$\Delta N = 55 - 51 = 4$ 列，该结果与之前的估算值保持“相当”一致。须注意的是，端电流的存在会影响剩余电流之间的“精确”比对。

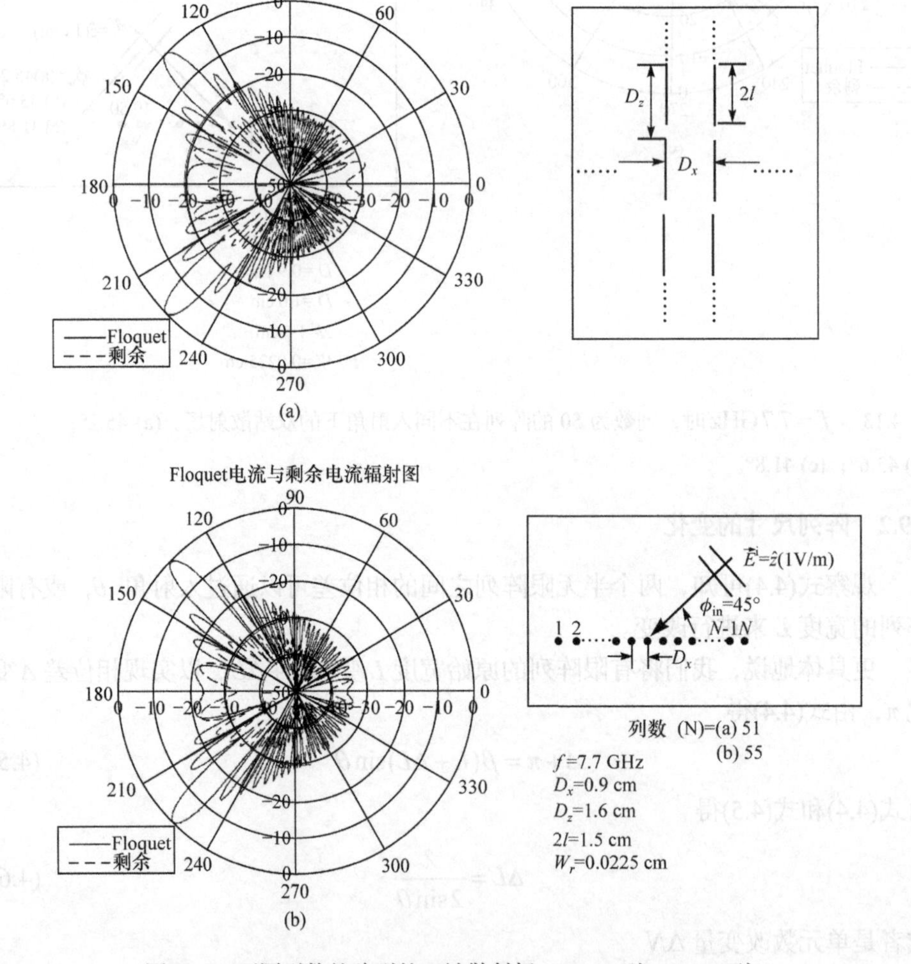

图 4.14 不同列数的阵列的双站散射场。(a) 51 列；(b) 55 列。

4.9.3　频率的变化

目前呈现出的所有例子都基于频率 $f = 7.7$ GHz，下面将会研究频率改变所带来的影响。固定阵列大小为 25 列，入射平面波与垂直入射方向呈 67.5°角，在此基础上，我们计算出该阵列的后向散射场并把其绘制在复平面上，如图 4.15 所示，上图展示了频率范围为 2～6.2 GHz 的后向散射场，下图展示了频率范围为 6.3～12 GHz 的后向散射场。我们注意到，位于低频段 2～6.2 GHz 的后向散射场，随着频率的变化如人们期望的一样，以一种非常规则和休闲的方式在复平面上旋转，而在 6.3～8.3 GHz 频段内，如图 4.15(下)所示，阵列的后向散射场不仅幅值非常大，而且在复平面上随频率的变化旋转得非常快，最后在 8.4～12 GHz 频段处，尽管后向散射场的幅值仍旧很大，但是已趋于稳定且随频率变化的旋转速度明显变缓。通过仔细观察可以发现，后向散射场随频率旋转迅速的频段 6.3～8.3 GHz 其实是表面波存在的频段，在之前图 1.3 的例子中，我们就观察了阵列在这个频率范围内的列电流(后面将会给出更多例子；如图 4.17、图 4.18 和图 5.9 所示的例子)。在 8.5～12 GHz 频段内，表面波已基本上消失了，而在该频段内后向散射场仍具有较高的幅值，是因为以下两个原因：

(1) 入射频率更接近于谐振频率(大约为 10 GHz)时，会产生更强的列电流，从而使后向散射场很强。

(2) 更接近第一个栅瓣出现的频率(大约为 18 GHz)，所以后向散射场的旁瓣电平较高。

但是我们怎么去解释表面波只存在于 6.3～8.3 GHz 这一特定频率范围内？图 4.16 就作了一个定性的解释，尽管之前在图 4.2 中就绘制过扫描阻抗 Z_{A}，但在这里分别绘制了 6 GHz、7.7 GHz 和 10 GHz 这三个频率下的扫描阻抗。此外，因为扫描阻抗在端射条件下不应是趋于无穷大，而是一个取决于阵列实际有多大的有限大值，所以上述绘制的这些扫描阻抗曲线更接近实际情况，这点通过互阻抗概念可以很容易地理解。因为互阻抗概念告诉我们 $|Z_{\mathrm{A}}|$ 永远不能超过 $\sum_{q=-Q}^{Q}|Z_{0,q}|$，其中，$Z_{0,q}$ 表示第 0 列参考单元和所有第 q 列单元之间的互阻抗(更详细的说明请见第 3 章)，由于 $|Z_{0,q}|$ 和 Q 是有界的，所以总和 $|Z_{\mathrm{A}}|$ 也是有限的。为了便于比较，我们将图 4.2 的内容重复至图 4.16 中，可以观察到，当 $f = 7.7$ GHz 时，若 $s_x = \pm 1.25$，Z_{A} 则位于原点附近，也就是说此时存在自由表面波。然而，当 $f = 10$ GHz 时，入射波频率更接近谐振点，因此在实空间中 Z_{A} 将会更加靠近复平面的实轴。需要注意的是，Z_{A} 的这种向上移动方式也会发生在虚空间，甚至是在 $s_x = \pm 1.66$ 时，Z_{A} 会沿着虚轴最终反向进而向上移动，但其间 Z_{A} 不会接近

原点。上述内容就是说明，在 10 GHz 时阵列不存在自由表面波。

类似地，当 $f = 6$ GHz 时，对 Z_A 来说，它在容性区域的位置实在太低以至于无法接近原点，也就是说此时不存在表面波。换句话表述就是，一个有限阵列只能在特定频率范围内承载表面波，如图 4.15 的实际计算曲线所示，且需满足 $D_x < \lambda/2$ (否则，栅瓣将会添加一个电阻分量至扫描阻抗，使扫描阻抗不能靠近原点)。这些结果也说明了无限长的导线不能产生这里所讨论的表面波，因为它们不能谐振。

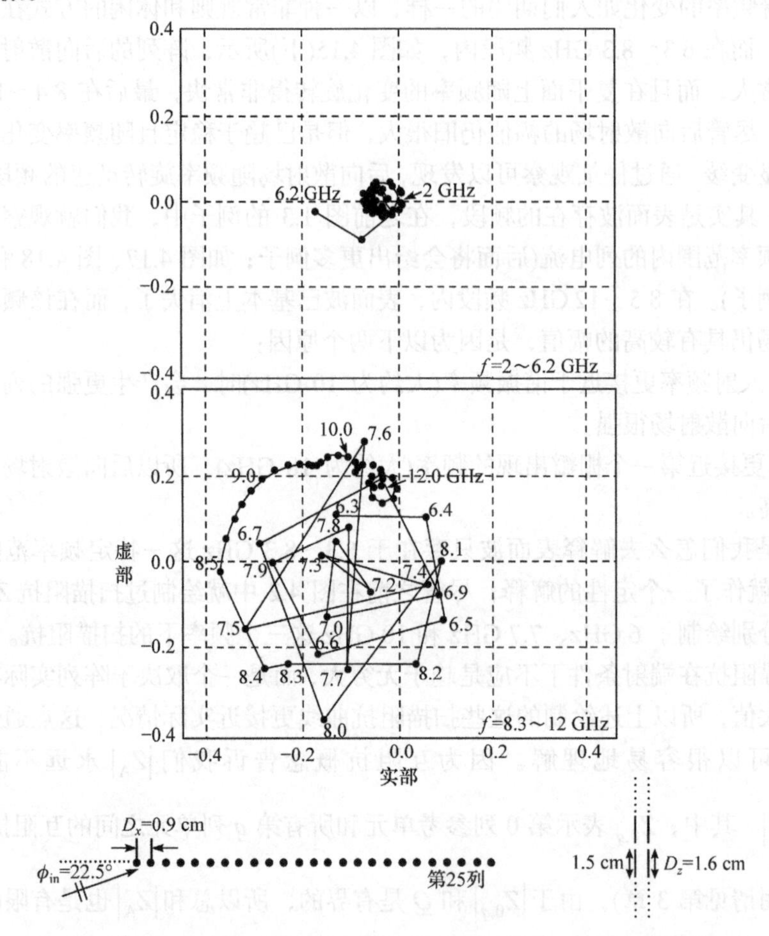

图 4.15　绘制在复平面内的后向散射场，入射角为 67.5°，列数为 25。

图 4.16 展示的曲线只是一个典型的实例。实际上，列与列之间的 Z_A 是不同的，有时甚至会有一个很小的负实部，表示能量被吸收了，但上述的基本解释都是成立的。还有需注意的是，截止频率在一定程度上取决于阵列的大小。

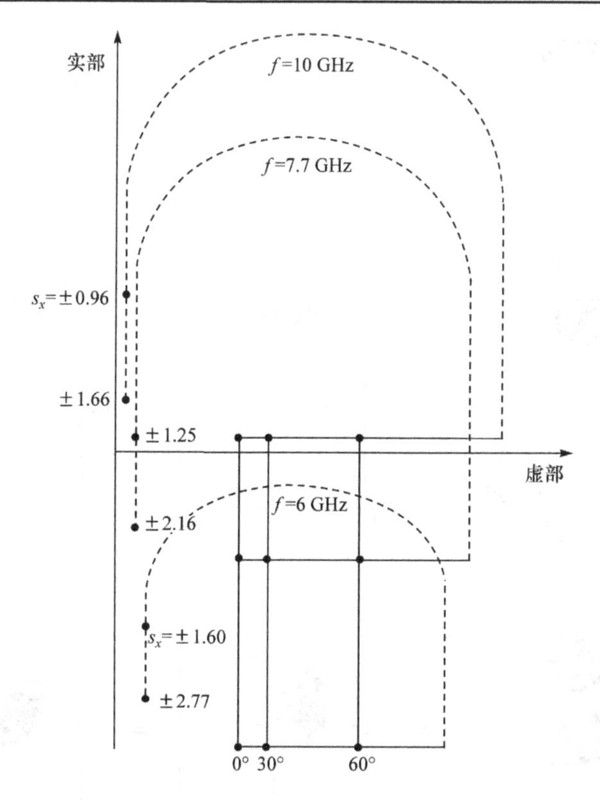

图 4.16　有限阵列在 10 GHz、7.7 GHz 和 6 GHz 下的复扫描阻抗图。

4.10　如何控制表面波

在前面我们看到了表面波辐射会导致后向散射场的显著增加，因此，研究如何控制表面波非常有意义。回顾一下图 4.5(d)和图 4.12 可知，表面波主要由有限阵列两侧的两个半无限阵列产生，因此，如果能够以某种方式在这两个半无限阵列和有限阵列之间引入一个“势垒”，那么我们就有希望使有限阵列上的表面波变弱。其中一个切实可行的办法是利用介于两个半无限阵列和有限阵列之间有限数量的列，在这些列的每个单元中插入负载电阻来减小列电流，或用作吸波体以吸收入射到有限阵列边缘的两个表面波和 Floquet 波。

因此，图 4.17 展示了三种不同阻抗的加载情况，分别是在图 4.15 所示的阵列边缘列(在边缘的一列)单元上加载 50 Ω、100 Ω 和 150 Ω 的阻抗。我们发现，在不存在表面波的低频段 2～6.2 GHz 处，加载阻抗后，阵列的后向散射场变化很小；而在存在很强表面波的高频段 6.3～12 GHz 处，如图 4.15 所示，后向散射场有了明显的减弱，特别当负载电阻为 100 Ω 时，后向散射场的减弱效果最为明显，如图 4.17 的中图所示。

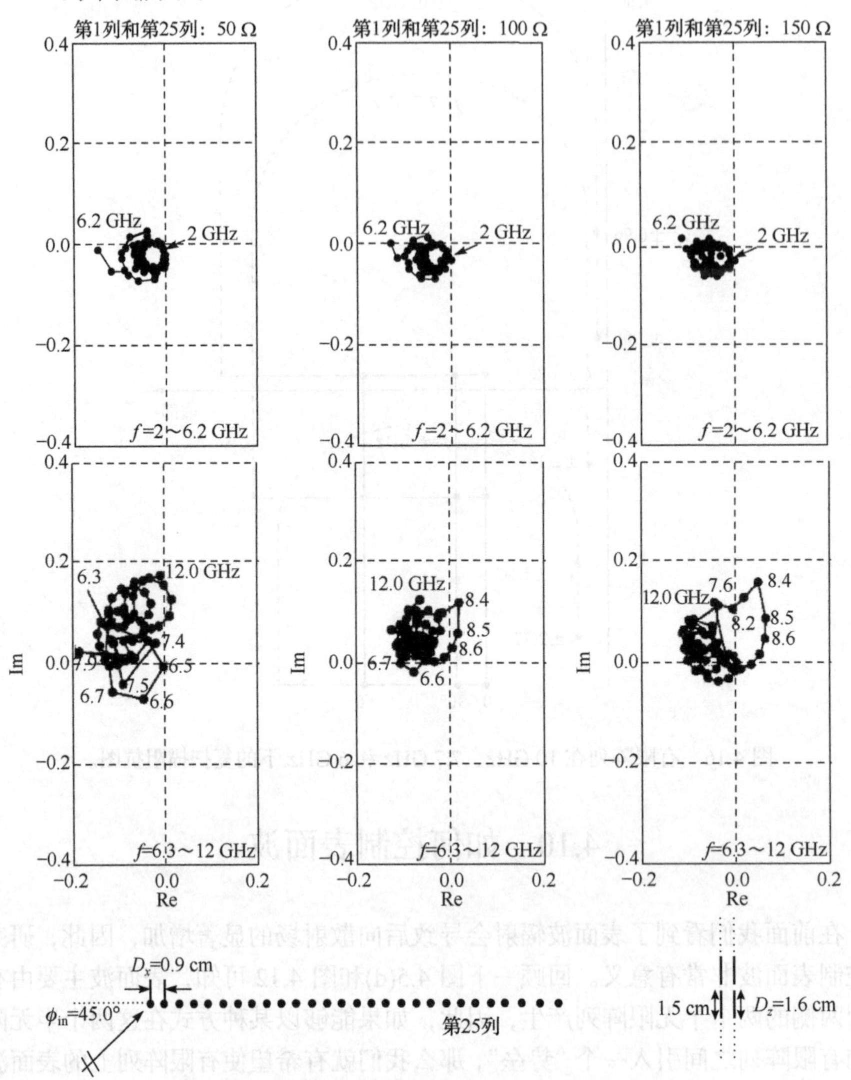

图 4.17 最外列加载不同电阻的阵列的复平面后向散射图。

此外，图 4.18 也展示了三种加载不同列数的情况，其中，左图为阻抗只加载于有限阵列末端的一列，即图 4.17(中)所示的最优情况，中图和右图分别表示阻抗加载于有限阵列边缘的两列和三列，具体的阻抗加载值如图 4.18 的顶部所示。通过观察对比可以发现，随着阻抗加载列数的增加，后向散射场的变化越稳定，这正好与我们的希望相一致。

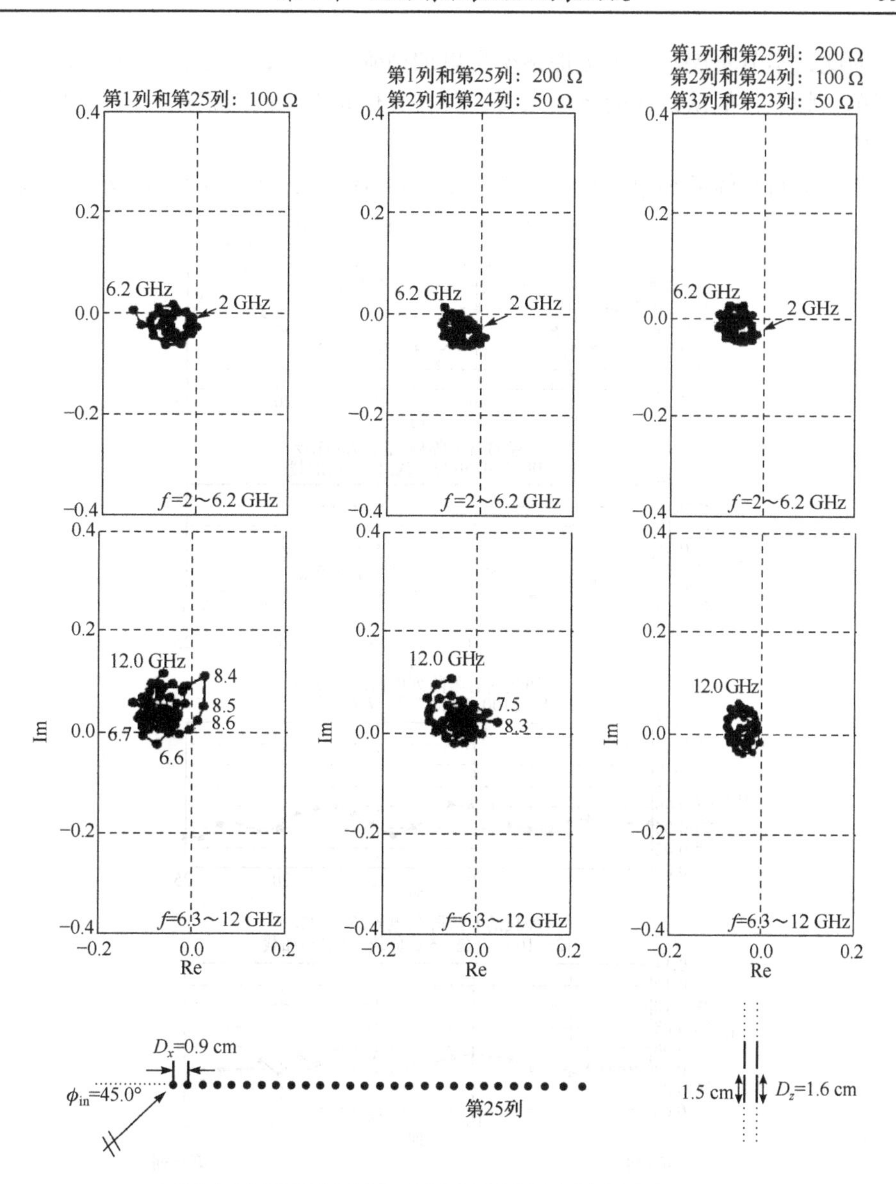

图 4.18　阻抗加载不同列数的阵列的复平面后向散射图。

4.11　在单一频率下精确调节负载电阻

在 4.10 节，我们举例说明了在有限阵列边缘的一列或更多列上加载电阻是怎样导致表面波的大幅度衰减，尽管研究了整个关注的频率范围，但对于阻值的选择是基于直觉和经验的。

因此，本节将展示一个更加系统且更加精确的方法，虽然这个方法通常只作用于单一频点，但从以往的经验来看，其在其他频率下的效果在一般情况下也是很好的。

为了进行具体的细致分析，我们在图 4.19(a)中展示了一个由 25 列单元组成

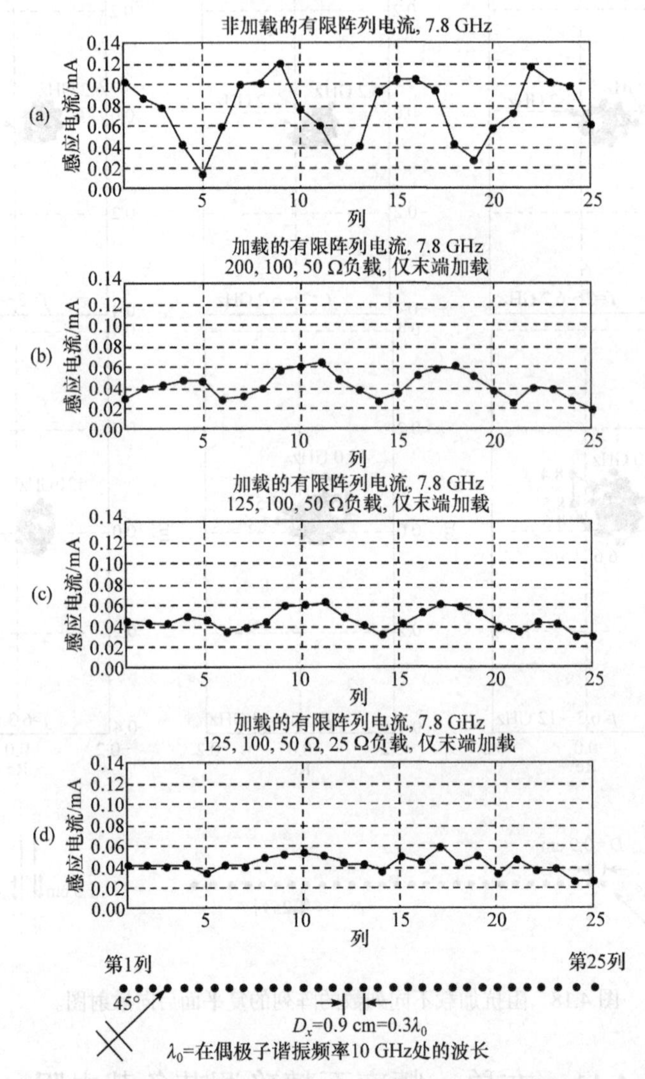

图 4.19　列数为 25 列的阵列在不同加载情况下的列电流。(a) 无负载 (基准情况)。(b) 第 1 列和第 25 列，200 Ω；第 2 列和第 24 列，100 Ω；第 3 列和第 23 列，50 Ω。(c) 第 1 列和第 25 列，125 Ω；第 2 列和第 24 列，100 Ω；第 3 列和第 23 列，50 Ω。(d) 第 1 列和第 25 列，125 Ω；第 2 列和第 24 列，100 Ω；第 3 列和第 23 列，50 Ω；第 4 列和第 22 列，25Ω。

的阵列在 $f=7.8$ GHz 时的列电流，入射角如图底部的插图所示为 45°。根本都没有电阻性负载，因此本案例将上述作为基准情况。图 4.19(b)展示了同一个阵列的列电流，但上述阵列的外三列分别加载了 200 Ω、100 Ω 和 50 Ω 的电阻(实际上与图 4.18 的右图情况相同)，与图 4.19(a)中的基准情况相比，我们发现加载电阻后的阵列的表面波大幅度减弱，但是阵列的列电流仍旧剧烈变化，这说明此时还存在很强的表面波。显然，我们的目标就是要获得尽可能平坦的列电流。通过仔细观察图 4.19(b)中的列电流，我们发现，阵列最外两列(第 1 列和第 25 列)的列电流偏低，需使用更低的负载电阻来提升这两列的列电流，因此，我们将阵列最外列的负载电阻从 200 Ω 减小到 125 Ω，如图 4.19(c)所示，发现外三列的电流的确得到了稳定，但阵列其余部分的列电流仍需进一步优化。

上述结果表明，我们应该对阵列的更多列加载电阻，因此，图 4.19(d)就展示了对在阵列最外侧四列的单元分别加载 125 Ω、100 Ω、50 Ω和 25 Ω电阻的情况，我们发现，相比于图 4.19 中的其他情况，这种电阻加载方式对阵列电流的稳定有了很大的提升。

最后，图 4.20 展示了阵列在图 4.19(d)加载方式下的后向散射图，若我们将该

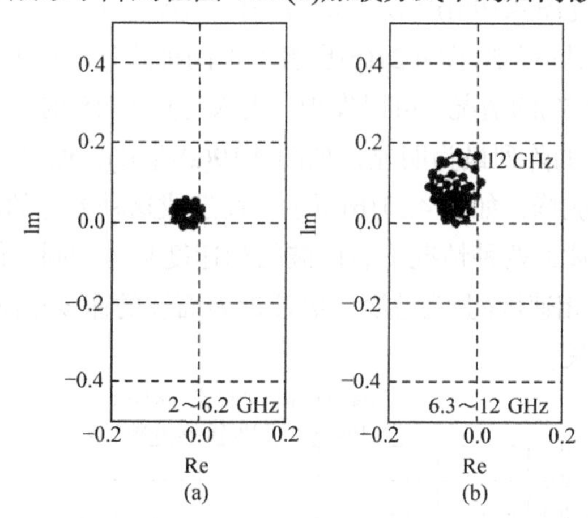

125, 100, 50, 25 Ω负载, 仅末端加载

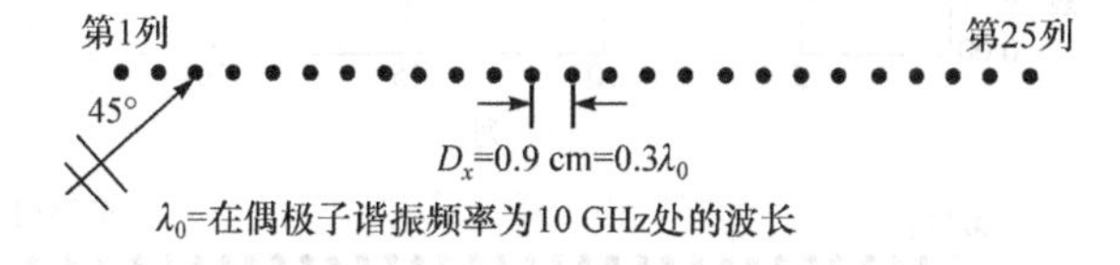

图 4.20　列数为 25 列的阵列的后向散射场(后向散射图)，绘制于复平面中。频率范围为(a) 2～6.2 GHz 和(b) 6.3～12 GHz。加载情况与图 4.19(d)一致：第 1 列和第 25 列，125 Ω；第 2 列和第 24 列，100 Ω；第 3 列和第 23 列，50 Ω；第 4 列和第 22 列，25Ω。

种情况与图 4.18 右图所示的情况进行对比，或许会有些失望，但是，通过仔细观察还是可以发现阵列在低频段 2～6.2 GHz 处的后向散射降低了。也正如我们之前所看到的那样，阵列在较高频段 8.5～12 GHz 处的后向散射是与表面波无关的，实际上，它们是当入射频率大致为 18 GHz 时出现的栅瓣的“旁瓣”。与图 4.18 的右图相比，图 4.20 所展现的阵列具有较高的后向散射可能是因为后者所加载的阻抗变化梯度比前者更大(200 Ω 相比于 125 Ω)。事实上，在 6.3～8.5 GHz 频率范围的表面波比图 4.18 右图显示的更“纯粹”且更具确定性。

4.12　随入射角的变化

入射信号通常从宽边到大角度以不同的入射角照射到周期表面上。众所周知，在这种情况下，任何周期结构的性能都可能会发生很大的变化(见文献[81])，因此，在不同入射角下去验证上面研究的情况就变得尤为重要，而不仅仅是 45°。

例如，我们研究图 4.19(d)所示的最后一种情况，为了方便比较，我们将其重新添至图 4.21(a)中，同样地，图 4.21(b)也表示了同种阵列结构但入射角为 67.5°(或与掠入射方向呈 22.5°)的情况。可以发现，当入射角为 45°时，阵列的列电流大致有 4 个驼峰(未处理的阵列最为明显，如图 4.19(a)所示)，而当入射角为 67.5°时，仅观察到大约两个驼峰，如图 4.21(b)所示。而造成这种差异的原因其实很简单，是因为，虽然在上述的两种情况下表面波的相速度基本相同，但 Floquet 电流在 67.5°时会以更高的相速度(也就是说，更接近表面波的速度)沿着结构传播，进而产生更长的干涉波长。

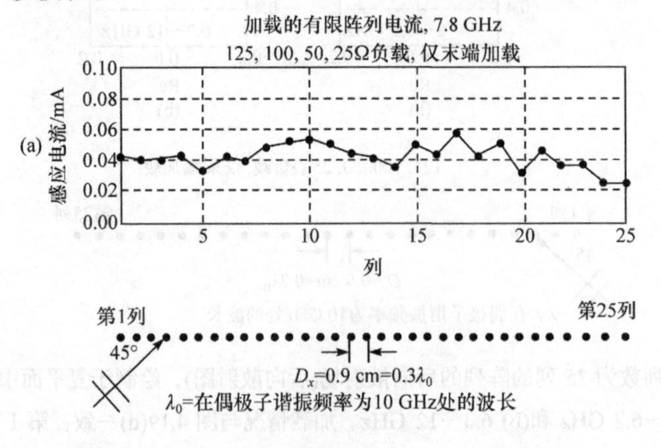

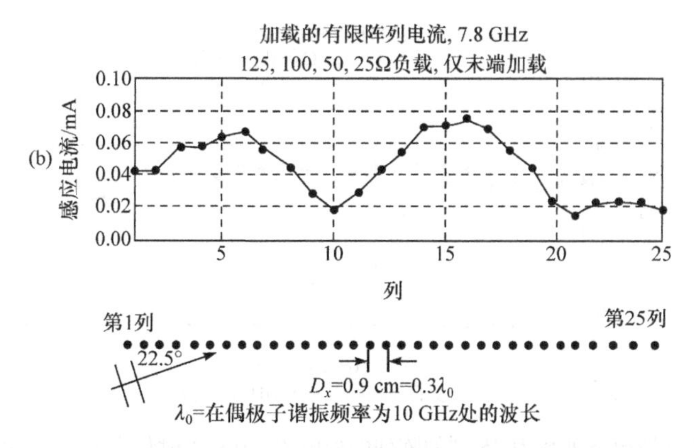

图 4.21　列数为 25 列的阵列的列电流，加载情况：第 1 列和第 25 列，125 Ω；第 2 列和第 24 列，100 Ω；第 3 列和第 23 列，50 Ω；第 4 列和第 22 列，25 Ω。(a) 入射角为 45°，(b) 入射角为 67.5°。

上述研究中，其中最重要的一个结果就是，当干涉波长较长时(即在大入射角时)，我们需要更多列来标定阵列。为方便比较，我们将图 4.21(b)中电阻加载外四列的情况再次绘制至图 4.22(a)，接着，我们尝试着增大外四列单元所有的负载以减小列电流强度，正如图 4.22(b)所表示的那样，该种方式确实有作用，但对阵列

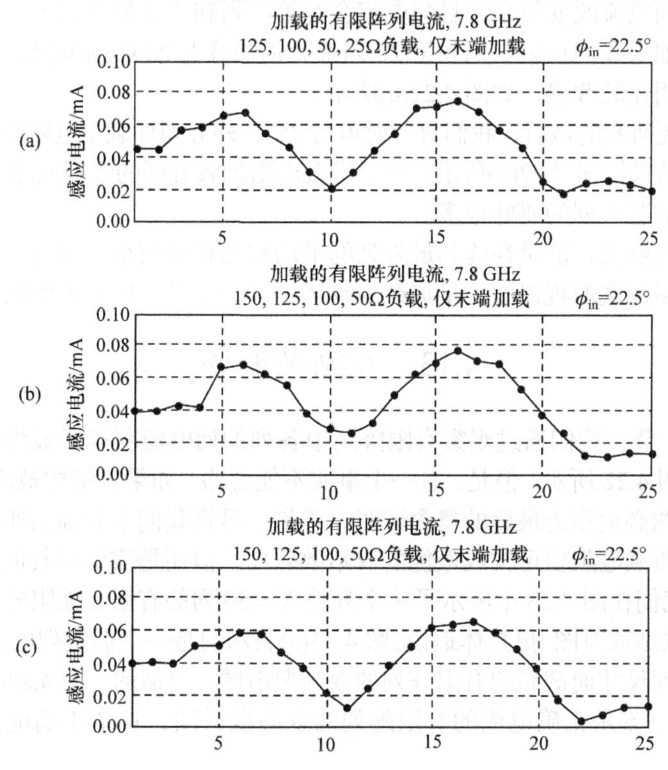

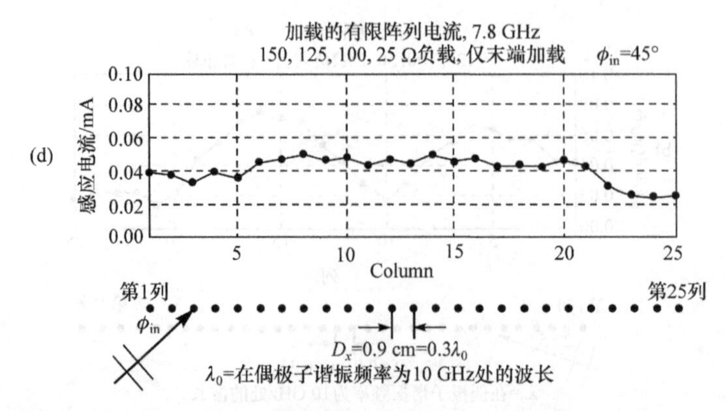

图 4.22　不同加载情况下列数为 25 列的阵列的列电流。(a) 入射角为 67.5°。第 1 列和 25 列，125Ω；第 2 列和 24 列，100 Ω；第 3 列和 23 列，50 Ω；第 4 列和 22 列，25 Ω(和图 4.21b 一样)。(b) 入射角为 67.5°，第 1 列和 25 列，150 Ω；第 2 列和 24 列，125 Ω；第 3 列和 23 列，100 Ω；第 4 列和 22 列，50 Ω。(c) 入射角为 67.5°，第 1 列和 25 列，150 Ω；第 2 列和 24 列，125 Ω；第 3 列和 23 列，100 Ω；第 4 列和 22 列，50 Ω；第 5 列和第 21 列，25 Ω。(d) 入射角为 45°，第 1 列和 25 列，150 Ω；第 2 列和 24 列；125 Ω，第 3 列和 23 列，100 Ω，第 4 列和 22 列，50 Ω，第 5 列和第 21 列，25 Ω。

其他部分的列电流改变较小，且列电流会在第 4 列和第 5 列之间出现一个跳跃。

然而，如果我们在第 5 列和第 20 列都分别加载上 25 Ω 的电阻，上述的问题就可以获得明显的改善，如图 4.22(c)所示。

上述问题研究的最后，我们对入射角为 45°，外五列加载了电阻的阵列进行了测试，测试结果如图 4.22(d)所示，可以发现电阻加载五列的阵列比之前图 4.21(a)所示的电阻加载四列的要好很多。

若阵列足够大，能量在阵列最外列的平均损耗相对较小，因此，在那种情况下，阵列电阻加载的规律似乎是加载列越多越好，但是，仍须考虑成本。

4.13　双站散射场

在 4.12 节，我们通过观察有限阵列中各列的列电流获得了最优的负载电阻值，举例如图 4.22 所示。但是，有一个事实不能忽略，如果该结构被用作天线罩，则双站散射图必须作为最后的概念证明。于是，尽管我们十分确信通过上述方法获得的最优负载电阻值可构成最优的双站散射场，但还是需要对其进行实际的检验。因此，我们在图 4.23 中展示了一个列数 $N=50$ 列的有限 × 无限阵列在入射角为 45°时的双站散射图。更具体地说，图 4.23(a)表示的是一个假定列电流为 Floquet 类型的因阵列尺寸而截断的有限阵列的双站散射图。类似的，图 4.23(b)表示的是一个假定列电流是正确电流的有限阵列的双站散射图，这个正确电流实际上是

Floquet 电流、两个表面波和端电流的总和(表示总辐射方向图)。对比只有 Floquet 电流的辐射方向图，我们发现总辐射方向图的旁瓣电平显著增加，这与我们之前的观察结果完全一致，如图 4.10 和图 4.11 所示。最后我们在图 4.23(c)中展示了一个与图 4.23(a)和图 4.23(b)相同的有限阵列，但其最外五列处加载了与图 4.22(c)和图 4.22(d)相同的电阻，可以发现，加载了电阻的有限阵列，如图 4.23(c)所示，其总辐射方向图的旁瓣电平比图 4.23(b)中未加载时要明显低得多(我们当然应该

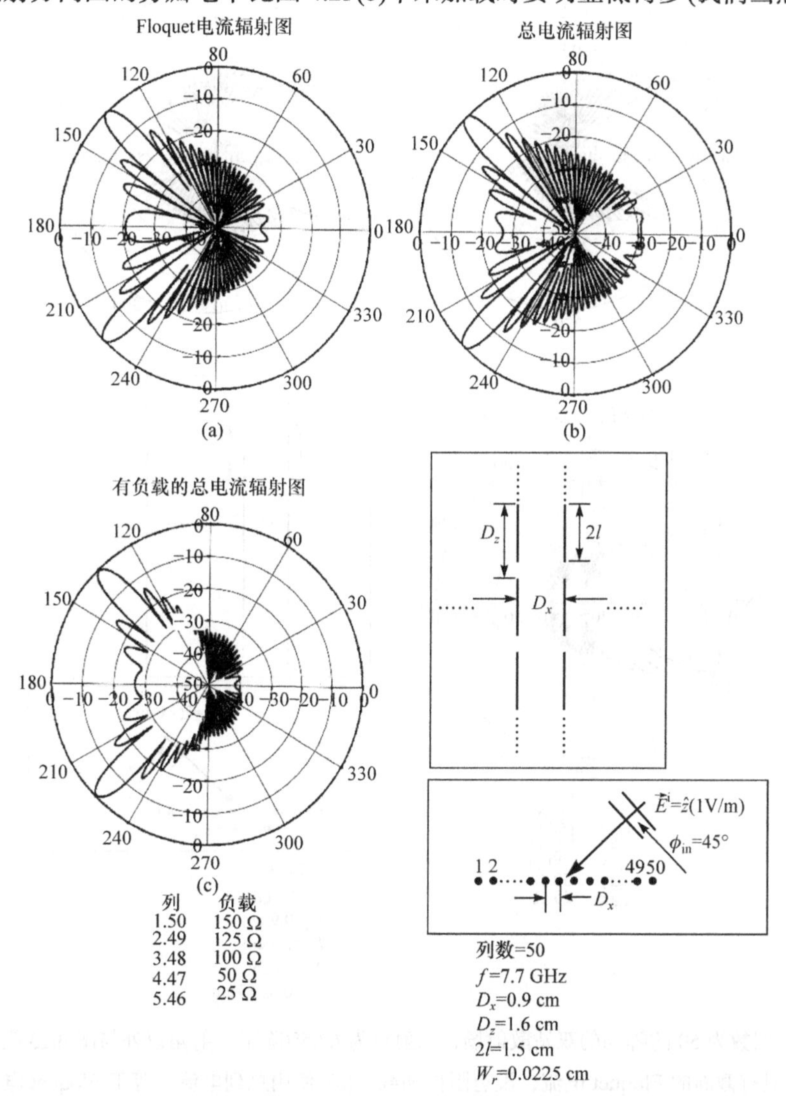

图 4.23　列数为 50 列的阵列的双站散射场，入射角为 45°。(a) 只有截断的 Floquet 电流，没有阻性负载。(b) 使用总列电流，没有阻性负载。(c) 使用总列电流，电阻负载如图所示。

预料到这一点)。但是，它甚至低于图 4.23(a)中的截断的 Floquet 模式。因此，可以肯定的是，上述现象一定是与图 4.23(c)中口径分布为渐变，而图 4.23(a)为均匀有关。

最后，我们在图 4.24 中展示了与图 4.23 相同的三种情况，但此时入射角由

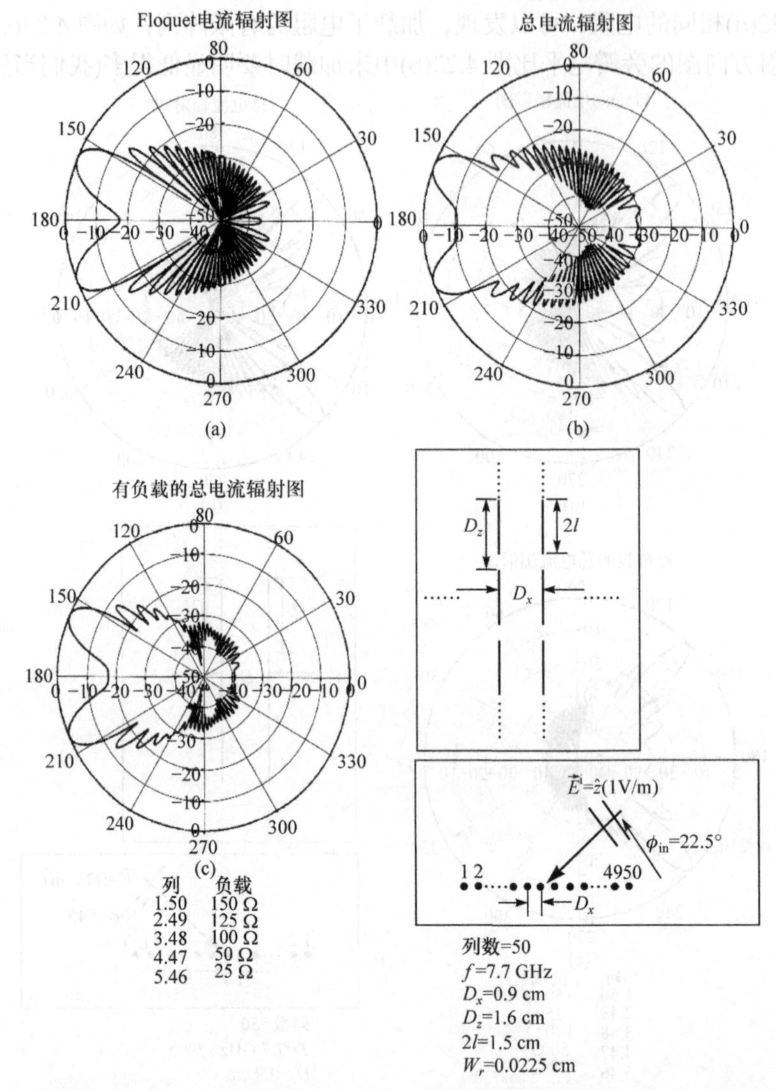

图 4.24　列数为 50 的阵列的双站散射场，入射角为 67.5°(除了入射角以外与图 4.23 类似)。(a) 假设只有截断的 Floquet 电流，没有阻性加载。(b) 使用总列电流，等于 Floquet 电流、左行和右行表面波及端电流之和，没有阻性加载。(c) 使用总列电流，等于 Floquet 电流、左行和右行表面波及端电流之和，电阻负载如图(c) 的下面所示，电阻加载情况与图 4.22(c)及图 4.22(d)中加载情况相同。注意后向散射波瓣的明显减小。

原来的 45°变为 67.5°。与图 4.23 所表现的一致，我们再次观察到，有限阵列的散射水平在加载电阻时比图 4.24(b)所示的未加载电阻状态，降低了 10 dB 左右，如图 4.24(c)所示，甚至还更低于图 4.24(a)中的 Floquet 情况几个分贝。

最后，需要提醒读者，上述的这种缩减程度与阵列的尺寸和入射角有关，如图 4.14 和图 4.13 所示，减缩水平并不是唯一的。

4.14　早期研究

介绍在自己之前的其他研究人员的贡献是一种礼貌而又博学的行为。但是，如果您的研究主题有些晦涩，甚至是存有争议的，那么此顺序通常会导致新旧贡献之间的关系混乱。实际上，引用参考文献通常只是冗长而枯燥的标题，但为了避免冒犯人，又“必须存在”。而我自己长期的经验是，就算是我被引用了，但我仍很怀疑引用我的人是否对我的成果进行了阅读，是否做到了理解。如果只是单纯地将他人的成果摆在那儿，这样的参考文献对读者而言毫无意义，除非他已阅读完了文章的大部分内容。

因此，我在这一节将会综述其他研究者的工作，去试图缓和这个问题，但也请大家明白，这绝不是为了把其他研究人员的工作当成我们的研究背景。

可以肯定地说，第一个研究无源单元有限阵列的人是 Yagi-Uda 阵列[82]的发明者，这些单元由单个有源偶极子激励，与入射平面波激励略有不同。此外，他们显然没有想到表面波，他们实际上也不需要它来解释辐射机理。用表面波来解释辐射机理是由 Ehrenspeck 首次提出的[83]，后来 Mailloux 采用了更为理论化的方法[84]，很有意思的是，当存在很强的表面波(即自由表面波)的时候，例如，在 s_x 接近于1.25时，如图 4.7 所示，并不会获得理想的辐射方向图。我们观察到这会导致旁瓣比主瓣大。相反，对于 Yagi-Uda 阵列，最佳天线辐射方向图在 $1.25 < s_x < 1.0$ 这个范围内。

回顾一下，$s_x = 1.0$ 对应于端射条件，导致增益远低于 Yagi-Uda 阵列的最大增益 (接近 Hansen-Woodyard 条件)。

Richmond 和 Garbacz[85]以及 Damon[86]对 Yagi-Uda 阵列表面波理论做出了更大的贡献。

本章讨论的有限周期结构上的表面波类型直到最近才受到关注，而这并不代表周期结构上的表面波从未被怀疑过。事实上，每当表面波对周期结构产生奇异的(通常是不希望有的)影响时，其经常被归咎于一种神秘的“有害表面波”。很多人逃避了这种现象，也有很多人报道了这种现象[3-5,8-14]，但更多的人持怀疑态度，没有报道它们。参见 1.5.3 节。

无论如何，通过实际的传播常数来表征有限 FSS 结构上的表面波近期才出现在 Munk 等的文章[87]、Janning 和 Munk 的文章[88]、Janning 的博士论文[77]和 Pryor 的硕士论文[76]中。

推测其缺乏关注的原因是有启发性意义的。其中部分原因似乎与以下内容有关:

(1) 使用无限长的导线(或窄条)而不是有限长的导线，也就是说，仅使用单周期表面而不是双周期表面，这些结构不能支持本章所讨论的表面波类型(见 4.9.3 节)。

(2) 所研究频带不比该结构的谐振频点低很多(20%～30%)。进一步的讨论请见 4.9.3 节。单元间距 D_x 大于 $\lambda/2$，也就是说，当我们进入虚空间的时候会出现栅瓣，如 4.9.3 节所讨论的，这会自动排除自由表面波。

(3) 简单地假设列电流仅为截断的 Floquet 电流，换句话说，任何表面波的存在从开始就已经被排除了，见 4.8 节的讨论。

(4) 应该指出的是，表面波一向是附着在平的表面上，如果这些表面是弯曲的，表面波沿着弯曲的表面传播时会因为能量的泄漏而自然地衰减掉，因为很多实际应用的周期表面都是弯曲的(例如，带通雷达罩和副反射器)，所以很容易理解，表面波的存在只是被忽略了。

4.15 多面天线罩的散射

到目前为止，我们主要研究了平面型的有限×无限阵列的散射问题。这对帮助我们理解有限结构上表面波的本质发挥了重要作用。然而，它们在实际应用中很少使用，实际使用的可能是弯曲的，或者是多个平面以多面的形式放置在一起组成的，如图 4.25 所示。弯曲的表面会因为能量泄漏而导致表面波自然衰减。在这里将不会处理这种情况(如果有人对这个问题有话要说，我很乐意听听)。

在图 4.25 中展示的是船载应用所特有的形状，入射信号主要上是从水平面入射。如果雷达罩是不透明的，入射信号将会被向上和向下反射而导致 RCS 缩减。当雷达罩是透明的，入射信号将会继续行进到天线处而被接收，在这种情况下，RCS 实际上只取决于天线本身。对于这个主题的讨论，请看第 2 章和文献[76]。

若频率介于不透明和透明之间的过渡区，情况会变得更加复杂。在这种情况下，部分入射信号直接到达后壁后会被部分地向下反射到地面或向上反射。尽管这两个信号都被水平面反射掉了，但用吸波体来覆盖住雷达罩的地板通常是一个好主意，见图 4.25。

目前，我们无法对如图 4.25 所示的大型多面天线罩建模，但可以将八块有限×无限的平板拼接成图 4.26 所示的八边形。图 4.25 中的有限天线罩与图 4.26 中的无限长天线罩之间存在着本质差异——在无限长的情况下后壁的反射会掩盖来自前壁的反射。在我们的计算中，通过在后壁覆盖吸波体来解决，或者是简单地移除四块背面板，见图 4.26，因此，后续我们将只计算图 4.26 所示的四块前面板的后向散射场。

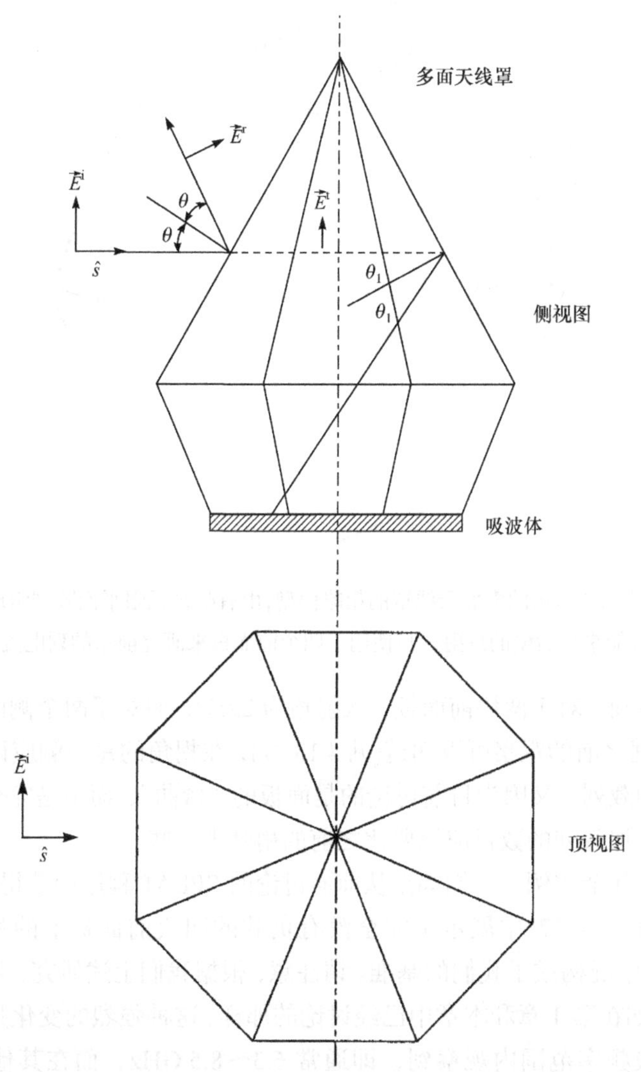

图 4.25　典型的八边形多面天线罩，如果天线罩是不透明的，从水平面入射的信号将会被向上反射，如果部分泄漏的入射信号通过前壁到达后壁，它基本上会被向下反射，在地面放置吸波体能够阻止进一步的散射。

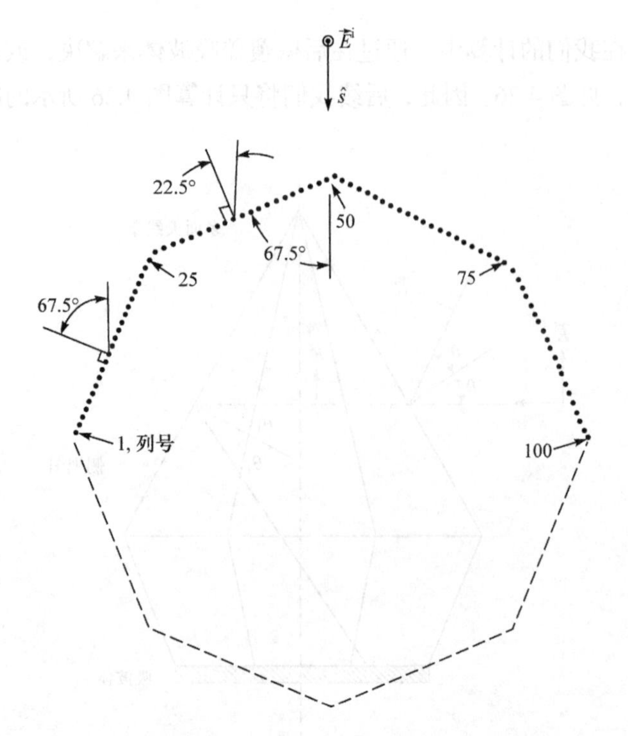

图 4.26　图 4.25 所示的多面天线罩的粗略模型，由有限×无限平面阵列组成。可是，为了避免可能来自后壁的反射，只使用了四个前面板来研究前壁的列电流。

我们注意到，对于两块前面板，入射角为 22.5°，而对于两个侧面板，入射角为 67.5°。根据之前的观察可以知道(见 4.13 节)，在拐角的每一侧应该使用至少五列或更多的加载列。又因为目前讨论的是面板的“弯曲”，而不是完全的截断，所以，我们预计加载列的数目应该要比之前的稍微少一些。

我们将举几个实例，它们都是从前面讨论的 SPLAT 程序中获得的。

首先，在图 4.27 中展示了完全没有负载的四块前面板上的列电流，$f =$ 7.8 GHz 这种情况构成了我们的基准。请注意，根据我们上述研究，列电流有非常大的变化(正如在第 1 章和本章中已经讨论的那样，这种强烈的变化只会在表面波存在的那一段频率范围内观察到，即通常 6.3～8.5 GHz，而在其他频率下观察不到)。

然后，在图 4.28 中展示了与上面相同的四块前面板，但在拐角处每一侧五列单元都加载了电阻，如图所示(注意标度不同)。在两块前面板上列电流大幅度减小，而两块侧面板上列电流的变化依然很明显，但已经被“清理干净”了。

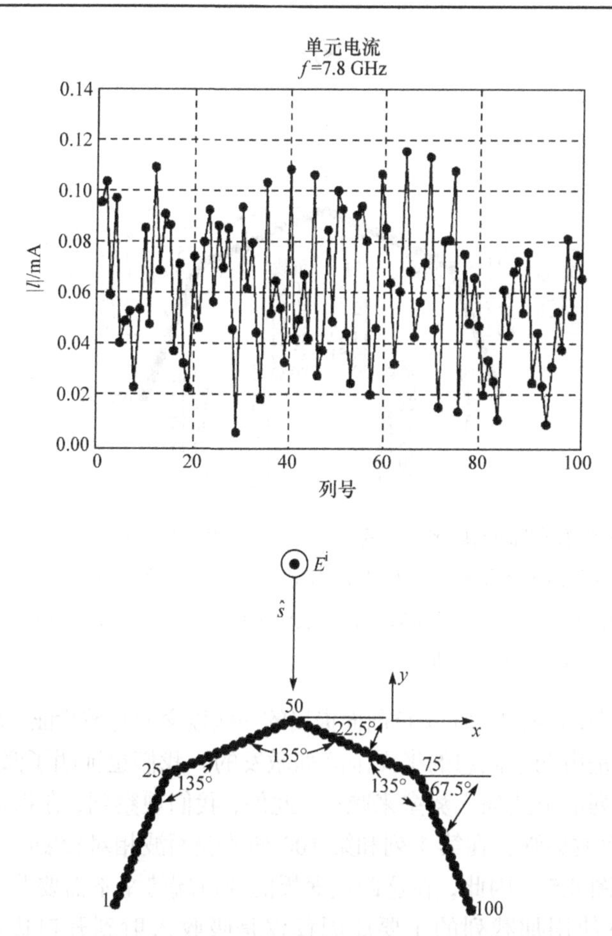

图 4.27 八边形天线罩的四块有限×无限的前面板上计算的列电流(从 SPLAT 中获得)，每个面板上的列数为 25，四块前面板的总列数为 100。没有阻性加载，即基准情况。

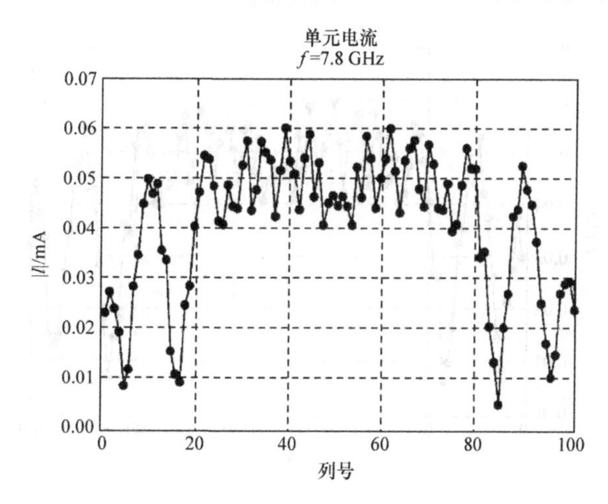

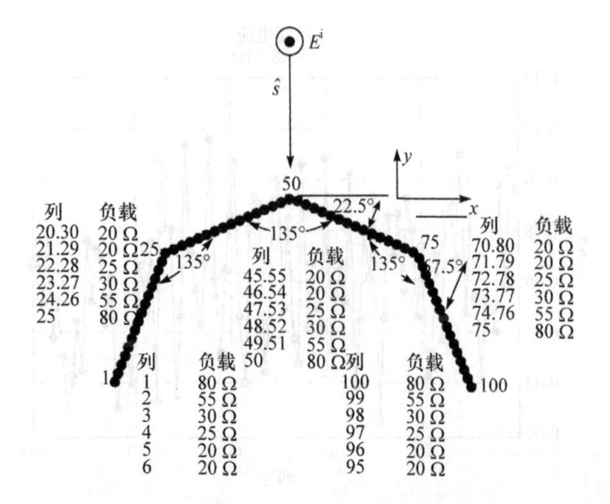

图 4.28　八边形天线罩的四块有限×无限的前面板上计算的列电流(从 SPLAT 中获得)，与图 4.27 所展示的一样，但在拐角处和末端的列单元中都加载了电阻，如插图所示。与图 4.27 中非加载的情况相比，单元电流的变化急剧减小，这表明表面波的幅值更低，从而散射也更低。(注意在图 4.27 和图 4.28 中的标度不同)

在图 4.29 中，我们展示了本章前面提出的一些概念的有趣验证。图 4.5 和图 4.12 描述了表面波是由两个假想的半无限阵列激发的。我们也证明了激发效果可以通过以阻性加载列的形式插入势垒来减小。此外，我们观察到，在拐角处第 25 列和第 27 列的表面波最强，在第 1 列和第 100 列的表面波相对较弱(有关这个陈述的解释，请参考图 4.5)。因此，在这四块面板的开口端势垒不需要非常宽。事实上，在这种情况下使用加载列的主要原因仅仅是吸收入射到开口边缘的表面波和 Floquet 波。

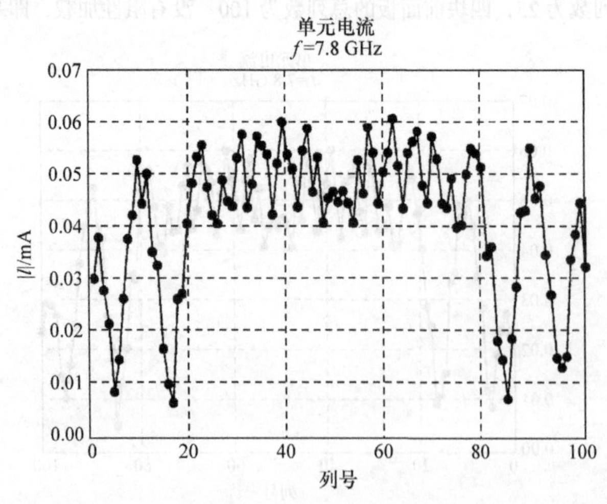

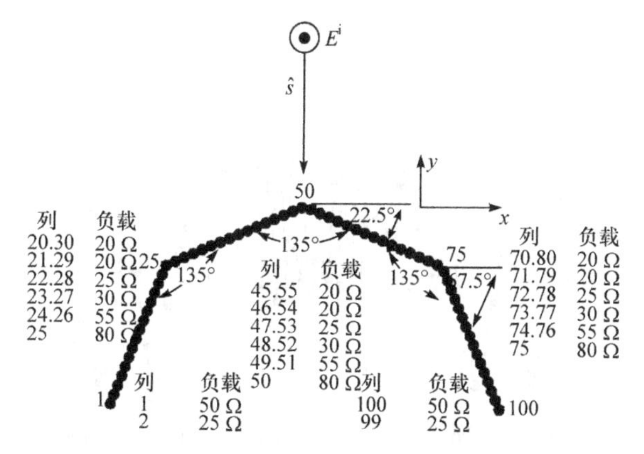

图 4.29　八边形天线罩的四块有限×无限的前面板上计算的列电流(从 SPLAT 中获得)，与图 4.27 和图 4.28 所示的一样，但只有末端两列加载了电阻，如插图所示，注意到图 4.28 和图 4.29 两种情况之间的差异很小。

因此，我们在图 4.29 中展示了开口端加载列数减少到仅有两列的情况。果不其然，除了开口端的列电流幅值不同，图 4.28 和图 4.29 中的两种情况是非常相似的。可以通过改变开口端的负载电阻轻松地对电流分布进行调整(如果需要)。

我们可从上面的例子得出结论，在大斜入射角时，表面波更加普遍。Floquet 波和表面波之间的干涉波长更长。这就需要更多的加载列，幸运的是，这会提高小入射角的性能。另一个好消息是，大入射角的后向散射比小入射角稍低一些，这是因为在大入射角时散射图的旁瓣电平更低。

4.16　面板中不连续点的影响

小型多面天线罩可由连续的平板构成。通常，大型天线罩由小面板拼接组成的大平板构成。于是，与之相关的问题变成了如何将这些小面板精确地拼接在一起，以避免激发表面波。

考虑到现在使用的这种典型周期表面的复杂性，我们必须要说明这个问题的精确答案是不存在的，我们也不需要。在这里我们只探究在平板上某处引入间断点的影响。

更具体地，在图 4.30 中展示了之前图 4.28 所示的情况，但不同的是，通过简单地移除位于这两块前面板中间的一列非加载列，在两个前面板上引入间断点。类似地，图 4.31 展示了从两块侧面板中移除了两列非加载的情况。当断点位于两个前面板时影响很大，而在位于侧面板时影响很小，对于这种现象的部分解释可能是侧面板上的表面波在此之前已经很强了。

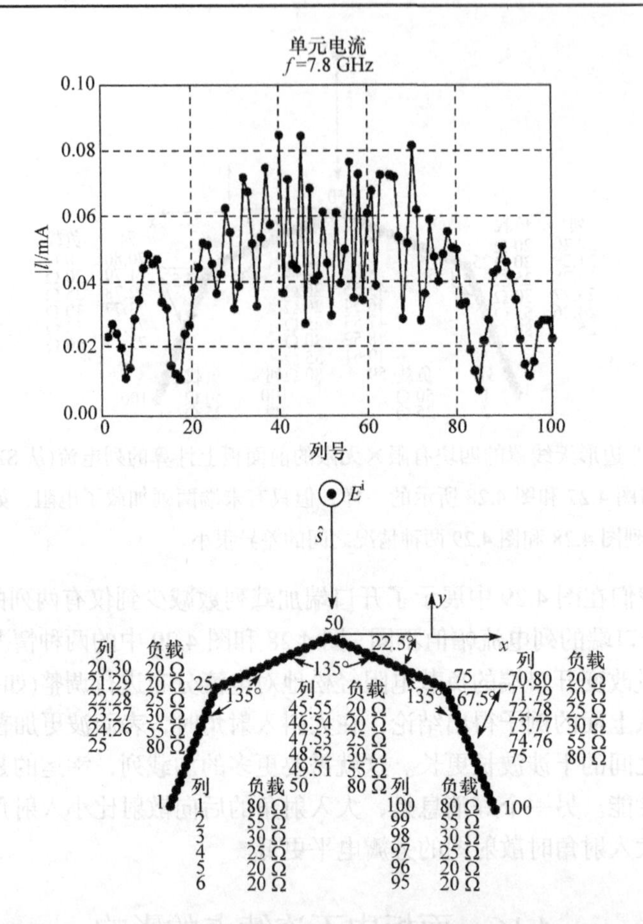

图 4.30　在图 4.28 中天线罩的两块前面板上不连续点的影响，不连续点是通过简单地移除每个面板中间的一个完整列实现的，如图所示。注意标度不同。

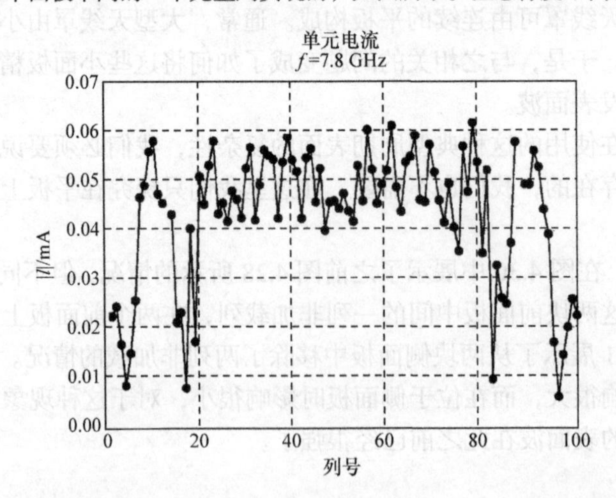

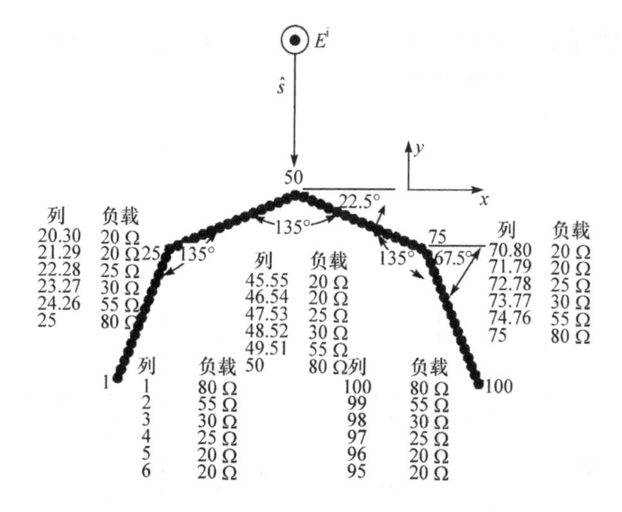

图 4.31　在图 4.28 中天线罩的两块侧面板上不连续点的影响，不连续点是通过简单地移除每个面板中间一个完整列实现的，如图所示。

基于本章之前的观察可以得出结论，在这些例子中的表面波幅值都很低，不需要担心出现任何显著的辐射，从而使得 RCS 抬升。遗憾的是，无法报告 RCS 水平的精确值。

4.17　在 *E* 平面扫描

到目前为止，在本章中，我们仅考虑了从 *H* 平面入射的平面波。通常最重要的现象都发生在这个平面上。可是，大家应该认识到这样一个事实，即有限平面结构的表面波也可能存在于 *E* 平面入射中。我们将会详细探究这种情况。

为了使这两种情况之间的比较更有意义，我们研究的阵列具有与 *H* 平面的情况相同的单元长度 $2l = 1.5\ \text{cm}$ 。可是，如图 4.32 所解释的那样，阵列将会被稍微修改一下。首先在图 4.32(a)中展示了 *H* 平面情况下的原始阵列，如果在 *E* 平面上扫描阵列，掠入射时很容易观察到第一个栅瓣出现在 $\lambda_{G.L} = 2D_z = 3.2\ \text{cm}$ 或 $f_{G.L} = 9.38\ \text{cm}$ 处，纵然表面波一般出现在比谐振频率稍低的地方，但就 10 GHz 左右的谐振频率而言，这简直是太低了(见 4.7 节和 4.8 节)。

不管怎样，如图 4.32(b)所示，通过单元的交错排列可以很容易地阻止这种情况下栅瓣的过早出现。注意到，在这两种情况下阵列的尺寸相同，除了相邻列之间的相互平移。

最后我们回顾一下，从 SPLAT 程序的设置上来说，它沿 x 轴是有限尺寸的，沿 z 轴是无限的，因此，在图 4.32(b)中的阵列必须旋转 90°，见图 4.32(c)。请注意，在这两种情况下阵列尺寸都是一致的，只有 x 轴和 z 轴相互交换了一下。图 4.32(c)中的尺寸将在后面使用到。

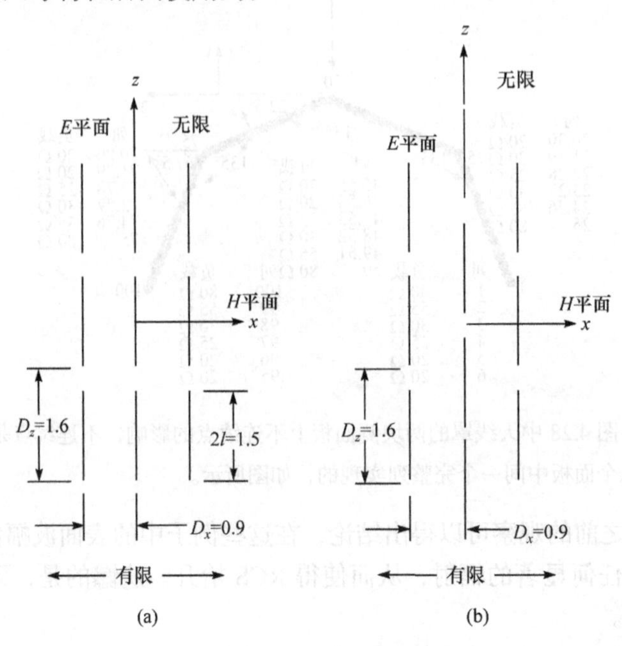

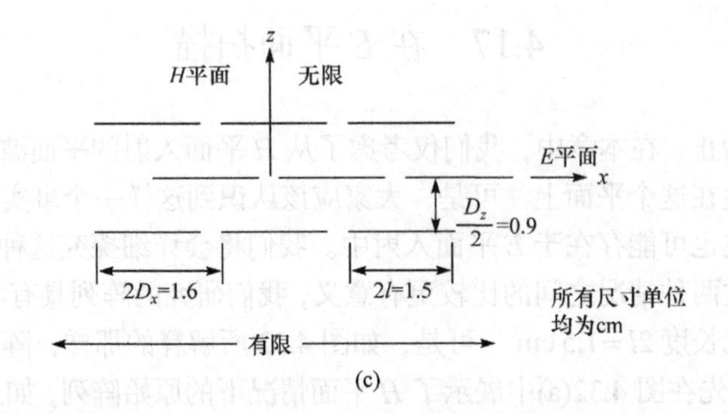

图 4.32 当从 H 平面扫描转换到 E 平面扫描时，阵列的修正。(a) 用于 H 平面扫描的原始阵列。如果在 E 平面上扫描阵列，栅瓣会出现过早，即在 9.38 GHz。(b) 通过交错排列相邻单元，如图所示，栅瓣的出现可以被推迟到更高的频率。(c) 为了符合 SPLAT 程序的设置，将图(b)中的阵列旋转 90°，如文中所解释的那样，x 轴和 z 轴相互交换。

我们将会研究 E 平面的情况，与上述 H 平面的情况类似，即通过从宽边 $(s_x = 0)$ 开始绘制扫描阻抗，直到虚空间的“末端”，再回到实空间进行绘制。

在图 4.33 中展示了在无限阵列上 E 平面扫描阻抗的典型示例，从宽边开始扫描 $(\eta = 0°, s_x = 0)$，然后继续前进到掠入射方向 $(\eta = 90°, s_x = 1)$，$s_x = 1$ 标志着我们开始进入虚空间。当$s_x>1$，我们发现扫描阻抗沿着虚轴向下移动，直到$s_x=1.12$到达最低点，然后开始向上移动，最终在$s_x=1.65$时穿过实轴。在$s_x=2.08$处到达扫描阻抗的上限值。当$s_x>2.08$，扫描阻抗沿着进入虚空间的路径返回到实空间，一直到$s_x=2\times2.08$=4.16 或 0，扫描从$s_x=4.16-1$到 4.16 对应于$s_x=-1$到 0，即扫描是从$\eta=-90°$到 0°(见图 4.2)。

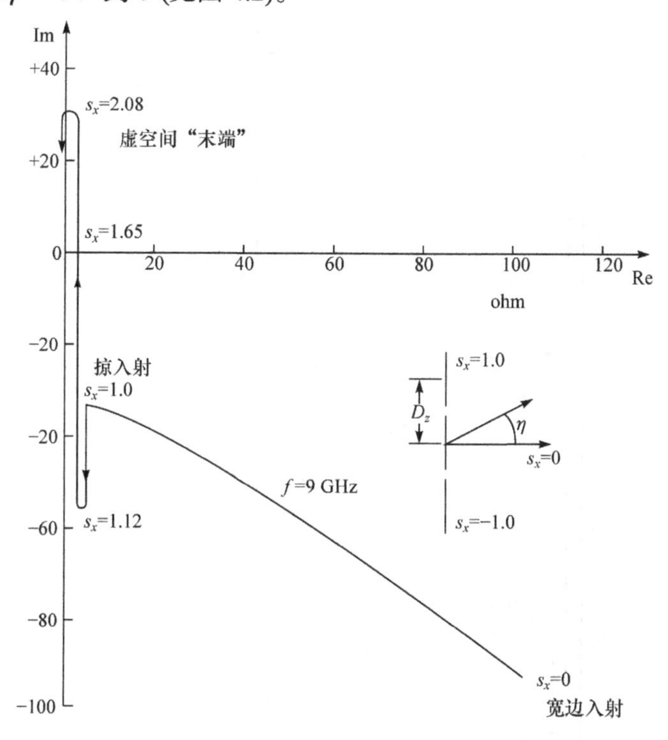

图 4.33　图 4.32(c)中的阵列在E平面扫描时的扫描阻抗，$f=9$ GHz。扫描从宽边开始，此时$s_x=0$，然后到达掠入射方向，此时$s_x=1.0$。更大的s_x值对应于在虚空间的扫描，此时扫描阻抗是纯虚数。当$s_x=2.08$时，扫描阻抗到达虚空间的“末端”，又从这里沿着进来的路径返回到实空间。

在图 4.33 中所示的曲线是从 Janning[77]的博士学位论文中获取的改编数据。因为E平面扫描时电流分布是不对称的，所以他沿着每个单元采用了三个分段电流，可是，他也注意到，仅使用单个分段电流就可以获得好的结果，这是因为在当前情况下，单元的长度比 0.5λ要短一些。

图 4.2 中H平面扫描和图 4.33 中E平面扫描之间存在着显著的差异，即前者只有一个s_x通过原点附近，而后者可能有两个s_x通过原点附近。在较高频率下，阻抗曲线将会向上移动，反之亦然，如图 4.34 所示，对于$f=8$ GHz 和 10 GHz 频率。显然，在这两个频率中的任何一个都不会存在强表面波，但在这两者之间某

个频率处可能有一个甚至是两个 s_x 值，我们都可能接近原点，这意味着可能存在两个左行和两个右行表面波，而不是一个左行和一个右行表面波。

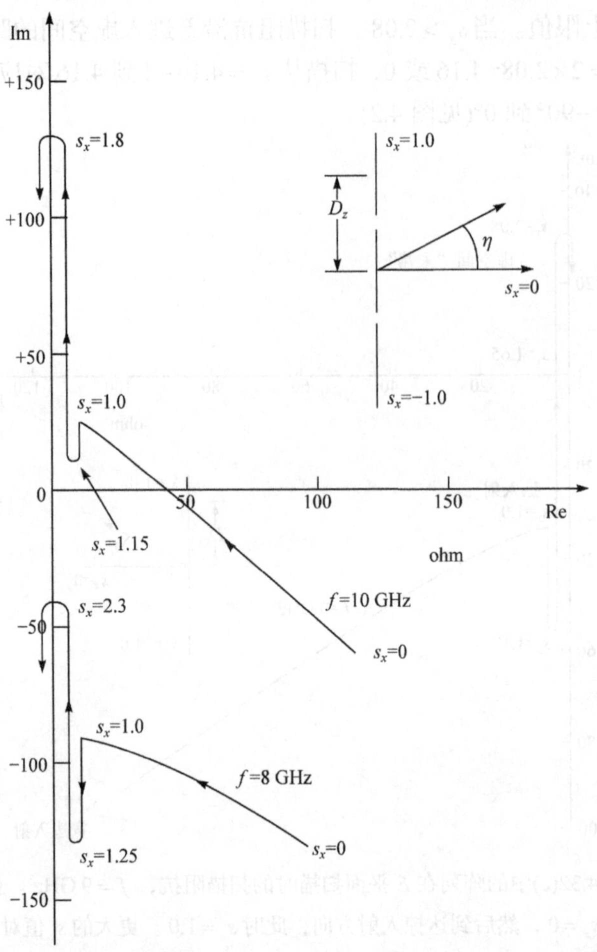

图 4.34　与图 4.33 类似的扫描阻抗，但此时 $f = 8$ 和 10GHz。注意，在较高的频率下它是如何朝着复平面的感性区域向上移动，在较低频率下正好相反。在 8 和 10 GHz 之间的某些频率上，有一次甚至是两次接近原点的可能。

图 4.35 展示了实际计算的双表面波的示例。我们可以明显地观察到在 $s_x =$ 0.707 处存在 Floquet 电流，同时我们发现，在 $s_x = 1.015$ 和 1.165 处存在一对右行表面波，在 $s_x = -1.015$ 和−1.165 处存在一对左行表面波。值得注意的是，在图 4.35 中的列电流是通过对从 SPLAT 程序直接获得的实际计算电流进行简单傅里叶变换得到的，所以它们的正确性毋庸置疑[1]。因此，即便有人不接受上述物理解释，

1 双表面波由 Janning 第一次发现(参见文献[77])，因此常被称为“Janning 异常”。

事实也是清晰明了的。然而，因为这与他们一贯所知的不尽相同，所以总有人拒绝相信那些很难理解的事，当然，这是他们的权利。

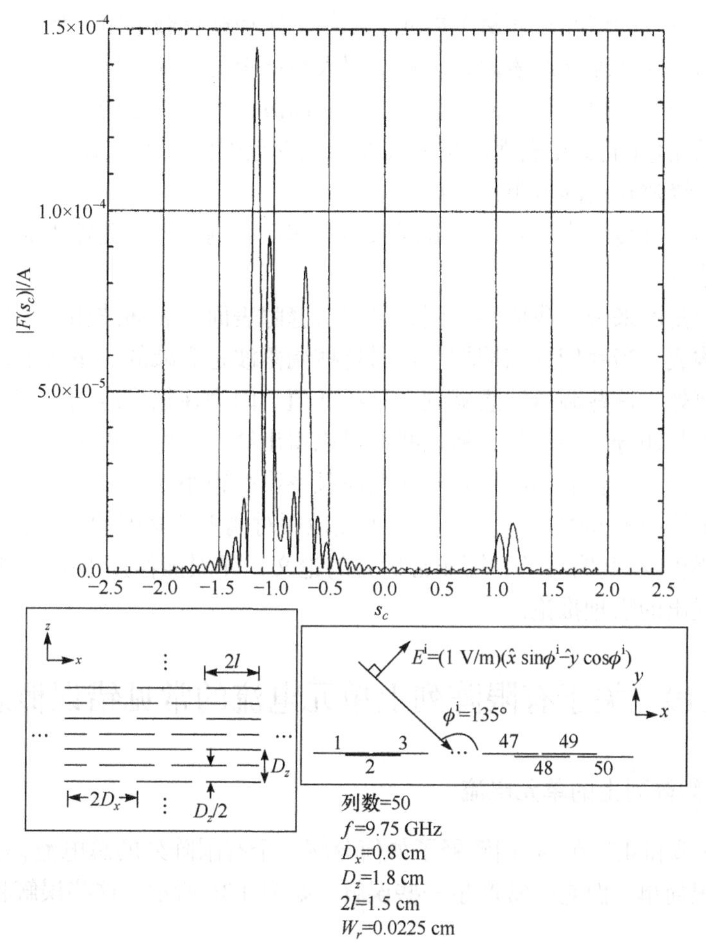

图 4.35　$f = 9\,\text{GHz}$，在 E 平面扫描的列电流表明在 $s_x = -0.707$ 处存在 Floquet 电流，在 $s_x = \pm1.015$ 和 $s_x = \pm1.165$ 处存在双表面波。双表面波由 Janning 第一次发现(请参见他的博士论文[77])，因此常被称为“Janning 异常”。

但是，我想让这些人以“自己的方式”来解释这些现象。

4.18　接地面的影响

到目前为止，我们仅研究了在无接地面有限周期结构上的表面波。当把接地面添加到偶极子阵列时，这通常是有源驱动的情况。实际上，这种情况与上述研究的无源情况有所不同，因为所有单元都连接到与扫描阻抗相当的阻抗发生器或放大器上。正如第 5 章所解释的那样，这会使得任何潜在的表面波大幅度地衰减。

然而，有一种情况是在每个单元上刚好无法加载负载电阻，例如，与另一个缝隙表面相邻的缝隙周期表面，像在双层天线罩中的情况一样。在这种情况下，面向入射信号的有限缝隙表面上会激发出表面波，而第二层周期表面本质上扮演了接地面的角色(至少在表面波可能存在的频率范围)。显然，缝隙外层表面无法享有与每个缝隙相连的电阻性负载的好处。

此时问题就转变为，第二个缝隙表面是如何影响第一个缝隙表面上表面波出现的频率范围。

从物理角度来说，我们注意到，第二层缝隙表面上表面波相关的场由一系列的凋落波构成，当我们远离周期结构时这些凋落波是衰减的。事实上，在四分之一波长距离处，这些凋落波衰减到非常小的值。因为在很多应用中相邻缝隙表面的典型间距是四分之一波长，所以我们可以得出结论，对于单个周期表面而言，接地面或第二层缝隙表面的存在对表面波频率影响很小。

Janning[77]在他的博士论文中研究了接地面对偶极子阵列的影响，他使用的方法十分严谨(实际上他写了一篇非常优秀的论文，强烈推荐)，他的发现基本上验证了上面提出的物理推论。

4.19　关于有限阵列上单元电流的常见错误概念

4.19.1　有限阵列上的单元电流

在 4.6 节和 4.7 节，我们解释了如何分解一个有限阵列的总电流，尽管这个概念实际上很简单，但它经常产生一些误解。如图 4.36 所示，这些误解将在下面进行讨论。

在图 4.36(a)中，我们展示了在入射平面波的照射下无限阵列上的电流。众所周知，这导致电流的幅值相同，相位与平面波的相位一致，即基于所谓的 Floquet 定理。接下来，在图 4.36(b)中我们展示了如何获得一个有限阵列，即在图 4.36(a)所示的无限阵列上放置两个具有负 Floquet 电流的半无限阵列，显然，这会导致有限阵列以外的电流为零(精确)。然而，有限阵列本身的电流是由入射平面波激发的原始 Floquet 电流和两个具有负 Floquet 电流的半无限阵列的场引起一些未知电流组成的。注意到，两个半无限阵列上的电流非常精确地定义为原始 Floquet 电流的负值，这绝没有暗示当它们暴露在入射平面波中时，在它们上面的电流仅仅是 Floquet 类型的电流。事实上，这种情况在图 4.36(c)中进行了说明，在这里一个具有负 Floquet 电流的有限阵列被叠加在原始无限阵列上，如图 4.36(a)所示。现在在两个半无限阵列之间没有电流，而在两个半无限阵列上的电流由入射平面波激发的原始 Floquet 电流和在它们之间具有负 Floquet 电流的有限阵列的场引入的电流组成。

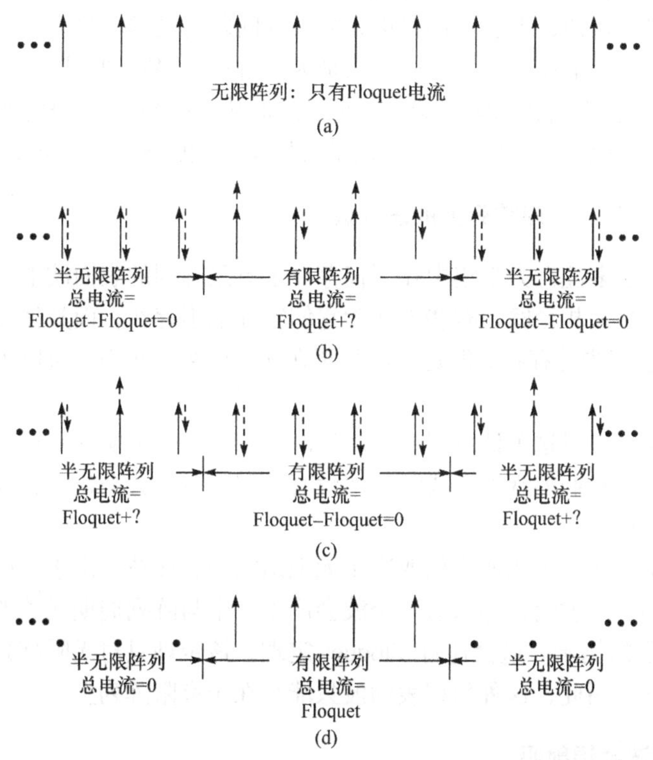

图 4.36　几种有趣的有限和半无限阵列的组合。(a) 暴露在入射平面波下的无限阵列上列电流的振幅，列电流仅由 Floquet 电流组成。(b) 在有限阵列外部添加两个具有负 Floquet 电流(精确)的半无限阵列来创建有限阵列。有限阵列中新的电流组成很复杂 (见正文)。(c) 或者，将一个仅有负 Floquet 电流的有限阵列叠放到图(a)中的无限阵列上可获得两个半无限阵列上的电流。两个半无限阵列上新的电流组成很复杂(见正文)。(d) 只有以恒流发生器对单元进行馈电时，具有 Floquet 电流的有限阵列才可能存在，入射平面波会产生感应电压作为恒定电压发生器，因此产生的电流不单为 Floquet 电流，和图(c)中所确定的电流一样。

还要注意，图 4.36(b)中的有限阵列和图 4.36(c)中的两个半无限阵列上的电流通常不只由 Floquet 电流组成。实际上，在图 4.36(d)中展示了仅有 Floquet 电流的有限阵列，使一个有限阵列具有恒定单元电流的唯一方式是通过恒流发生器进行馈电。尽管当把有限结构当作相控阵而使用人造发生器对其进行馈电时，这是可能实现的，但是入射平面波将只会在每个单元上感应出电压，而不是一个恒定电流[1]。事实上，很多研究人员假设在平面波入射时有限阵列上是恒定电流，这只是一个近似，会导致错误的结论。这不能通过或多或少的复杂数学运算处理来补救这些问题，如泊松求和公式，它适用于具有恒定电流的半无限阵列。出发点仅仅是太过于粗略的近似，无法获得对更为复杂的问题的见解洞察力。

最后我们要提醒读者，上述讨论只是为了解释有限阵列的原理，将实际电流分解成 Floquet 和表面波电流及端电流是通过对从 SPLAT 中获得的实际计算电流做傅里叶分析完成的，因此，无论人们是否接受上述解释，结果都是不言自明的。

4.19.2 无限阵列与有限阵列上的表面波

在本章，很多注意力都集中在了仅存在于有限阵列的表面波上。人们对这些发现的反应往往大相径庭，有些人认为它们实际上不存在，而其他的人本能地觉得："是的，它们当然存在，但是它们甚至在无限阵列上也有，所以为什么要大惊小怪呢？"

虽然在 4.6 节对这个话题展开了广泛的讨论，但是事实却是这样的，很多读者没有完全理解我们的观点，或者根本没有足够的时间去消化它，他们更喜欢下述的四句分析法。

假设确实存在一个相速度仅取决于无限结构的表面波，由于 Floquet 电流的相速度只依赖于入射角，那么这两个波会产生一个与阵列周期无关的干涉波，见图 4.19(a)所示的例子。这会违背 Floquet 定理，该定理只对无限阵列成立，对有限阵列不成立。因此，这种新型表面波只能存在于有限阵列上。

4.19.3 表面波会辐射吗

在电磁场电磁波的教育中，我们被灌输了很多生活"常识"，其中一个就是表面波不会辐射！

我们的确可以认同这个"定理"，但前提是表面波附着在无限的、非曲面的结构上，这一点在与图 4.2 相关的讨论中阐述得非常清楚。可是，正如图 4.2 所示的那样，当周期结构是有限时，的确发生了辐射，这种现象通常被解释成周期结构末端发生的辐射，而其余部分没有辐射。这是一个可以观察得到的现象，而不是一个解释。即使辐射似乎来源于结构的末端，我们绝不应该忽略这样一个事实，即电磁场是来源于电流或磁流 ($\vec{m} = \vec{E} \times \vec{n}$)，因此，通过对整个结构上的电流积分可以获得有限周期结构的总辐射，这与经典的天线问题完全类似。详情请参阅 4.8 节。

---

1 只有在无限阵列的情况，单元是如何馈电的并不重要。无论什么类型的发生器，总可以得到纯粹的 Floquet 电流。

但是，假设辐射完全来源于结构的末端，一旦确定了总辐射，获得一些可能省力的神奇系数是件容易的事，不是因为这些不是不变的，而是随频率和入射角的变化发生很大的变化(见 4.9 节)。

在科学家之间应该保留地交换这些“神奇系数”，而不能像小孩子交换棒球卡那样！

4.20 总　　结

本章的关注点都集中在无源周期结构上的表面波似乎在这个时间点上，我们有两个不同的组类，其中一类是与周期结构附近的分层媒质相关，它总是需要分层媒质的存在，且与结构是有限的或是无限的不相关。它很容易出现在基于无限阵列方法的计算程序中，如 PMM 程序。

不论介质层存在与否，另一类表面波都能存在，但结构必须是有限的。因此，它只出现在基于有限阵列理论的程序中，如 SPLAT 程序，而在使用 PMM 程序时不会出现表面波现象。

只有当栅瓣被陷在分层介质层中时，第一类表面波(类型Ⅰ)才会出现。因此，它一般出现在高于谐振频率的频率上，即在分层媒质内部这样的栅瓣已经开始出现了。

与此相反，当单元间距小于 $\lambda/2$ 时，第二类表面波通常只出现在低于谐振频率的频率范围内，例如，H 平面扫描占 20%～30%，E 平面扫描占 10%，并且仅当单元间距小于 $\frac{\lambda}{2}$ 时才出现。

两种类型的表面波都会辐射，从而导致散射增加，因此，通常是不需要它们的。

第一类表面波(类型Ⅰ)一般可以通过简单地使单元间距相对波长而言减小到足够小来避免，而且这种方法会使周期结构的谐振频率随入射角的变化具有良好的稳定性。因此，两者并不矛盾。

第二类表面波(类型Ⅱ)一般通过在有限结构的边缘一列或多列单元上加载电阻来调控。在整个周期结构的所有单元上轻度加载电阻也是可行的，可是，这种方法会导致反射和传输损耗，因此，一般不推荐使用这种方法(然而，当在处理有源表面而不是无源表面的时候，这是可行的，见第 5 章)。

有限平板的一个重要应用是用于制造多面天线罩。为了减弱边缘处的表面波，在边缘必须用电阻进行处理，否则，天线罩的 RCS 将会比预期的更大(事实上，这是首次怀疑表面波的方式)。

大型多面天线罩通常是用较小的平板拼接成的较大的平板来制造的。我们证明了为了避免产生额外的表面波，两个平板之间的凹槽必须要非常仔细地处理。

若天线罩是曲面的而非平面的，沿着表面传播的表面波则由于能量的泄漏会出现自然衰减。由于现阶段使用的许多天线罩和二色性反射面实际上都是曲面的，这大概是这种新型表面波在很大程度上被忽视的原因。

问　题

4.1　图 4.16 中的单元被封装在电介质管中，其壁厚等于导线直径，相对介电常数等于 3。在没有实际求解该问题的情况下，预估并解释图 4.16 中的阻抗曲线会发生什么情况。

表面波的频率如何变化?

这种封装实际上可以在 Usoff 写的 SPLAT 程序中完成[24]。

4.2　单元嵌入电介质板中(有限的，拜托！)而不是封装在电介质管中，其总厚度等于电介质管的直径。

与问题 4.1 中所得的值相比，新的表面波频率将是怎么样的?

据作者所知，对于有限介质板而言，这个问题还没有得到严格的求解。

如果有人解决了这个问题，请一定要告知我。

4.3　在本章的几个例子中，平面波斜入射照射到有限周期结构上，由于表面波的存在，其后向散射比预期的(只基于简单的 Floquet 电流)要高几个分贝。

观察在本章几个计算的双站散射图，讨论双站方向反射系数的损耗，这个问题严重吗?

类似地，如果我们研究缝隙阵列，讨论前向传输系数的损耗是否值得关注。

第 5 章　有源有限阵列

5.1　引　　言

第 4 章以有限频率选择表面(FSS)为例研究了无源结构上的表面波，它们都是由入射平面波激发的。我们发现除了入射平面波所激发的 Floquet 电流之外，有限 FSS 也能承载表面波。这些表面波会发生辐射，从而会导致散射场的增加，也就是说，RCS 会比预期的大。通过在有限 FSS 边缘的一列或多列加载电阻，可以有效降低与表面波相关的散射场，这种方法不会对 FSS 其余部分中的 Floquet 电流产生影响；也就是说，FSS 的传输和反射特性基本保持不变。

以有限阵列为例，本章我们将会研究表面波对有源周期结构的影响。有源和无源这两种情况最显著的区别是：第一种情况是由入射平面波激发的；第二种情况或是由发生器激发的，或是把入射能量传递到共轭匹配的放大器中，而不仅仅是一个电抗性负载。在这里，重点是发生器和放大器都有一个显著的电阻分量连接到每个单元的终端，对于任何潜在的表面波，这个电阻分量会表现出明显的衰减作用，如图 1.5(a)所示。事实上，有源阵列上表面波的幅值通常非常低，以至于来自该分量表面波的辐射没有受到太大关注。可是，正如在 1.4 节讨论的那样，少量的表面波也会导致每个单元的扫描阻抗的发生变化，因为希望每个单元都使用同一个匹配网络，所以精确的匹配可能是一个问题。这种失配通常很小，反过来也不会影响接收的功率，可是，如果我们关注阵列的 RCS，如第 2 章讨论的那样，问题就可能出现了。

无源与有源之间的另一个不同点是值得提及的。前者通常是由缝隙或贴片单元组成的 FSS 阵列构成，FSS 阵列可能位于分层媒质中，但通常不包含接地面。与无源相反，有源阵列通常由线或缝隙类型的单元组成的单一阵列构成，阵列也可能位于分层媒质中，但几乎总是配备有接地面。

接地面主要有两个作用：首先是它保证我们只有一个主瓣，而不是两个；其次，如第 2 章所讨论的，接地面能够使得有源阵列的 RCS 明显减小。但是，正如 2.9 节所讨论的那样，从 RCS 的角度来看，相对于有源偶极子的面积，接地面的面积是至关重要。因此，有限接地面的精确建模变得很重要。在 5.2 节我们将会讨论这个问题。

5.2　有限×无限接地面的建模

有限×无限的接地面由一个面积大致与有源单元面积匹配的 FSS 构成。它在中心频率处谐振，反射系数等于–1，像一个完美的接地面；但是，在其他频率下会发生一些泄漏。因此，它应该将其设计成具有尽可能宽的带宽，或者，也可以根据需要重新调谐到其他频率。

在图 5.1 中展示了 FSS 接地面的例子，更具体地说，图 5.1(a)展示了一个典型的实际的接地面，每列都是由间隔紧密且交错排列的直导线构成，与导线中心部分相关的等效为电感，与导线之间的小间隙相关的等效为电容，因此，等效电路近似为图 5.1(b)所示的那样，在谐振的时候其电抗等于零，也就是说，它将扮演上面已经提到的接地面的角色。

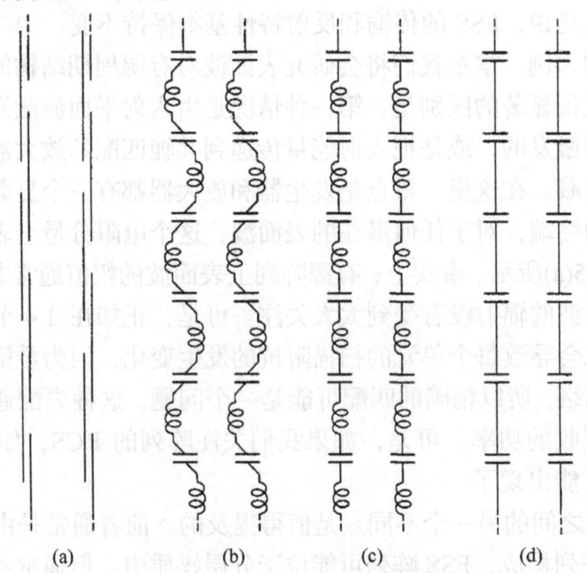

图 5.1　使用不同形式的 FSS 对反射接地面建模。

另外，如图 5.1(c)所示，实际的布局也可以通过实际的集总元件来实现。实际上，电感可以由直导线组成，如图 5.1(d)所示。类似地，也可以将电容集总，它们与相邻单元端部之间的端电容器并联，这个电容可能比许多人认为的要重要得多(关于这个主题的进一步讨论见文献[89]和[90])。因此，集总电容的作用更像是一个微调器件装置。详见 6.4 节。

5.3　带有 FSS 接地面的有限×无限阵列

第 2 章讨论了大型阵列的后向散射，一般没有考虑表面波或边缘散射的可能影响，本章将会研究这两种现象。作为一个简单而又有意义的介绍，先让我们研究一下有限×无限的有源偶极子阵列，其背靠着 5.2 节讨论的有限×无限的 FSS“接地面”，它说明了第 2 章讨论的许多想法和概念。与第 4 章一样，计算的曲线都是从 SPLAT 程序里面获得的。

图 5.2 和图 5.3 的插图都展示了带有 FSS 接地面的阵列的俯视图，FSS 接地面由 20 列的有源单元组成，是 FSS 单元的两倍，无源单元比有源单元多仅仅是为了使 FSS 接地面具有更大的带宽(通常，单元间距越小，带宽越宽；参看文献[91]中的“Gangbuster”阵列)。

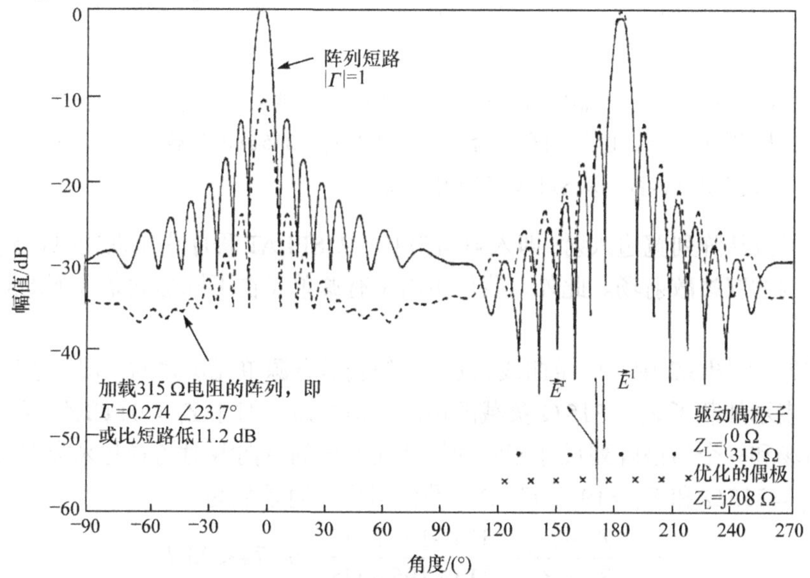

图 5.2　从 SPLAT 程序中获得的双站散射场，有限×无限偶极子阵列背靠着有限×无限的 FSS“接地面”，平面波从宽边(0°)入射。两条曲线：一条代表驱动偶极子短路(S.C.)，另一条代表加载了 $Z_L = 315\,\Omega$ 负载。

缩小 FSS 的单元间距在一定程度上会提高谐振频率。因为单元无法做得更长而不破坏其周期性，所以所有的单元都加载了 $Z_L = \mathrm{j}208\,\Omega$ 的阻抗(注意：在这里我们没有使用图 5.1(a)所示的交错单元，而是使用了单个直线单元)，实际上这种调谐没有提升带宽，但是我们目前只关注单一频点(很显然，在获得这些复杂的结果之前早就得到了这些曲线)。

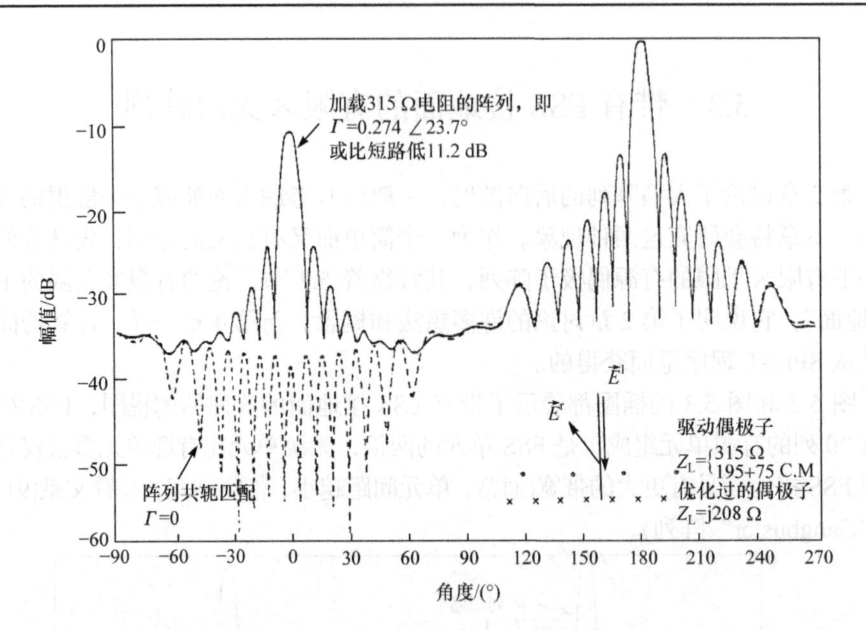

图 5.3　背靠着有限×无限 FSS 接地面的有限×无限偶极子阵列的双站散射场，平面波从宽边(0°)入射。两条曲线：一条代表加载了 $Z_L = 315\,\Omega$ 的负载(与图 5.2 相似)，另一条代表共轭匹配。从 SPLAT 程序中获得。

平面波从阵列宽边入射，即入射角为 0°。从 SPLAT 程序中可获得–90°到 270°整个范围的双站散射场。此外，我们给出了有源单元在不同加载条件下的双站散射场。

首先，在图 5.2 中有两条曲线，其中一条表示有源单元短路的情况，记为 S.C.，另一条表示加载了 $Z_L = 315\,\Omega$ 负载的情况。请注意，对于 $Z_L = 0\,\Omega$ 的情况，其后向散射场和一个与该阵列尺寸相同的接地面产生的后向散射场看起来类似。另外，对于 $Z_L = 315\,\Omega$ 和 $Z_A = 195 - \mathrm{j}75\,\Omega$，我们得到反射系数为

$$\varGamma = \frac{Z_L - Z_A}{Z_L + Z_A} = \frac{315 - 195 + \mathrm{j}75}{315 + 195 - \mathrm{j}75} = 0.274 < 23.7°$$

或反射系数比负载短路时低 11.2dB，如图 5.2 所示。

图 5.3 展示了当 $Z_A = 195 + \mathrm{j}75\,\Omega$ 时，即满足共轭匹配时的双站散射场，为方便比较，也给出了 $Z_L = 315\,\Omega$ 情形时的曲线。

共轭匹配的情况很有意思。根据 2.9 节，更确切地是根据图 2.12 中的示例，我们应该预计到后向散射场近似为零。观察图 5.3，发现其后向散射强度只比金属平板低 38 dB 左右，并非∞ dB。在 5.4 节，我们将会说明这种差异是由边缘效应引起的。事实上，我们将设计出一种方法，该方法不仅能非常精确地确定额外的散射来自哪里，而且知道如何去减弱这种散射。最后，在图 5.2 和图 5.3 中，我们

还注意到在±180°的前向散射场实际上与有源单元的负载阻抗 Z_L 无关，正如在 2.9 节中所预测的一样。

这是提醒读者的一个好时机，前向总场是入射场和前向散射场的叠加。前者只是一个平面波，在前向其幅值在概念上与离阵列的距离无关。然而，后者是有限尺寸物体的散射场，当我们远离天线时，场将是衰减的。因此，尽管在接地面后面这两个部分相互抵消，正如大家期望的一样“变黑”了，但入射场很快就会主导散射场。结果是天线的“阴影”很快就会变得模糊不清，最终几乎消失掉。换句话说，通过观察前向散射场去抨击隐身概念可能没有一些人想的那么容易。

5.4　后向散射场的微细化处理

现在，我们将展示如何精确地确定和减弱阵列中的异常散射，为了说明我们的方法，我们将再次研究背靠着有限 FSS 接地面的有限有源偶极子阵列，见图 5.4(上)。入射波从宽边入射。

我们首先计算了整个阵列配置中的所有列电流。注意我们考虑了所有线段之间的所有互阻抗，也就是说，计算出的电流和矩量法一样准确。

此刻，很多读者会简单地把每个线段的辐射场加起来去尝试获取整个散射场，尽管技术上这是正确的，但这正是不该做的事。相反，应该以更有意义的方式组合在一起。

更具体地说，对于图 5.4 所示的情况，我们把每一列有源列的场和其下方的两列无源列的场加在一起(把这种结构称为三元结构(triad))。图 5.5 说明了以这种

对二维的建模和处理

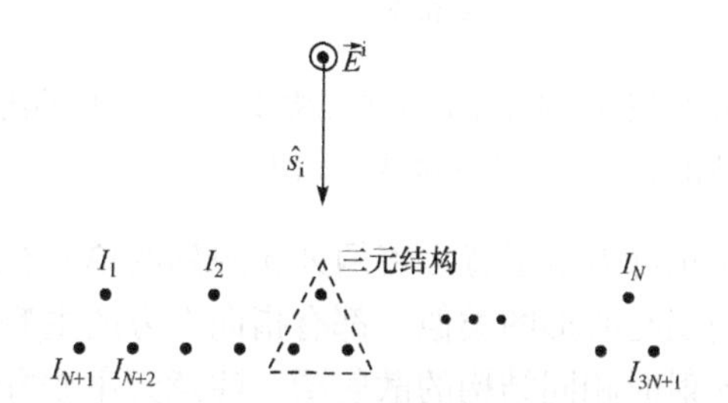

用有限反射面FSS对
有限接地面建模(见图5.1)

方法

① 计算所有单元电流，包括所有阻抗(严格的和精确的);

② 计算所有三元结构(见上图)的将其绘制在复平面上，见图5.6。

图 5.4　带有有限接地面的有限阵列的建模。

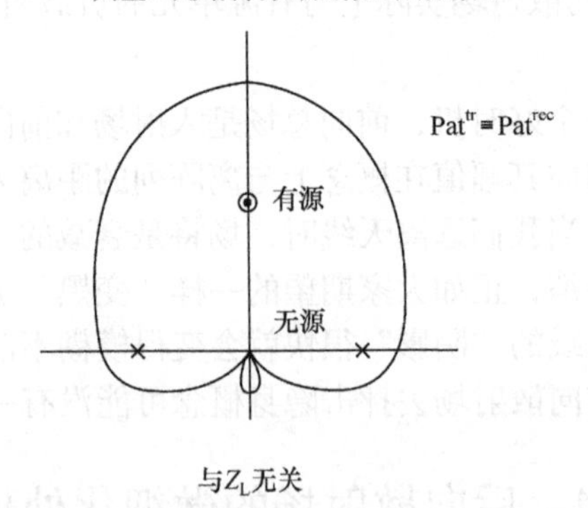

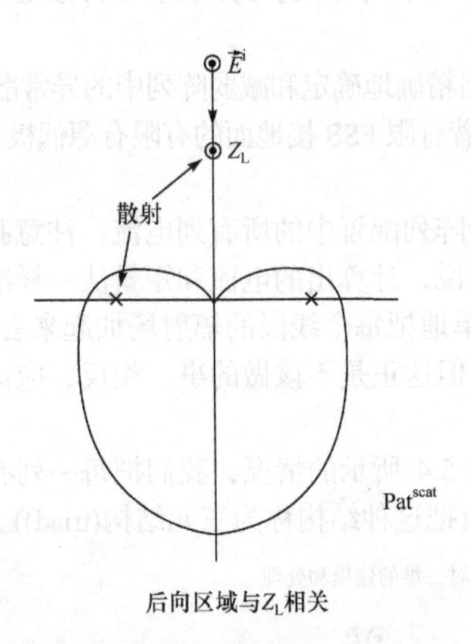

图 5.5　上：由一列有源偶极子和两列无源 FSS 单元构成的三元结构的典型发射或接收方向图。下：和上面相同的三元结构的典型散射图。

方式组合的原因，在图 5.5 顶部展示了背靠着两列无源列的单一有源列的典型的辐射方向图，这个辐射方向图与心形图类似，都有指向上方的主瓣，在图 5.5 底部展示了平面波从上向下入射时相同结构的散射图，注意到主瓣方向指向下方，然而，这不单是传输模式的 180°旋转。特别值得注意的是，传输模式完全独立于负载阻抗 Z_L，而后向散射模式与 Z_L 息息相关(参见 2.9 节及问题 2.6 中的讨论)。

三元结构的辐射场记为 $\vec{E}_n^r$，$\Gamma_n = E_n^r / E_i$ 是三元结构的反射系数，其中 E_i 是入射场。如图 5.6 所示，在复平面上画出 Γ_n，注意到，因为 Floquet 理论不再适用于有限阵列，所以每个三元结构的 Γ_n 都是不同的。

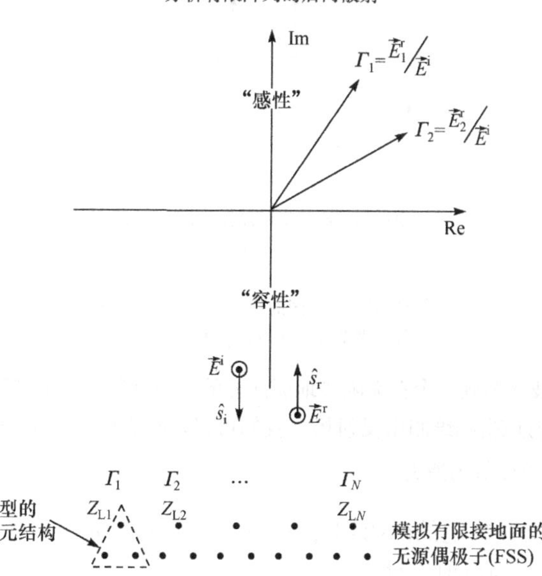

图 5.6 入射到有限三元结构阵列上的平面波产生后向散射信号 E_n^{r} ，在复平面中绘制出 $\Gamma_n = E_n^{\mathrm{r}}/E_{\mathrm{i}}$ ，可以分别对每个三元结构进行分析和调整。

我们的下一步受到史密斯圆图的启发。(有些读者很高兴在我们的课程中看到这个巧妙的装置“重新投入”。就我而言，它从来没有“脱离”过。请参阅第 6 章以及附录 A 和附录 B，您将理解我的奉献精神。)

如图 5.7(下)所示是一个负载为 Z_{L} 的有源偶极子组成的无限阵列，背靠着一个无限 FSS 接地面，如图 5.7(上)所示，在复平面上我们画出这个无限阵列的反射系数 $\Gamma=\vec{E}^{\mathrm{r}}/\vec{E}^{\mathrm{i}}$ ，史密斯圆图归一化到 R_{A} 。如图 2.3 和图 2.6 所示，复反射系数 Γ

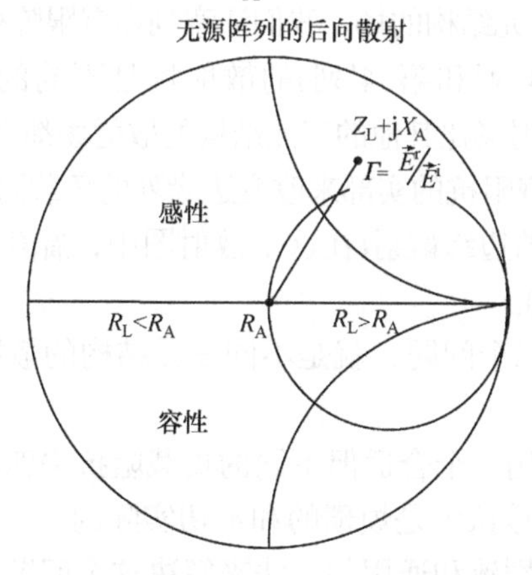

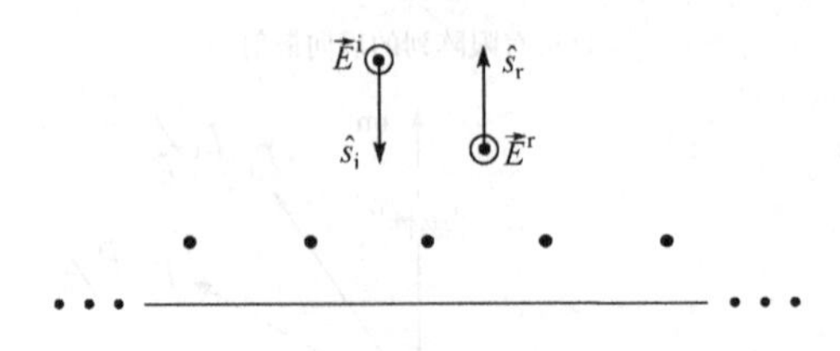

图 5.7　平面波入射到一个在无限接地面前方的无限有源偶极子阵列上，在复平面上(此处为史密斯圆图)绘制出反射场，我们可以调整有源偶极子的负载阻抗 Z_{L}，如此使得后向的反射场消失。

是由 $Z_{\mathrm{L}} + \mathrm{j}X_{\mathrm{A}}$ 的位置决定的(事实上，如图 2.3 解释的那样，如果 $\mathrm{j}X_{\mathrm{A}} = 0$，反射系数 Γ 将变成普通的反射系数)。

史密斯圆图之美(众多之一)在于，$Z_{\mathrm{L}} + \mathrm{j}X_{\mathrm{A}}$ 的位置将会告诉我们如何调整 Z_{L} 使得 Γ=0。如图 5.7 所示，如果 $Z_{\mathrm{L}} + \mathrm{j}X_{\mathrm{A}}$ 位于史密斯圆图的右上部分，我们马上知道，为了使$|\Gamma_n|$最小，要减小电感 $\mathrm{j}X_{\mathrm{L}}$，R_{L} 也应该要减小。现在有一个想法，就是使用类似的方法去减小图 5.6 中的各个反射系数$|\Gamma_n|$。

尽管在史密斯圆图上可以精确地去调整 Z_{L}，但图 5.6 中的$|\Gamma_n|$并不是这种情况。原因之一是无限阵列的反射场是一个纯粹的平面波(假设凋落波已经消逝掉了)，而三元结构的场是汉克尔函数的组合。我们应该把这个新的圆图称为 Hankel 圆图吗？能够解决此问题的人也必将获得尊敬与荣耀。更多的信息请参阅 5.8 节中的评述。

图 5.8 所示为 7 个三元结构的场。我们注意到在有限阵列中两个最重要的问题：

(1) 边缘两列(第 4 列和第 4′列)的散射场是不同的，对于负载阻抗 $Z_{\mathrm{L}} = 235\,\Omega$，10 GHz 时的散射场比其他的三元结构的散射场都大。可是，如果通过添加一个小电感并且降低负载阻抗的实部来改变边缘列的负载阻抗，共轭匹配时可以减弱图 5.3 中存在的较强的边缘散射(在这个散射图中，幅值几乎一致的波瓣强烈说明了散射的确来自边缘)。

(2) 更有趣的是第二个问题，就是不同三元结构的散射场是没有规律地变化的(“抖动”)。

原则上，我们可以用一个合适但不同的负载阻抗去匹配每一列，使得总散射为零，然而，这个方法被认为是烦琐的和不切实际的。

我们更希望以更为别致和通用的方法来解决这个问题。我们怀疑，列与列之间的阻抗变化与表面波(或者至少是表面波的简并形式)有关，在5.5节，我们将会确定该问题并展示如何减少表面波带来的影响。

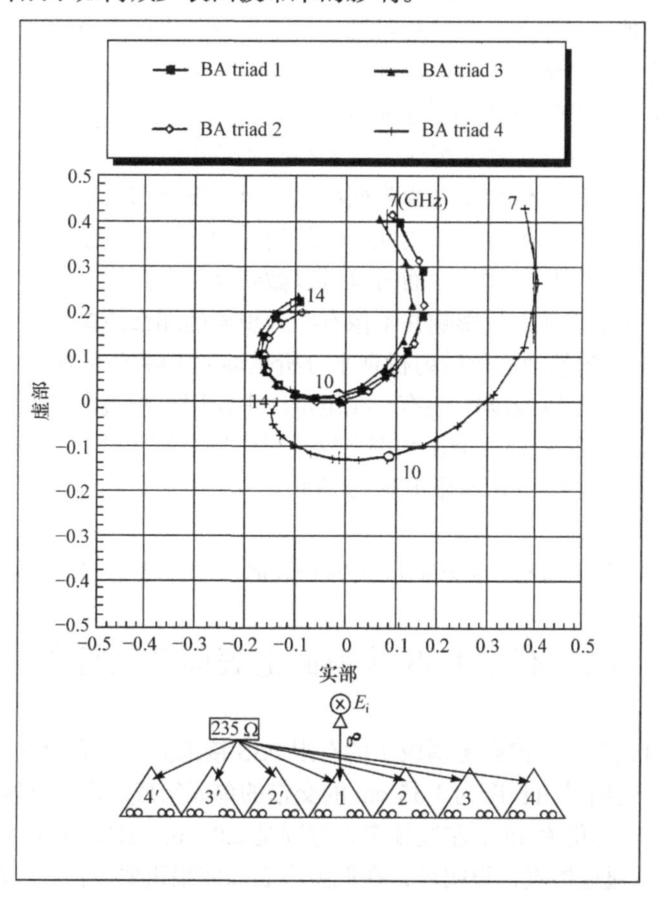

图5.8 7个三元结构组成的有限阵列的后向散射场，将其绘制在直角复平面中。所有有源偶极子都加载235 Ω的阻抗，这个阻抗值使得除边缘的第4列和第4′列以外的三元结构在 $f=10$ GHz几乎没有后向散射。分别调整这两列的阻抗，也可将其后向散射降低到零。(来源：文献[75])

5.5 研究表面波的模型

接下来，我们将研究具有有限FSS接地面的有源阵列上的表面波。模型与在5.4节中使用的模型相类似，不同之处在于，为了适用于研究表面波，这个模型必须足够宽。

现在基本问题是所有的有限周期结构上都可能存在很强的表面波，至少在某些频率下，如第 4 章讨论的那样。我们可以预见到，有限 FSS 接地面在一个频带内存在表面波，而有源阵列可能在另一个频带内存在表面波。当把有源阵列放置在临近 FSS 接地面的地方，这些频带都会发生变化，也可能简并成单个频带。从实际的角度看，混合结构上的表面波是最重要的。

尽管使用有限 FSS 接地面对实际的阵列建模是可行的，但更可能的是，接地面将由有限尺寸良导体金属片组成，其上小孔非常小以至于没有表面波存在。在这种情况下，表面波只依赖于有源阵列单元，因此没有那么复杂。更明确地说，如果我们能够学会控制带有有限接地面的阵列上的表面波现象，那么就有充分的理由相信在使用有限良导体接地面时也可以做到这一点。

计算有限导电接地面的影响并不像有些人想象的那么简单，由于有源阵列的存在，仅仅用半无限接地面的散射机理来分析是远远不够的(像棒球卡一样“交易”这些系数，不应该予以鼓励)，还有，在矩量法中使用平板通常会导致在接地面后面场的泄漏，在 FSS 接地面谐振频率下这是可以完全避免的。

因此，后续我们将使用有限 FSS 接地面。由于更复杂的表面波存在，问题将变得更加复杂。

在 5.6 节将更详细地分析表面波及抑制表面波的方法。

5.6　有限 FSS 接地面上表面波的控制

本节将研究没有任何有源偶极子的有限 FSS 接地面上的表面波。如图 5.9(下)所示，通常，它们是由长度为 1.35 cm 的交错的单元组成。图 5.9(顶部)也展示了频率散射图，入射角为 45°，左边频率为范围是 2.0～6.7 GHz，右边频率为范围是 6.8～12.0 GHz 通过检查，很明显，在低频段表面波很重要，但在高频段则不然，与在第 4 章 4.9.3 节中看到的一致。

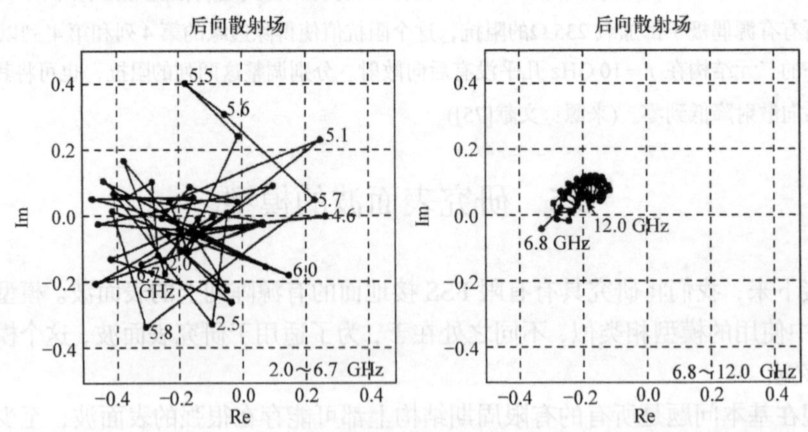

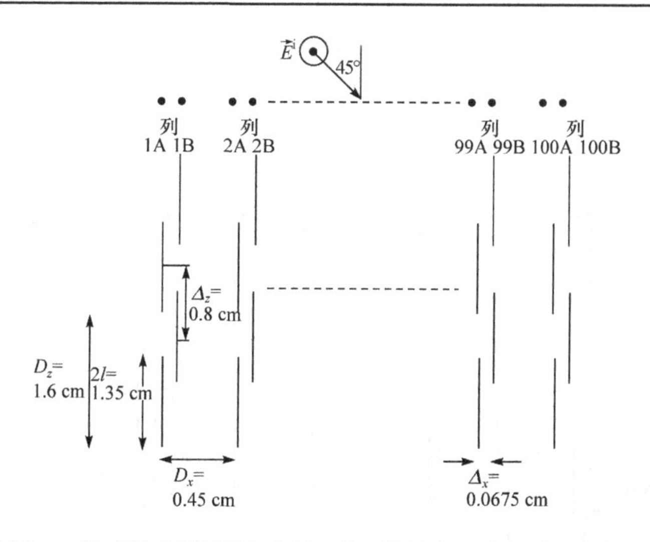

图 5.9　有限 FSS 阵列的反射场是频率的函数 (散射图)，将其绘制在复平面中，阵列如图中部所示。左上：频率范围为 2.0～6.7 GHz，表面波广泛存在。右上：频率范围为 6.8～12.0 GHz，不存在很强的表面波。

通过图 5.9 的观察，选择频率为 5.7 GHz(或在此频率附近)作为一系列具有强表面波的频率的代表。从 SPLAT 程序获得的实际的列电流见图 5.10。确实，我们在该频率下观察到了非常强的表面波。

观察图 5.9，我们选择 5.7 GHz(差不多的频率)作为强表面波存在的频率范围的代表，在图 5.10 中展示了从 SPLAT 程序中获得的实际的列电流，的确，在这个频率下我们看到了很强的表面波。

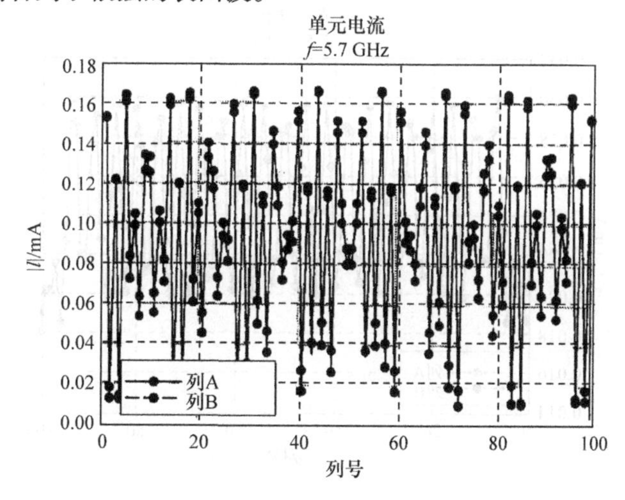

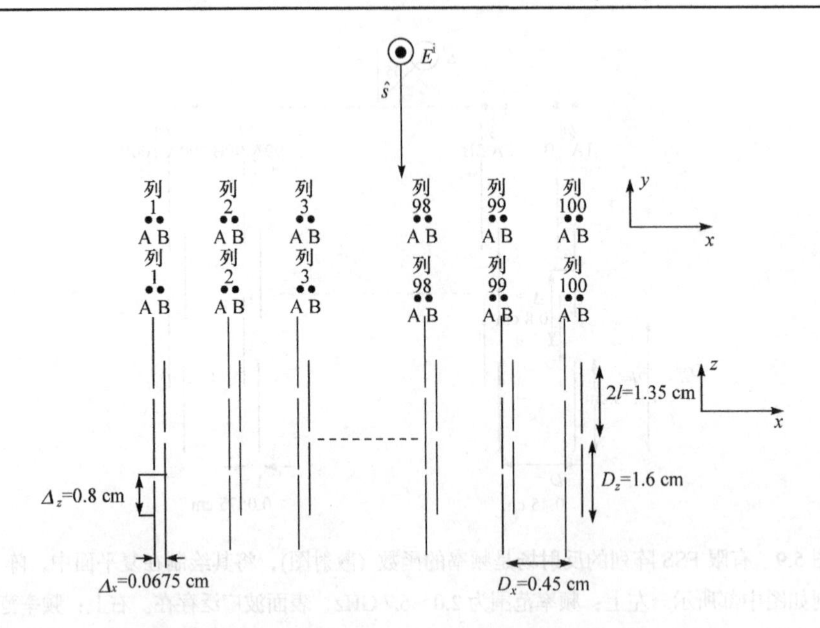

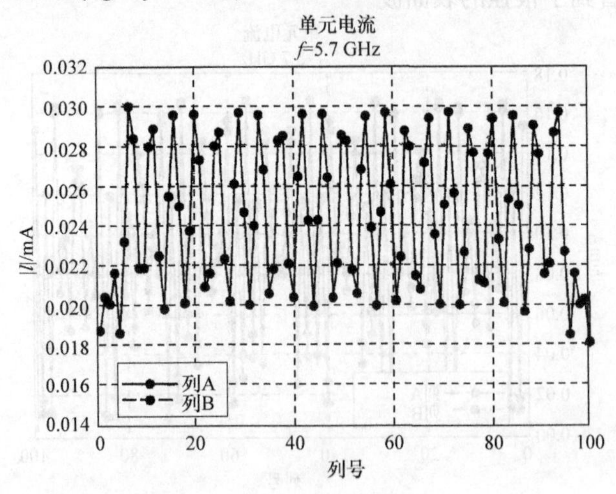

图 5.10　无负载的有限 FSS 阵列的单元电流(列电流)，阵列如图底部所示，入射场从宽边入射，频率为 5.7 GHz，在该频率下存在很强的表面波。

像第 4 章中那样，我们将尝试去抑制这些表面波，即在边缘列每个单元的中心加载电阻，在图 5.11 和图 5.12 中分别展示了两个例子，在第一个例子中，如图 5.11(下)所示，最外面 3 列分别加载了 200 Ω、100 Ω 和 50 Ω 的负载电阻，类似地，在图 5.12 的例子中，最外面 7 列都加载了如图所示的电阻，在后面把这两种加载方式分别称为轻度加载(lightly loaded)和过度加载(heavily loaded)。

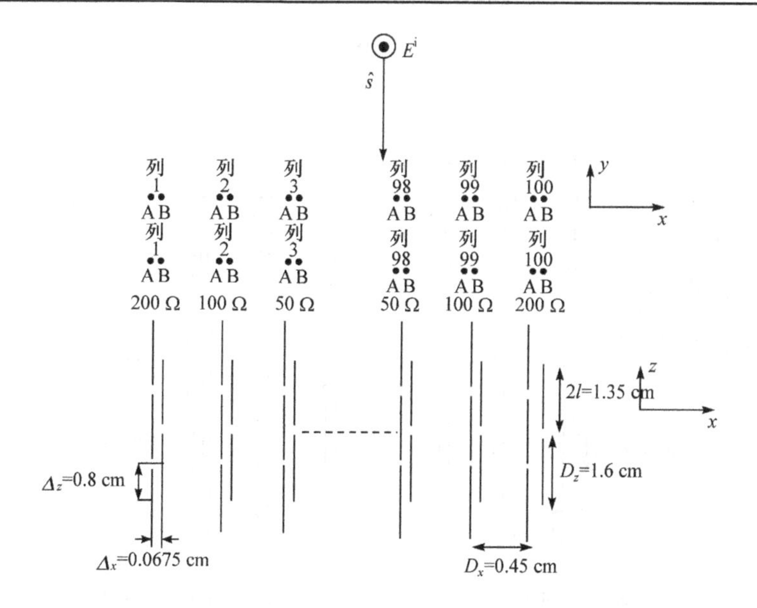

图 5.11　有限 FSS 阵列的单元电流，该阵列与图 5.10 所示的阵列相同，但阵列是轻度加载的，如图底部所示。注意到电流的振荡显著减弱——表面波变得更弱。还要注意，标度与图 5.10 不同。

与图 5.10 中"散乱的"情况相比，表面波明显减小了，特别是图 5.12 中过度加载的情况。这两个例子都不能代表最佳的结果。毫无疑问，进一步的改善是可能的。可是不能忽略这样一个事实，我们"最终的"产品实际上是其前方存在有源加载列的有限 FSS 接地面，在一个频率范围内，因为这样一个混合结构会存在很强的表面波，与图 5.9 和图 5.10 中看到的有所不同，我们将对此问题的进一步探究留到 5.7 节。

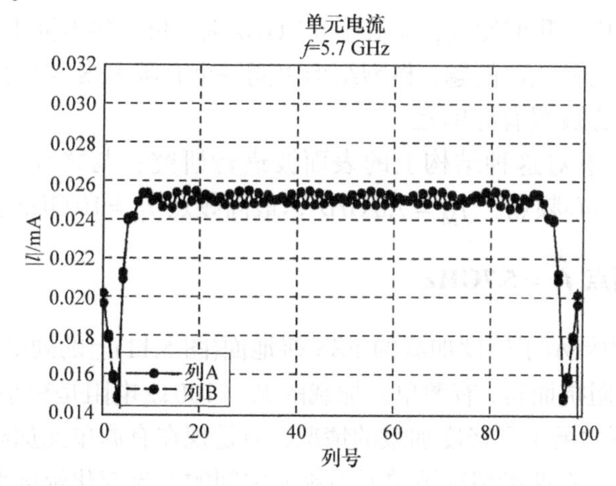

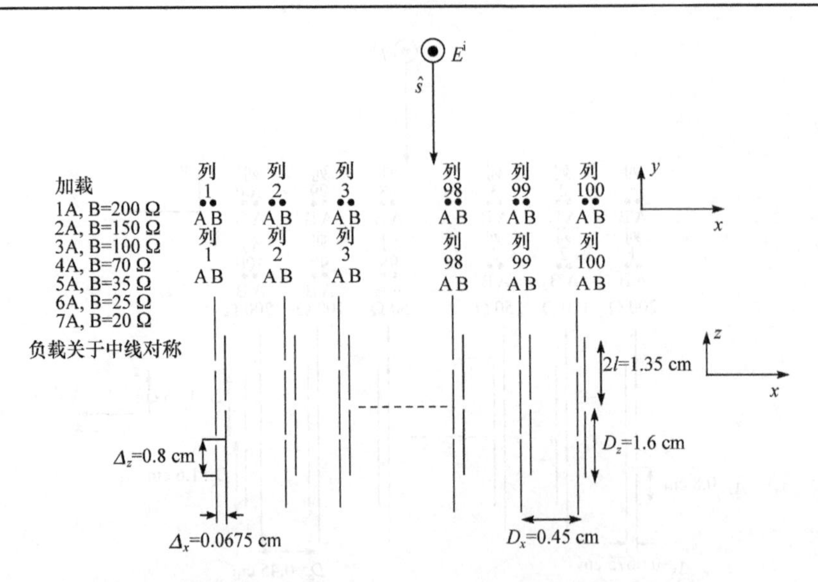

图 5.12　有限 FSS 阵列的单元电流，与图 5.10 和图 5.11 所示的阵列相同，但阵列是过度加载的，如图底部所示。注意到表面波进一步减弱了。

最后，我们应该提醒一下自己，一个实际的天线可能会由一个有限完美导体接地面来制造，而不是有限 FSS 接地面(边缘处可能除外，稍后介绍)。在这种情况下，对有限 FSS 接地面上的表面波的研究也就仅仅停留在学术层面了。

5.7　带有 FSS 接地面的有源单元有限阵列上的表面波控制

在前面章节中，我们发现，在低于 6.7 GHz 时，FSS 接地面上的表面波很强。现在我们研究更为复杂的问题，模型结构由同一个有限 FSS 接地面构成，像上面一样，但在其前方放置有源单元。

在三个频点下对这种结构上的表面波进行研究：与之前一样的低频点，$f_L = 5.7\,\text{GHz}$；中心频点，$f_M = 7.8\,\text{GHz}$；最高频点 $f_H = 10\,\text{GHz}$。

5.7.1　低测试频点 $f_L = 5.7\text{GHz}$

在图 5.13 中展示了轻度加载的 FSS 接地面(图 5.11)上的列电流。对于 R_A 约为 235 Ω 的天线阻抗而言，有源单元加载的 $R_L = 100\,\Omega$ 电阻是很小的(见后文)，因此，在图 5.14 再次展示了轻度加载的情况，但是现在有源单元加载了 $R_L = 200\,\Omega$ 的电阻，注意到，在两种情况下单元与单元之间的电流变化幅度大致相同。即使电流变化很小，但它们还可以再低。还需注意平均电流从约为 0.043 减小到了约为 0.032(见 1.4 节)。

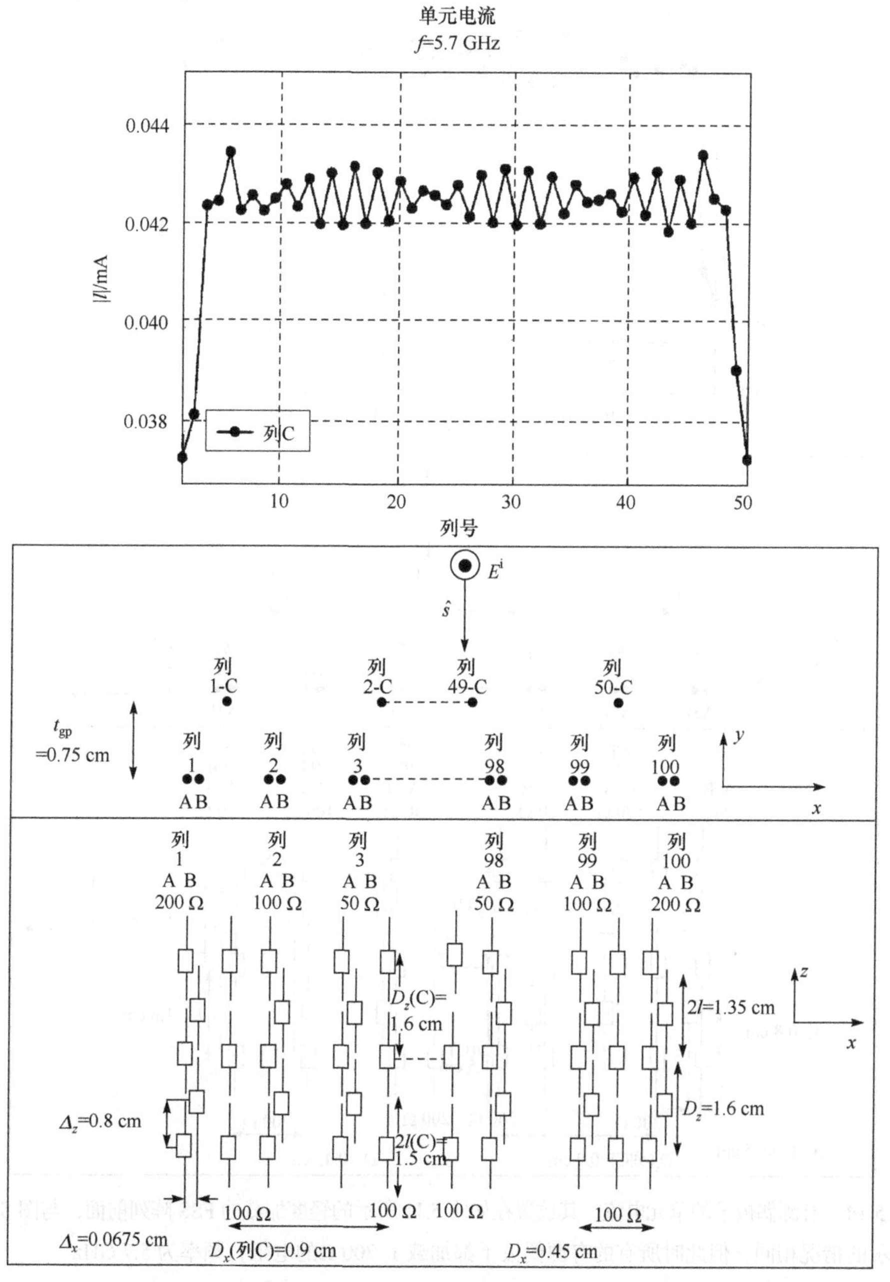

图 5.13　有源偶极子的单元电流，其放置在如图 5.11 所示的轻度加载的 FSS 阵列前面，有源偶极子都加载了 100 Ω的电阻，频率为 5.7 GHz。

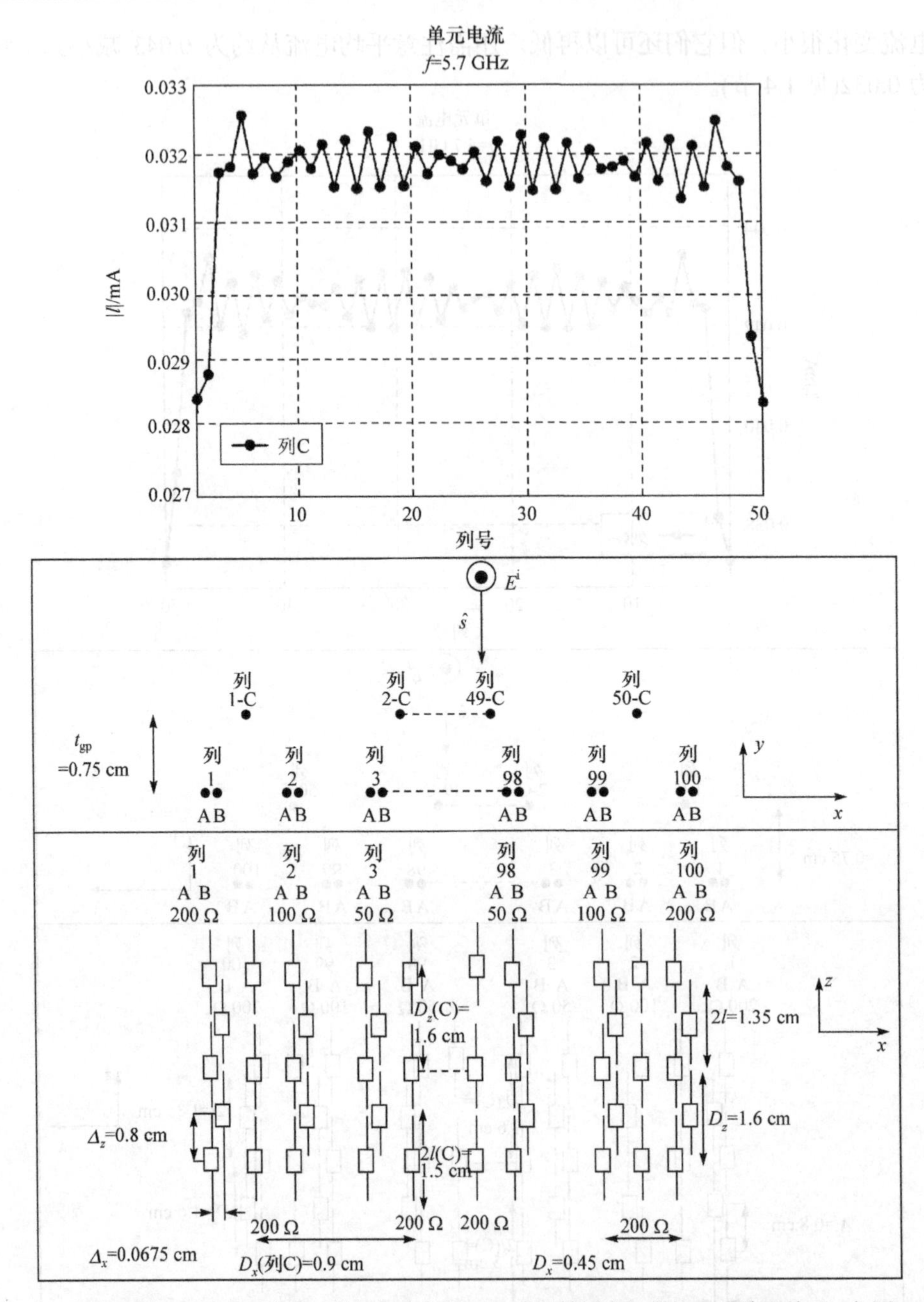

图 5.14　有源偶极子的单元电流，其放置在如图 5.11 所示的轻度加载的 FSS 阵列前面，与图 5.13 所示的情况相同，但此时所有的有源偶极子都加载了 200 Ω的电阻，频率为 5.7 GHz。

因此，在图 5.15 中我们展示了过度加载 FSS 接地面的情况，其中有源单元还是加载了 $R_L = 200\,\Omega$ 的电阻，可以观察到电流变化明显减小，这个实验似乎总结性地表明了有限 FSS 接地面是“麻烦制造者”。

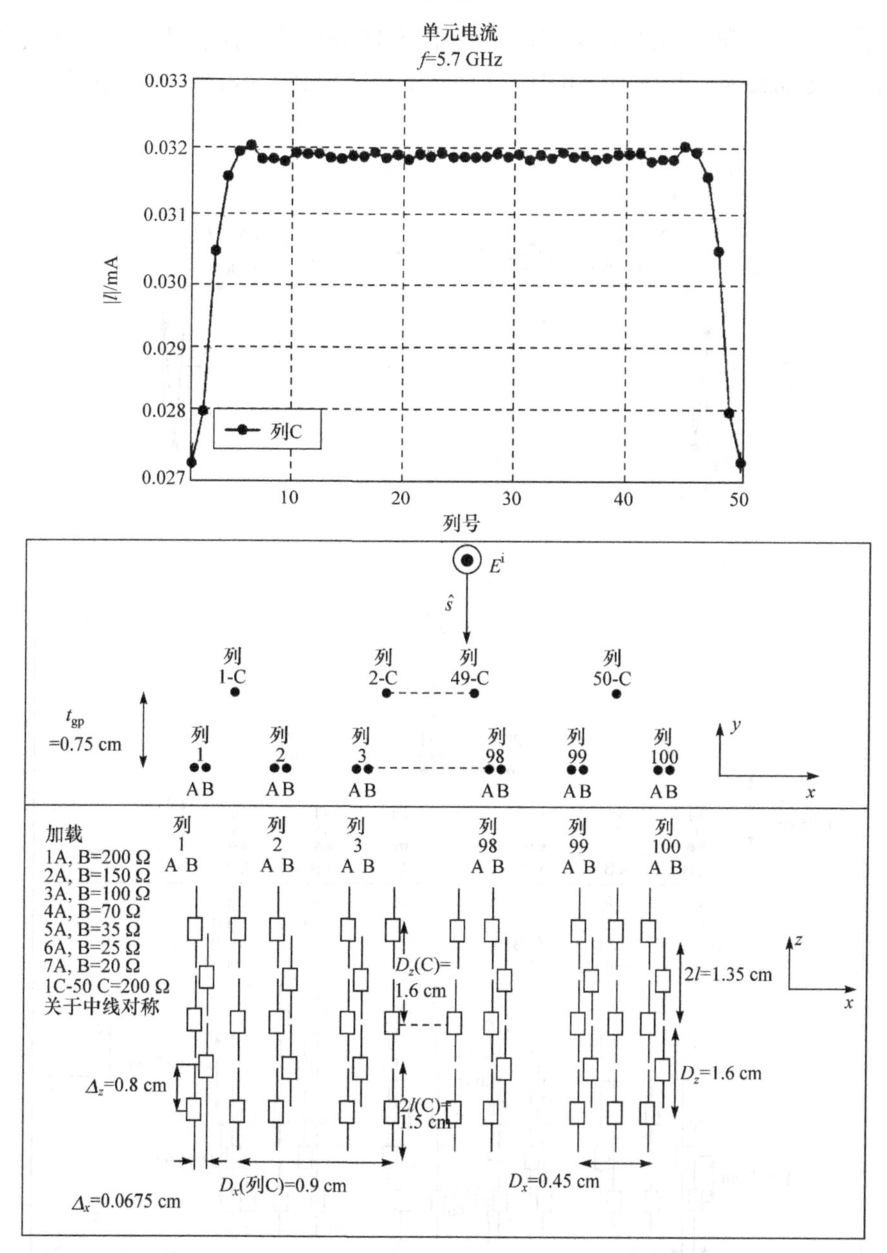

图 5.15 有源偶极子的单元电流，其放置在如图 5.12 所示的过度加载的 FSS 阵列前面，有源偶极子都加载了 200 Ω的电阻，频率为 5.7 GHz。

可是，这个假设必须要在其他频率下也得到证实。

5.7.2 中心测试频点 $f_M = 7.8$GHz

接下来我们研究与图 5.13、图 5.14 和图 5.15 相同的三种情况，但是在中心频率 $f_M = 7.8$ GHz 下。图 5.16 和图 5.17 展示了轻度加载 FSS 接地面的情况，有源

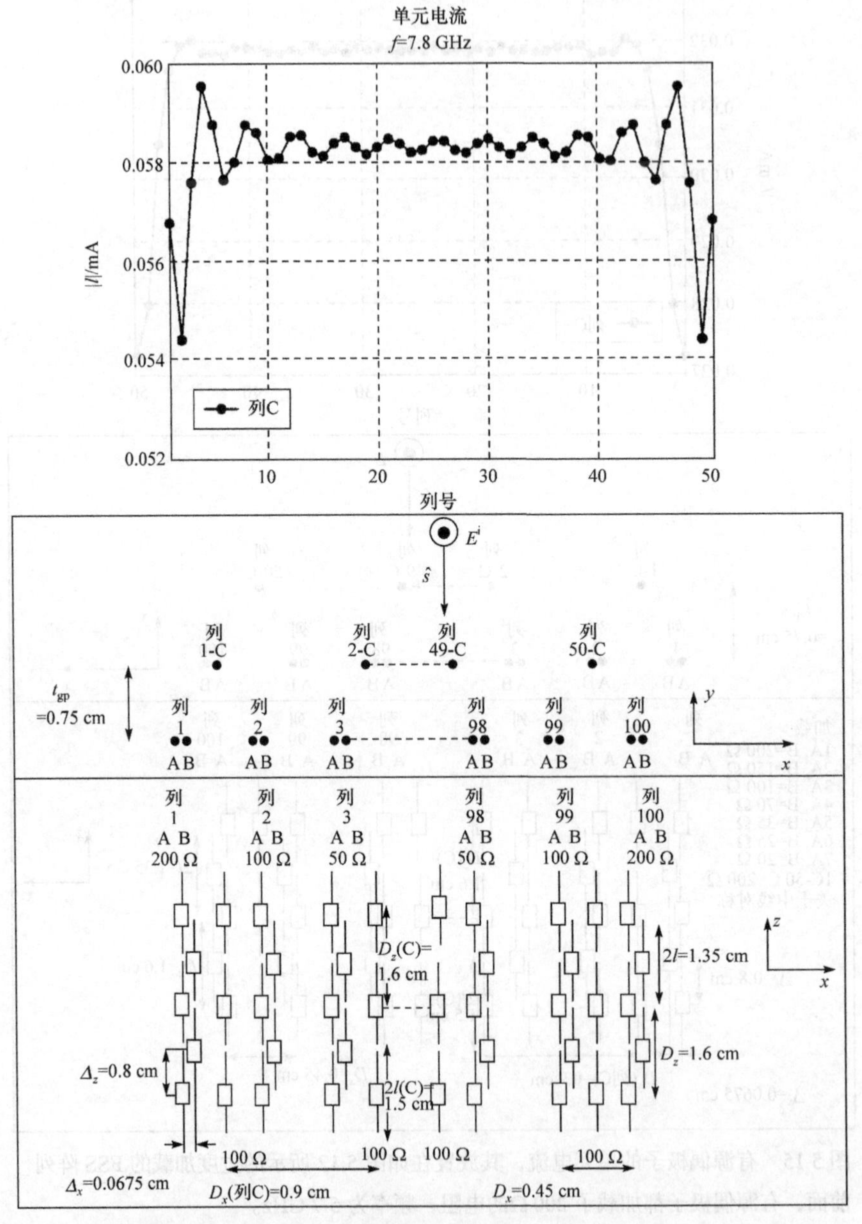

图 5.16 有源偶极子的单元电流，其放置在如图 5.11 所示的轻度加载的 FSS 阵列前面，有源偶极子的负载都为 100 Ω，也就是说和图 5.13 所示的情况相同，除了频率为 7.8 GHz。

单元分别加载了 $R_L = 100\,\Omega$ 和 $R_L = 200\,\Omega$ 的电阻。正如我们期望的，当 $R_L = 200\,\Omega$ 时表面波明显减小，但在图 5.13 和图 5.14 中并不是这样的。此外，在图 5.18 中

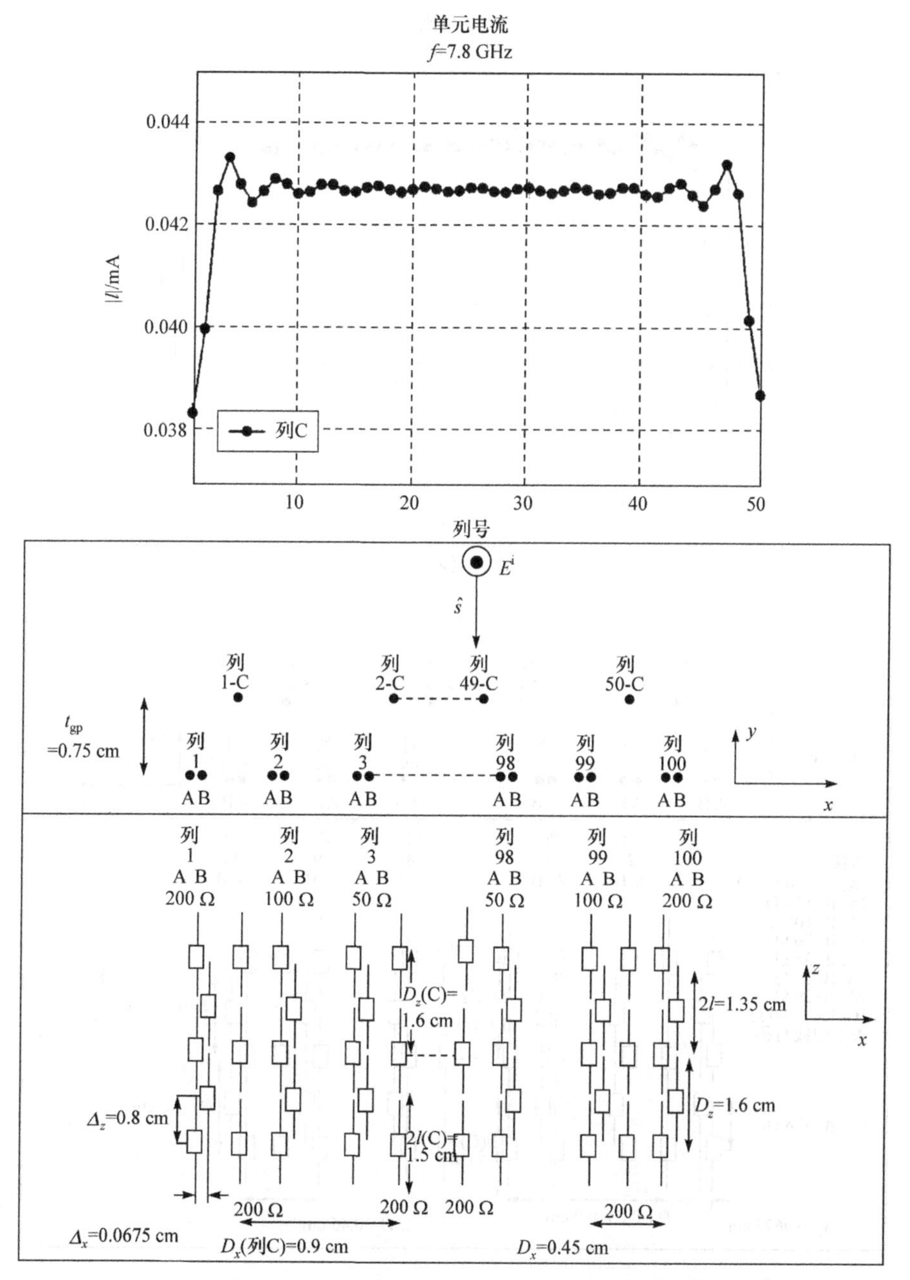

图 5.17　有源偶极子的单元电流，其放置在如图 5.11 所示的轻度加载的 FSS 阵列前面，有源偶极子的负载都为 200 Ω，也就是说和图 5.14 所示的情况相同，除了频率为 7.8 GHz。

展示了过度加载 FSS 的情况，负载阻抗为 $R_L = 200\,\Omega$，奇怪的是，除了边缘部分，没有发现更多的改变。

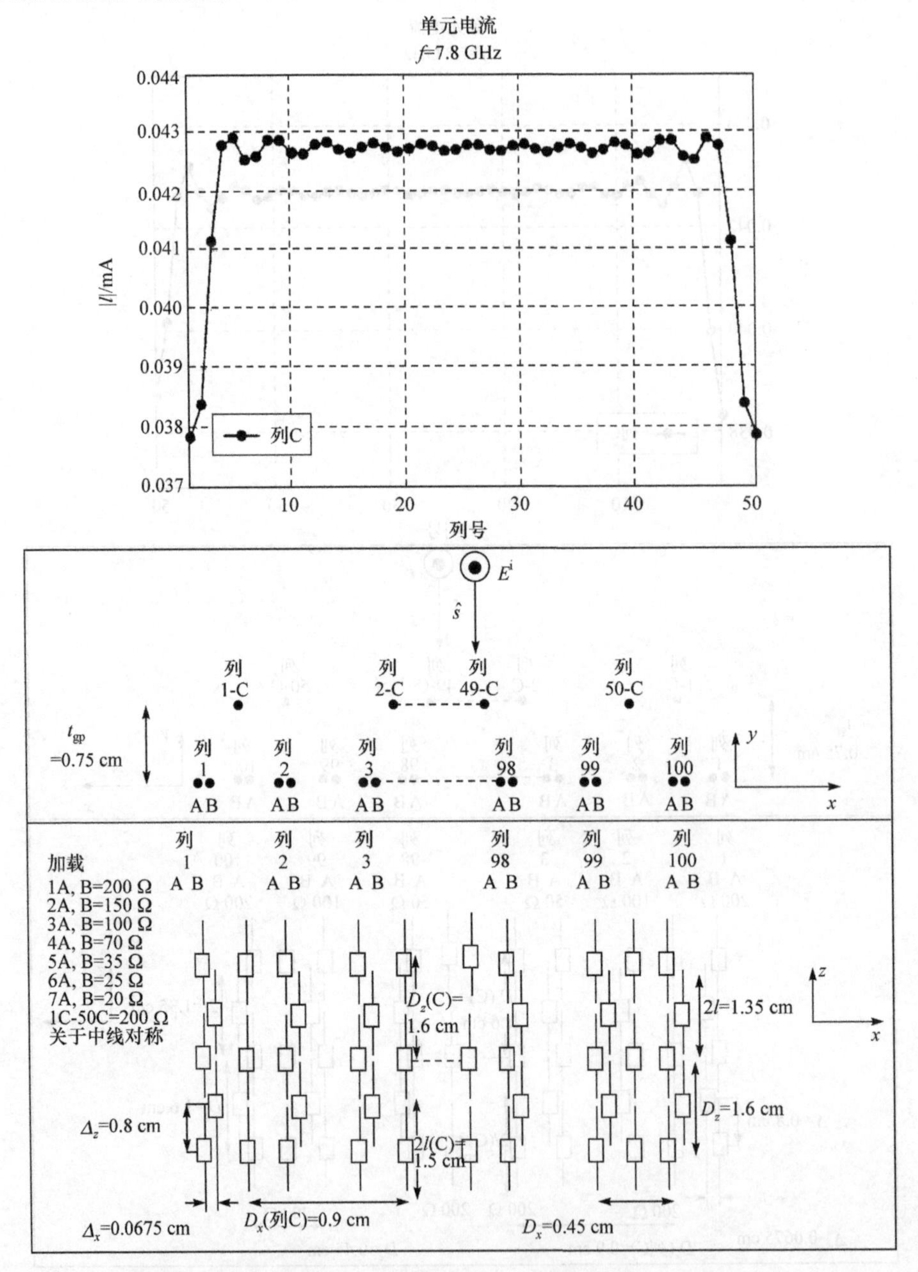

图 5.18　有源偶极子的单元电流，其放置在图 5.12 所示的过度加载的 FSS 阵列前面，有源偶极子的负载都为 200 Ω，也就是说和图 5.15 所示的情况相同，除了频率为 7.8 GHz。

5.7.3　高测试频点 $f_H = 10$ GHz

最后，在图 5.19、图 5.20 和图 5.21 中展示了和上面类似的三种情况，但是在

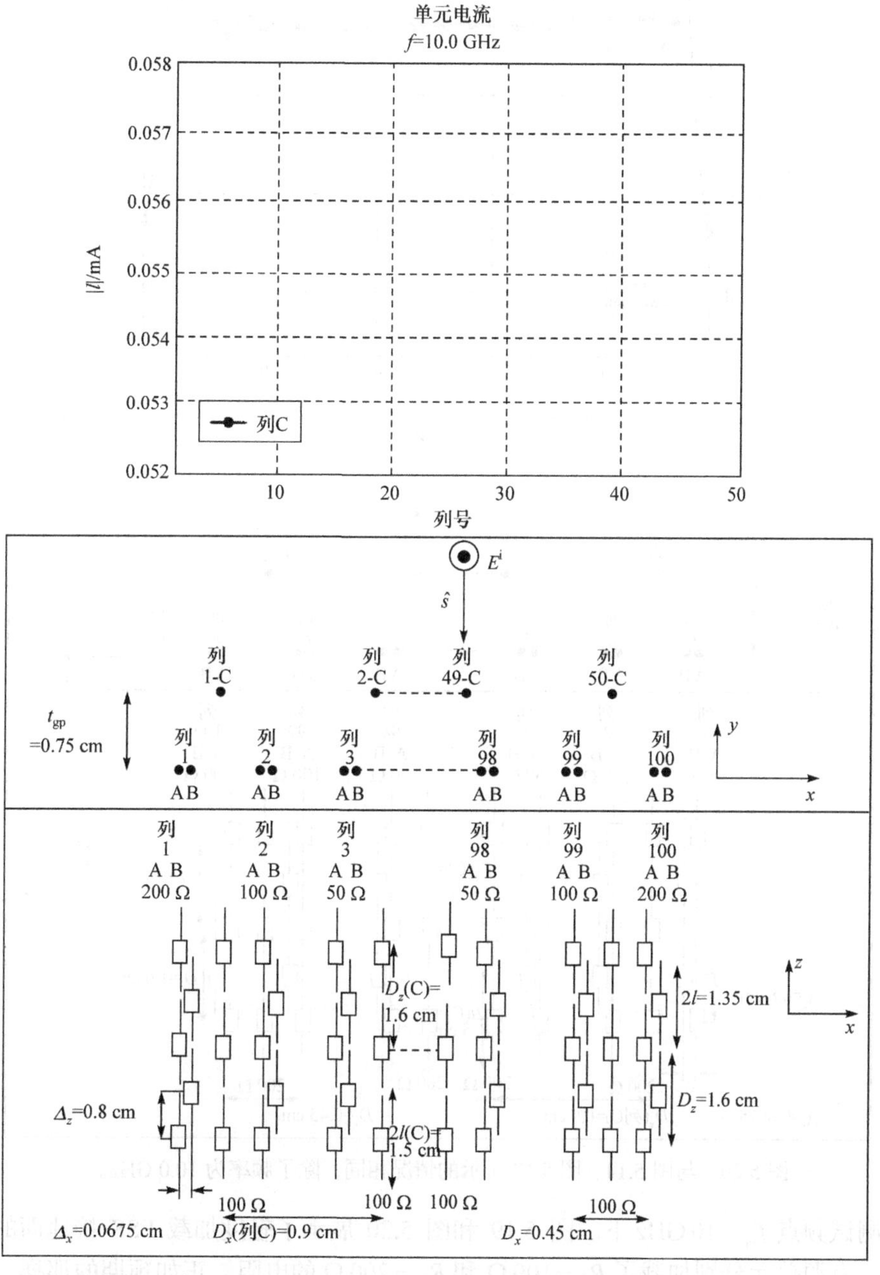

图 5.19　与图 5.13、图 5.16 所示的情况相同，除了频率为 10.0 GHz。

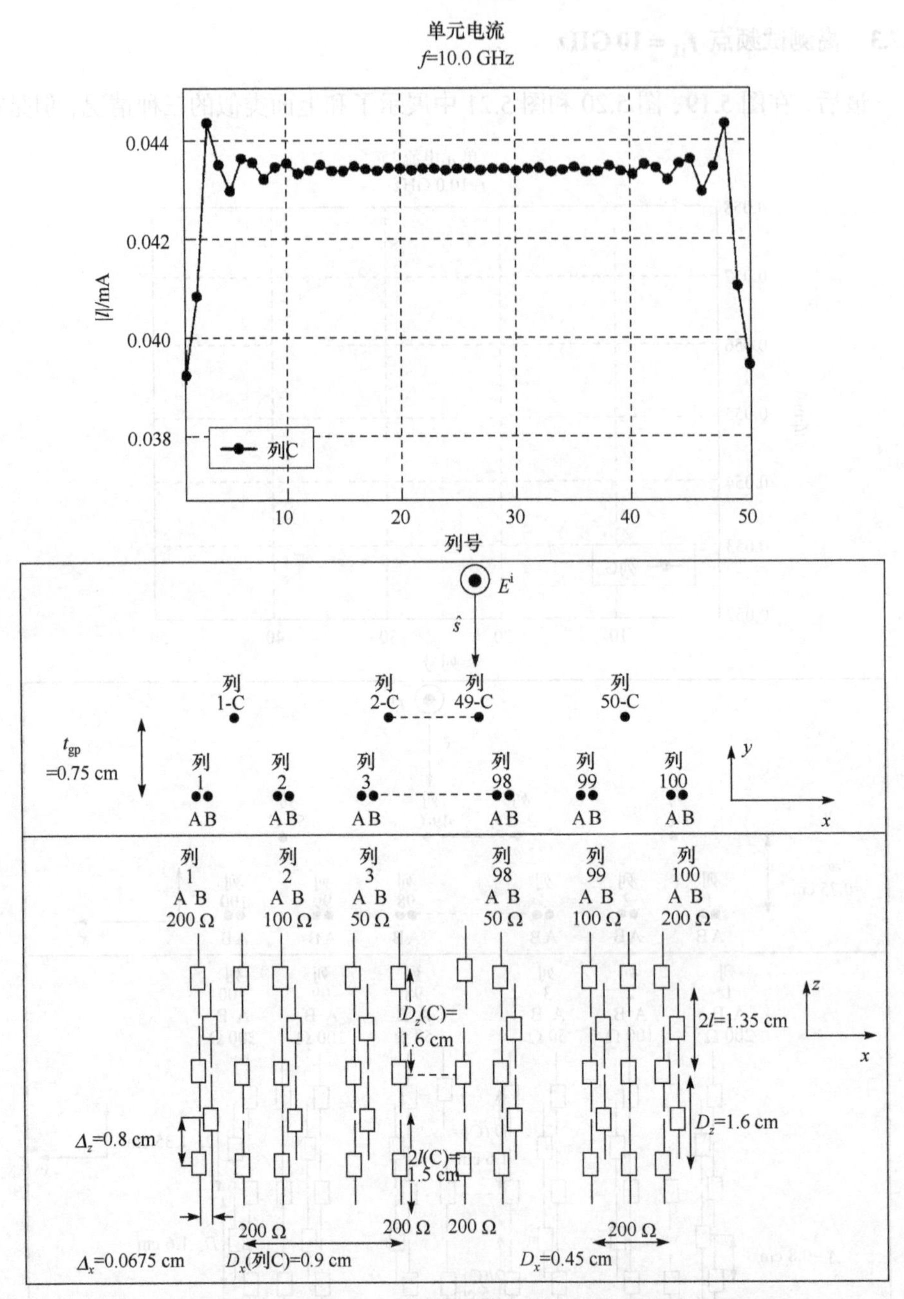

图 5.20 与图 5.14、图 5.17 所示的情况相同，除了频率为 10.0 GHz。

高测试频点 $f_{\mathrm{H}}=10\,\mathrm{GHz}$ 下。图 5.19 和图 5.20 展示了轻度加载 FSS 接地面的情况，有源单元分别加载了 $R_{\mathrm{L}}=100\,\Omega$ 和 $R_{\mathrm{L}}=200\,\Omega$ 的电阻。正如预期的那样，当有源负载电阻 R_{L} 为最大值时，表面波减少最为明显，类似地，在图 5.21 中展示

了过度加载 FSS 的情况，负载电阻 R_L 为 200 Ω，正如上面看到的那样，在阵列的大部分区域的振荡并未减小，只有边缘区域减小了。

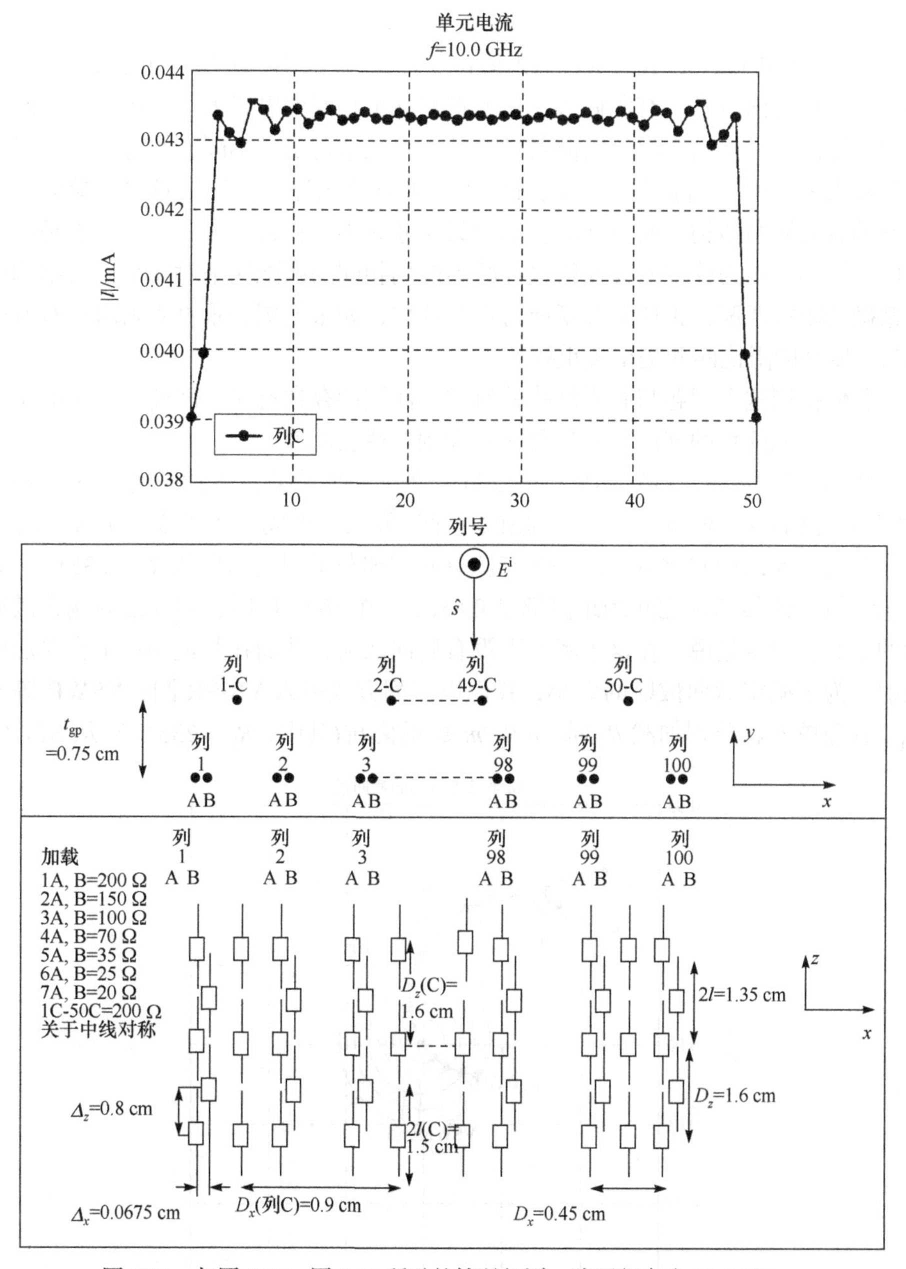

图 5.21　与图 5.15、图 5.18 所示的情况相同，除了频率为 10.0 GHz。

5.8　大型阵列中三元结构的后向散射场

在图 5.8 中已经展示了垂直入射时由 7 个三元结构构成的阵列的散射图，在 FSS 接地面前面所有的有源偶极子单元都加载了相同的电阻 $R_L = 235\,\Omega$，我们观察到边缘两个三元结构的后向散射场与其他三元结构明显不同，非边缘的三元结构看起来大体相似，除了一些微小的差异，通常称之为“抖动”，这种现象似乎是所有的有限周期结构的典型现象，不论其尺寸大小。长久以来，这是一直是设计师们的烦恼，因为这种差异使得设计师不能用相同的匹配网络对每个三元结构进行精确的阻抗匹配，正如第 2 章所讨论的那样，如果期望在垂直入射时具有低的 RCS，良好的阻抗匹配是至关重要的。

我们推测这个问题与有限结构特有的表面波的存在有关，因此，为了减小这种抖动，我们的目的就应该是尽可能地抑制这些表面波。

我们将在图 5.15、图 5.18 和图 5.21 中所示的背靠着过度加载的 FSS 接地面的阵列上测验这个假设，这个阵列由 50 个三元结构组成，在图 5.22 中展示了 5 个典型的三元结构的散射图，每个有源单元都加载了相同的负载 $R_L = 235\,\Omega$，有源单元与 FSS 接地面之间的距离都是 0.68cm。在 10 GHz 时，后向散射场在散射图的中心，也就是说，在这个频率下没有后向散射，然而在其他频率下存在后向散射。为了确定后向散射的大小，我们以下列方式引入 VSWR 圆：VSWR 等于 m_1，有源单元就分别加载 R_L/m_1 和 $R_L/m_1\,\Omega$ 的阻抗(其中，$R_L = 235\,\Omega$)，从 SPLAT

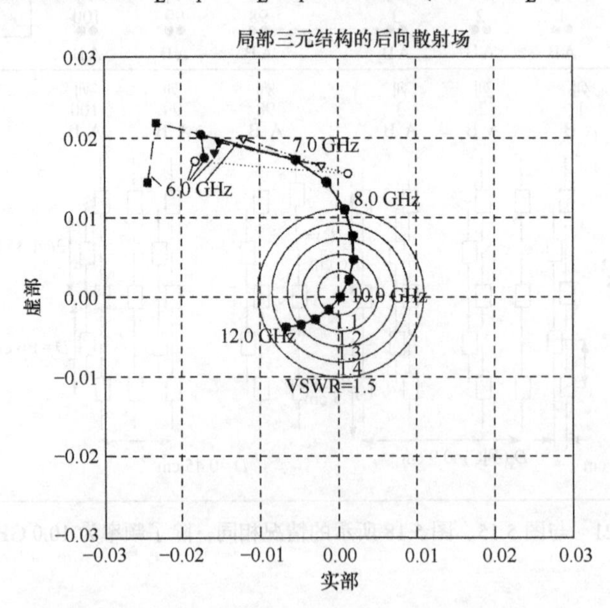

VSWR	$\lvert\Gamma\rvert$(dB)
1.05	32.2
1.10	26.4
1.20	20.0
1.30	17.7
1.40	15.6
1.50	14.0

50个三元结构
阵列到地平面距离=0.68 cm
所有有源阵列单元的负载R_L=235 Ω

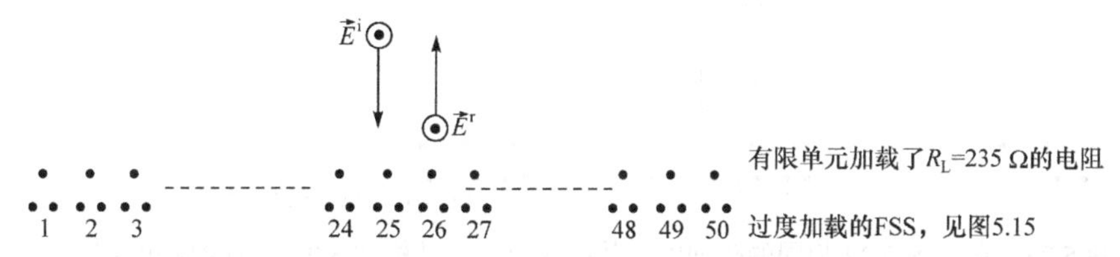

图 5.22　在含有 50 个三元结构的阵列中，如图所示其中 5 个典型的三元结构的散射图。请注意，在 7.0～12.0 GHz 的频率范围内 5 个三元结构的散射都几乎一致，没有任何的抖动，这与图 5.8 中未经处理的阵列情况相同。在 7 GHz 以下出现强烈的抖动，如图 5.23 所示。

程序中，我们可以获得这些阻抗值对应的反射系数并将其画在复平面上，如图 5.22 所示，这两个反射系数位于复平面中相反的位置，因此也将确定 VSWR=m_1 的圆。为了便于参考，图 5.22 中也给出了对应于各个 VSWR 的反射系数(以 dB 为单位)。

图 5.22 中描述的三元结构是第 10、15、23、24 和 25 列，即避免了一些来自边缘的奇异现象。在 7.0～12.0 GHz 频率范围内，我们发现 5 个三元结构的反射场彼此非常接近，几乎完全重叠在一起，而在 7.0 GHz 以下却不是这样的。在图 5.23

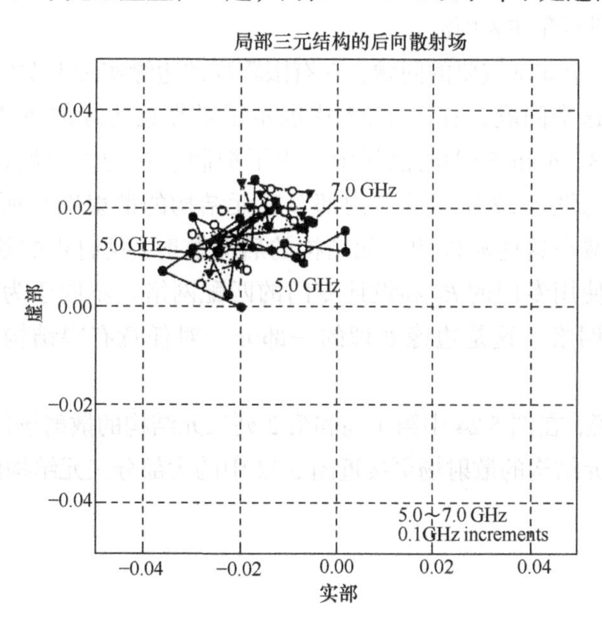

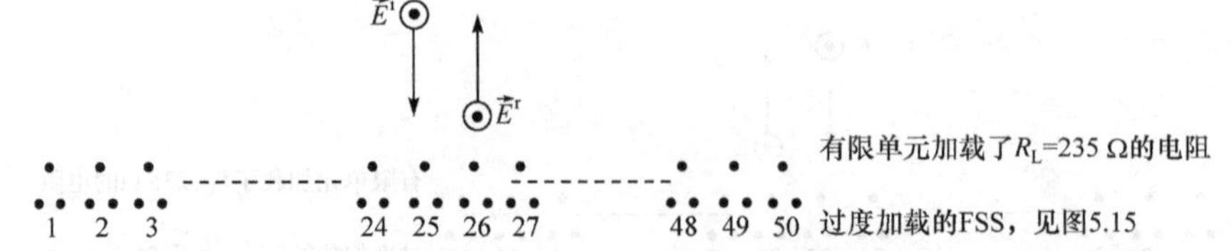

图 5.23 在与图 5.22 相同的阵列中，其中 3 个三元结构在 5.0～7.0 GHz 频率范围内的散射图。强烈的抖动归因于如图 5.9 所示的 FSS 接地面上存在的表面波。

中展示了第 23、24 和 25 列，三元结构的散射图，频率范围为 5.0～7.0 GHz，显然，这 3 个三元结构之间的相似性纯属巧合。我们非常怀疑这种现象与 FSS 接地面上的表面波直接相关，正如在图 5.9 所示的散射图中看到的，在 6.7 GHz 以下 FSS 接地面上存在很强的表面波。换句话说，在这些较低的频率下，即使是过度加载也不足以完全抑制在有限 FSS 接地面上的表面波。

尽管如此，我们绝不应该丧失信心，而是总结出，在较低的频率下精确操控相控阵才是真正的问题，回忆一下，我们只使用了 FSS 接地面对有限接地面进行建模，当实际去建造一个阵列时，我们最有可能使用的是一个普通的金属平板，上面的小孔小到不存在表面波。

这引出了一个非常重要的问题：在有限阵列的边缘实际上发生了什么？

为了回答这个问题，在图 5.24 中展示了最靠近边缘的 5 个三元结构(分别为第 1、2、3、4 和 5 列)的散射图。为了抑制潜在的表面波，除了边缘处，在这些散射图与图 5.22 所示的“内部”三元结构的散射图有所不同。显然，我们也想要去减小这些靠外的三元结构的后向散射，我们要准备(应该准备)为这些三元结构使用专门的 R_L 和设计专门的匹配网络，不同于为大多数三元结构设计的匹配网络。这是边缘处理的一部分，对任意有限结构都希望做边缘处理。

更具体地说，在图 5.24 中第 1 列和第 2 列三元结构的散射场偏差最大，而第 3、4 和 5 列三元结构的散射场更接近图 5.22 中的大部分三元结构的散射场。

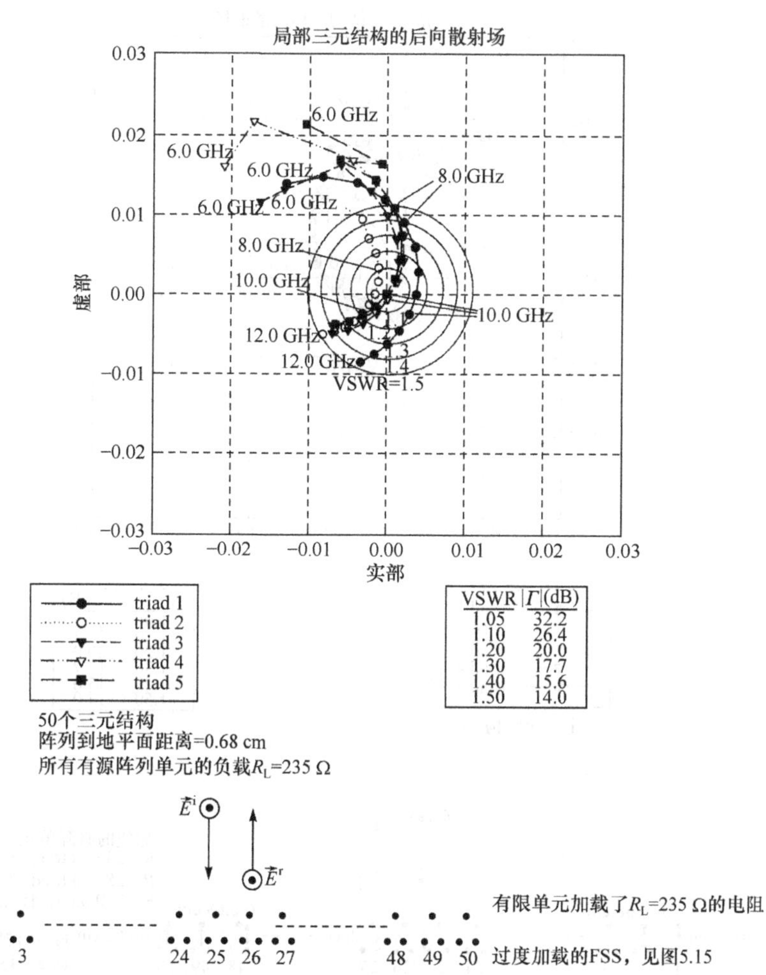

图 5.24　在与图 5.22、图 5.23 相同的阵列中最靠近边缘的 5 个三元结构的散射图。请注意，对于 7 GHz 以上的频率，远离边缘时抖动是减小的，而对于 7 GHz 以下却不是这样的。

此外，如果第 1 列三元结构加载了 200 Ω 的电阻而不是 $R_L = 235\,\Omega$，有源单元与 FSS 接地面之间的间距减小到 0.62 cm 而不是 0.68 cm，如图 5.25 所示，我们可以把 10 GHz 频点移到中心，而其他频率现在彼此之间则更接近。类似地，保持偶极子和 FSS 之间的间距为 0.68 cm，增大负载电阻到 280 Ω 可以使得第 2 列三元结构更靠近中心位置。

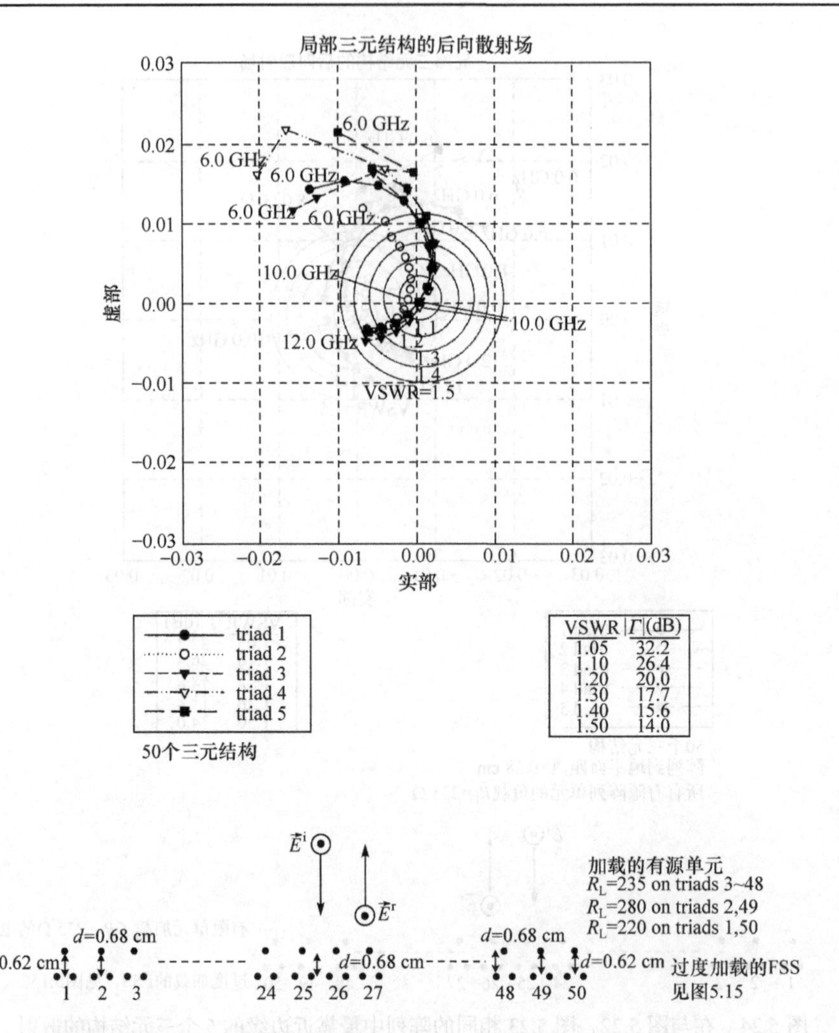

图 5.25　把负载电阻降低至 220Ω，并减小偶极子与 FSS 之间的距离至 0.62 cm，可以把第 1 列三元结构移到中心附近，类似地，第 1 列三元结构加载了 280Ω的电阻。

5.9　大型阵列的双站散射场

在 5.8 节，我们确定了垂直入射时各个三元结构的后向散射场，后向散射场的信息给出了在视准轴方向的 RCS，从实用角度看这是非常重要的。

然而，当入射场从某一特定角度入射时，去观察场在所有方向的散射情况是十分有意义的。因此，从图 5.26～图 5.29(上)分别展示了典型三元结构(第 25 列)在 $f = 5.7$ GHz、7.8 GHz、10.0 GHz 和 12.0GHz 时的双站散射场。

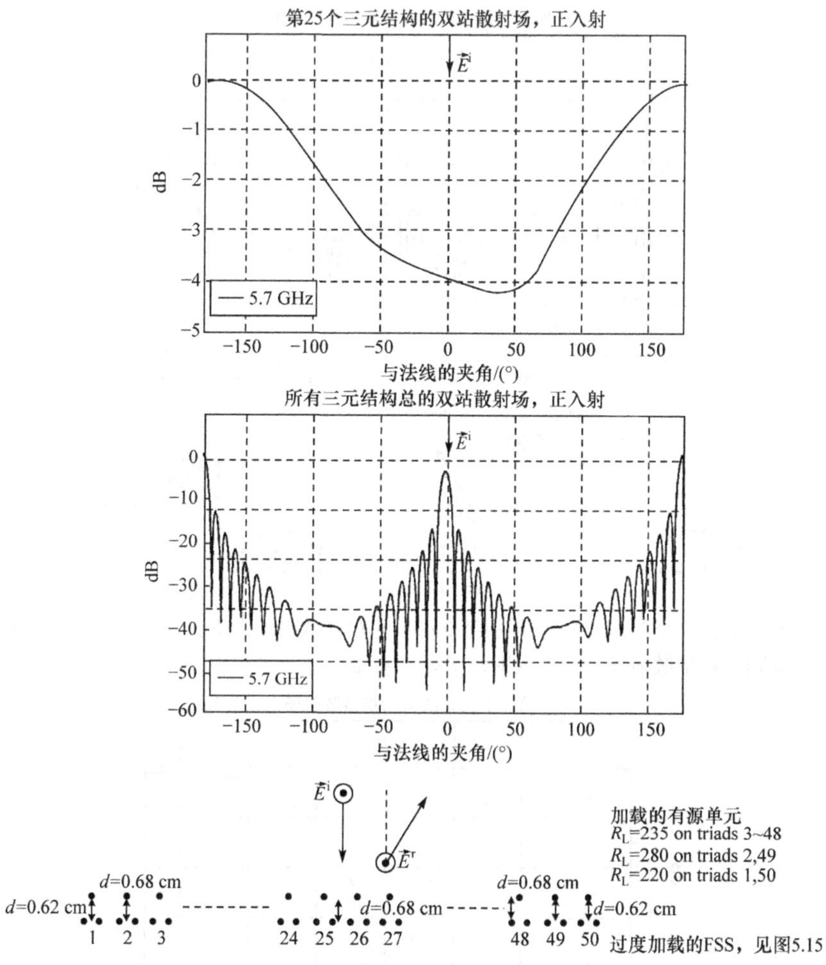

图 5.26　上：单个典型的三元结构(第 25 列)的双站散射场，下：含有 50 个三元结构的阵列的双站散射场。垂直入射，$f=5.7\ \mathrm{GHz}$。

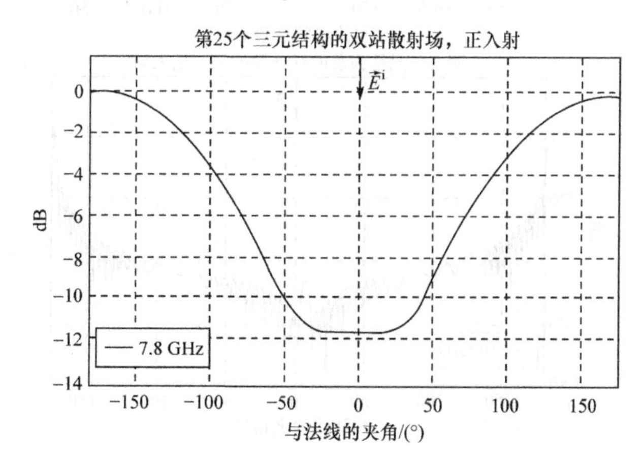

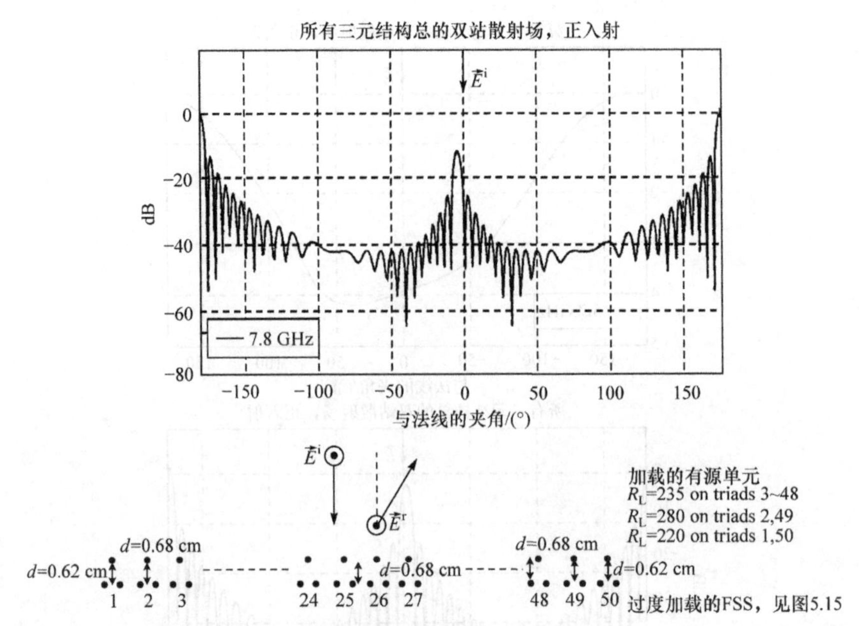

图 5.27 上：单个典型的三元结构(第 25 列)的双站散射场，下：含有 50 个三元结构的阵列的双站散射场。垂直入射，$f = 7.8$ GHz 。

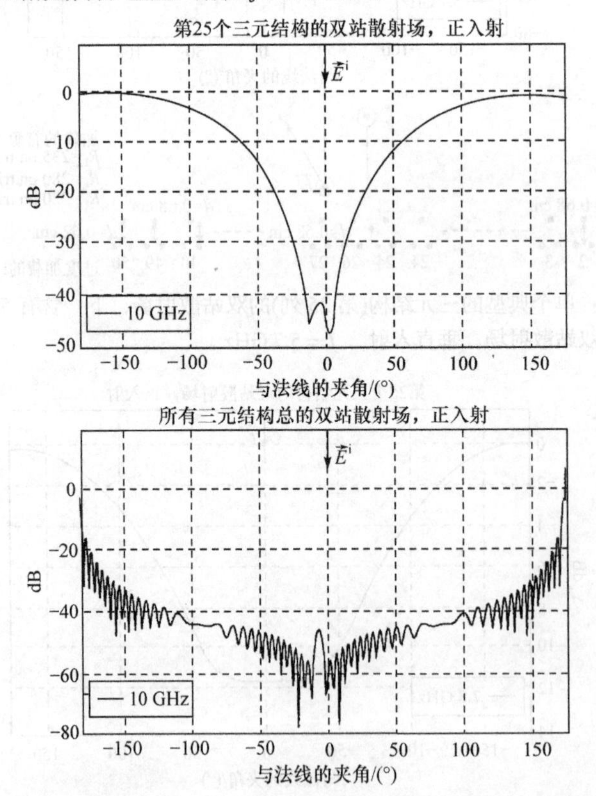

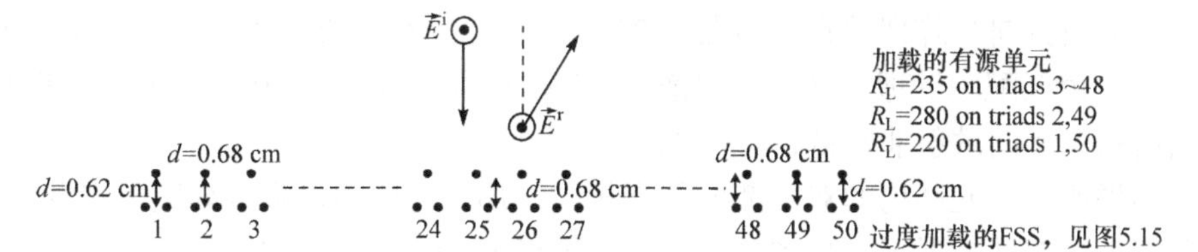

图 5.28 上：单个典型的三元结构(第 25 列)的双站散射场，下：含有 50 个三元结构的阵列的双站散射场。垂直入射，$f = 10\,\text{GHz}$ 。

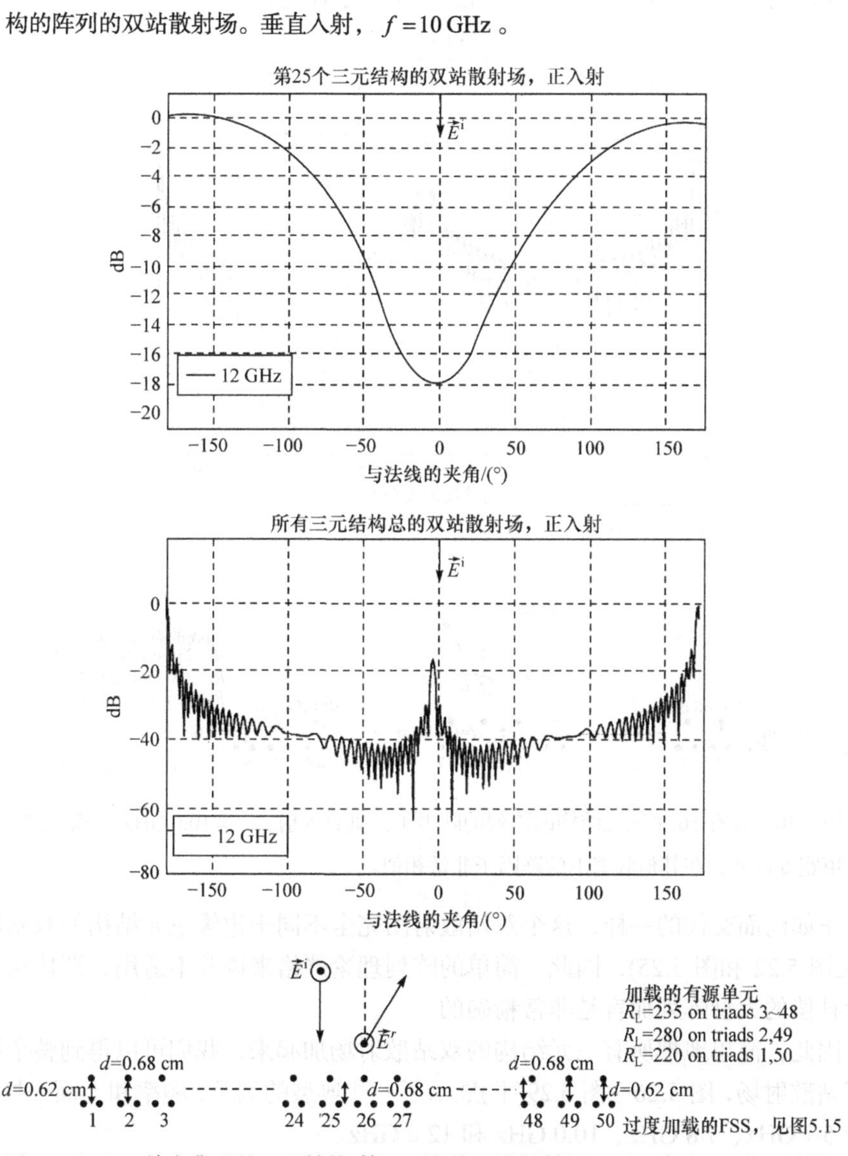

图 5.29 上：单个典型的三元结构(第 25 列)的双站散射场，下：含有 50 个三元结构的阵列的双站散射场。垂直入射，$f = 12\,\text{GHz}$ 。

入射波方向与阵列垂直，与图 5.22 和图 5.23 看到的一样，在最低频率(5.7 GHz)处，由匹配不够理想导致后向散射较高，而在设计频点 10 GHz 处匹配很好，不出所料，后向散射非常低，见图 5.22。

如果所有三元结构的双站散射图都相同，那么可以通过乘以阵因子来获得整个阵列总的双站散射场。10 GHz 的阵因子如图 5.30 所示，在其他频率下，除波束宽度外它们看起来都十分相似，因此这里不予详述。

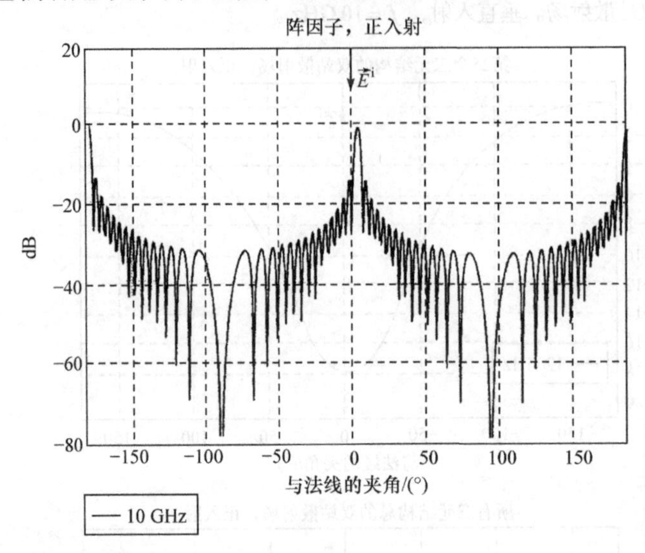

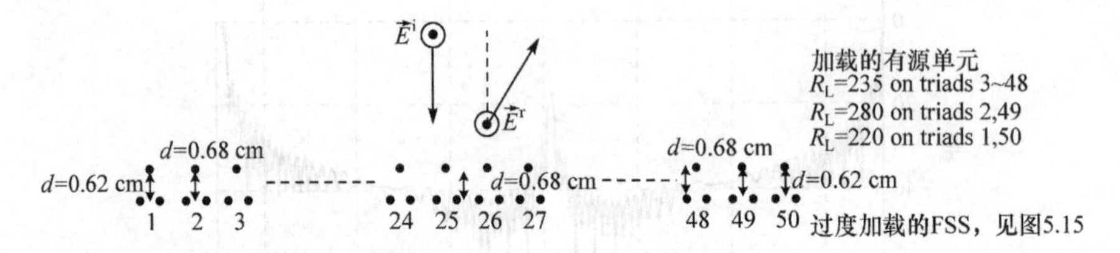

图 5.30　含有 50 个三元结构的阵列的阵因子。垂直入射，$f = 10.0\,\text{GHz}$。除了波束宽度以外，在其他频率下的阵因子非常相似。

正如前面交代的一样，这个双站散射图完全不同于边缘三元结构的双站散射图(见图 5.22 和图 5.25)，因此，简单的阵列理论严格来说并不适用，即使它对于边缘补偿的大型阵列而言是非常精确的。

因此，简单地把所有三元结构的双站散射场加起来，我们可以得到整个阵列的双站散射场，图 5.26～图 5.29(下)展示了一些典型的例子，频率和上面一样，分别为 5.7 GHz、7.8 GHz、10.0 GHz 和 12.0 GHz。

如预期的那样，我们再次注意到在最低频率 5.7 GHz 处的后向散射场非常高，而在设计频率 10 GHz 下的后向散射场非常低。

此外还可以发现，与有限阵列的尺寸一致的理想导电接地面的后向散射场和这个前向散射场大小相同，这与在图 5.2 和图 5.3 中的得到的结果一致。

图 5.31～图 5.34 也展示了相同阵列的双站散射场，入射角为−30°，在图的顶部都展示了典型的单个三元结构(第 25 列)的散射图，在底部展示了整个阵列的双站散射图。此外，图 5.35 展示了一个典型的阵因子，$f=10\,\text{GHz}$，入射角为−30°，其他频率下的阵因子类似。

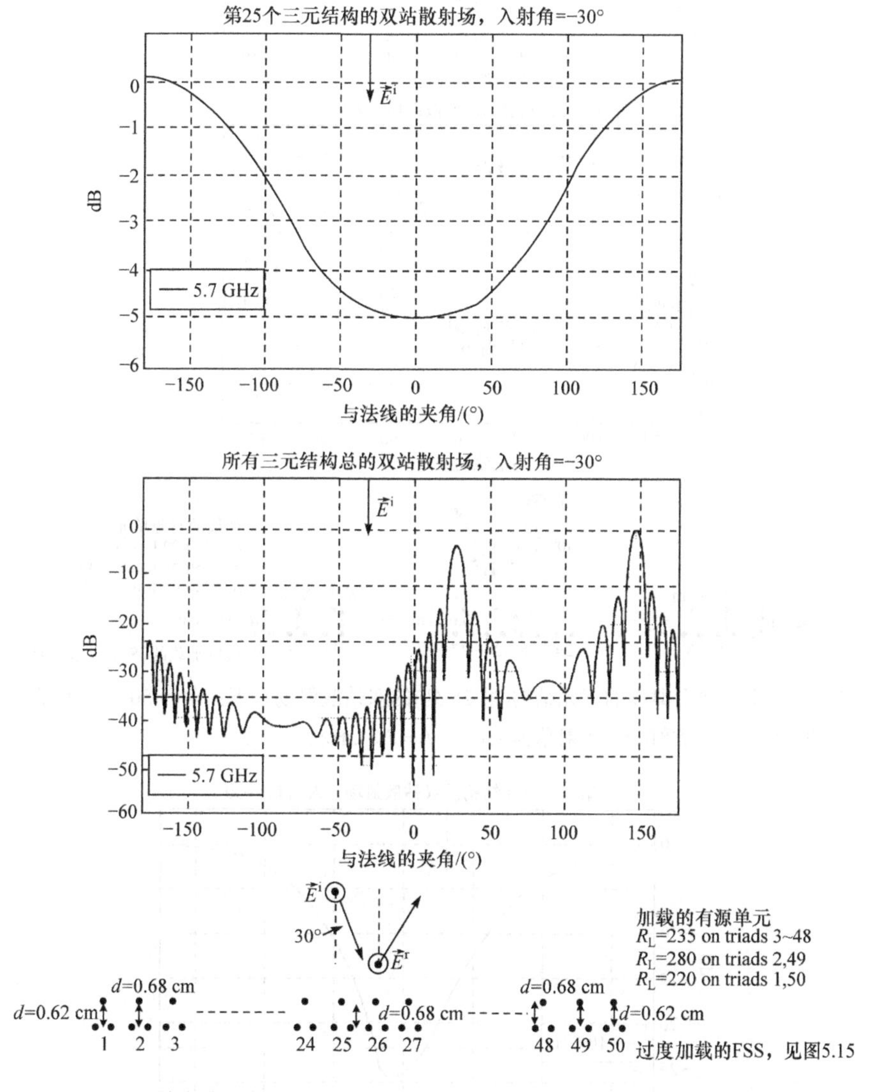

图 5.31　上：单个典型的三元结构(第 25 列)的双站散射场，下：含有 50 个三元结构的阵列的双站散射场。入射角为−30°，$f=5.7\,\text{GHz}$。

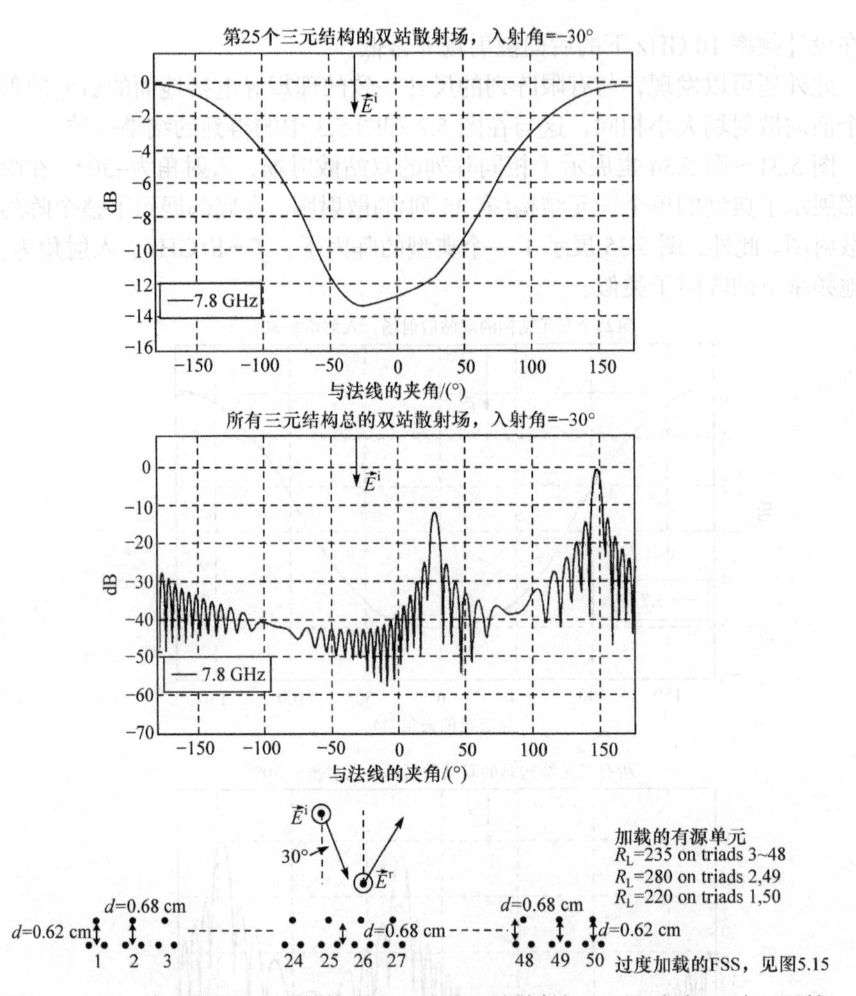

图 5.32　上：单个典型的三元结构(第 25 列)的双站散射场，下：含有 50 个三元结构的阵列的双站散射场。入射角为−30°，$f = 7.8$ GHz 。

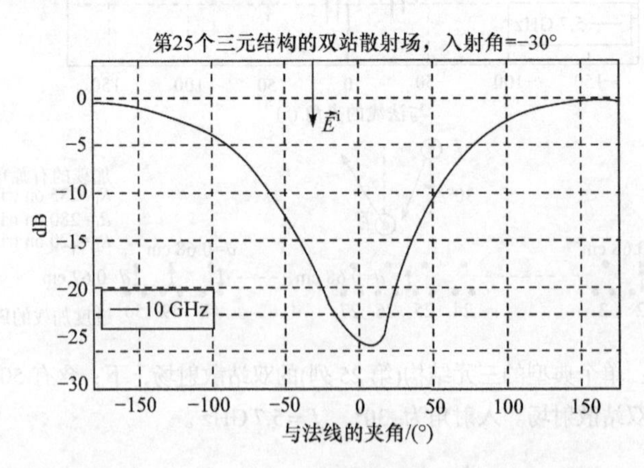

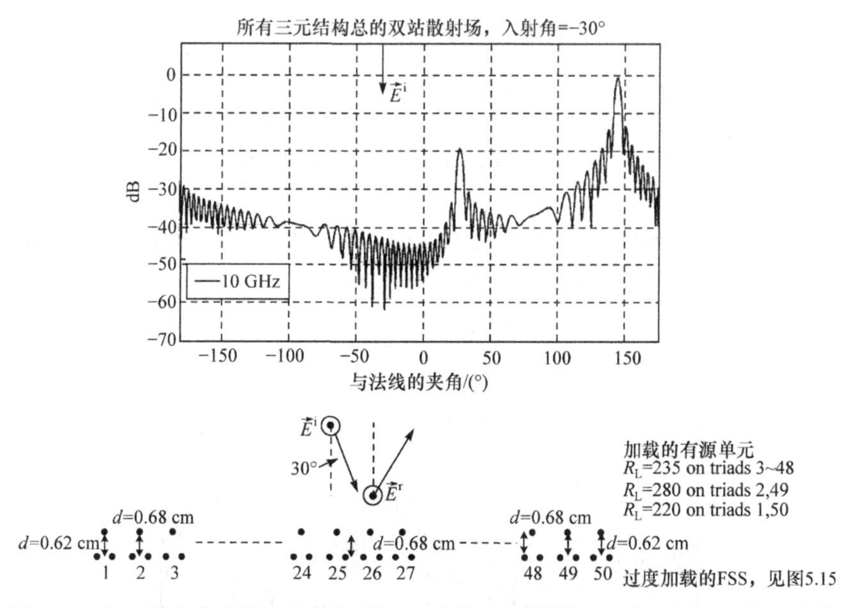

图 5.33　上：单个典型的三元结构(第 25 列)的双站散射场，下：含有 50 个三元结构的阵列的双站散射场。入射角为−30°，$f = 10\ \text{GHz}$。

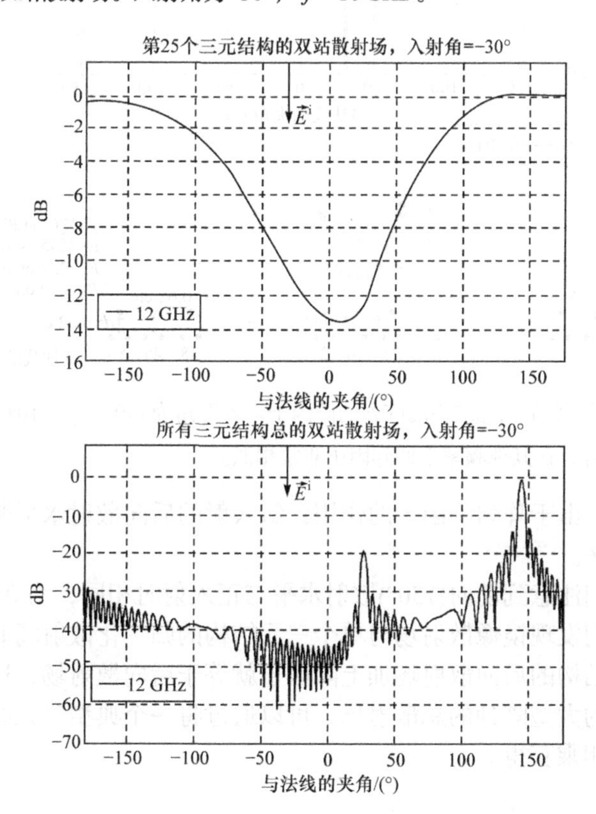

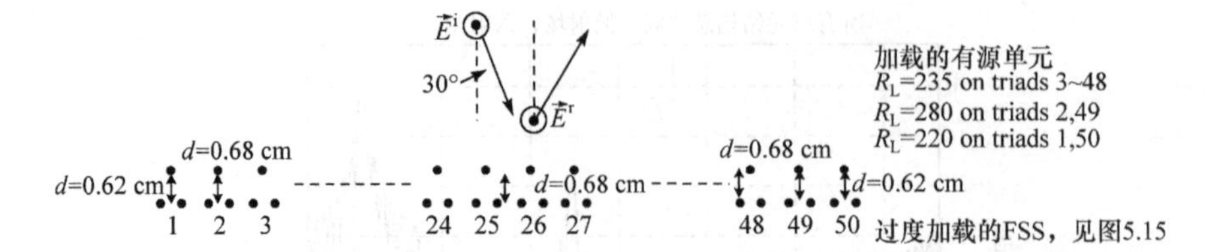

图 5.34　上：单个典型的三元结构(第 25 列)的双站散射场，下：含有 50 个三元结构的阵列的双站散射场。入射角为–30°，$f = 12\ \text{GHz}$ 。

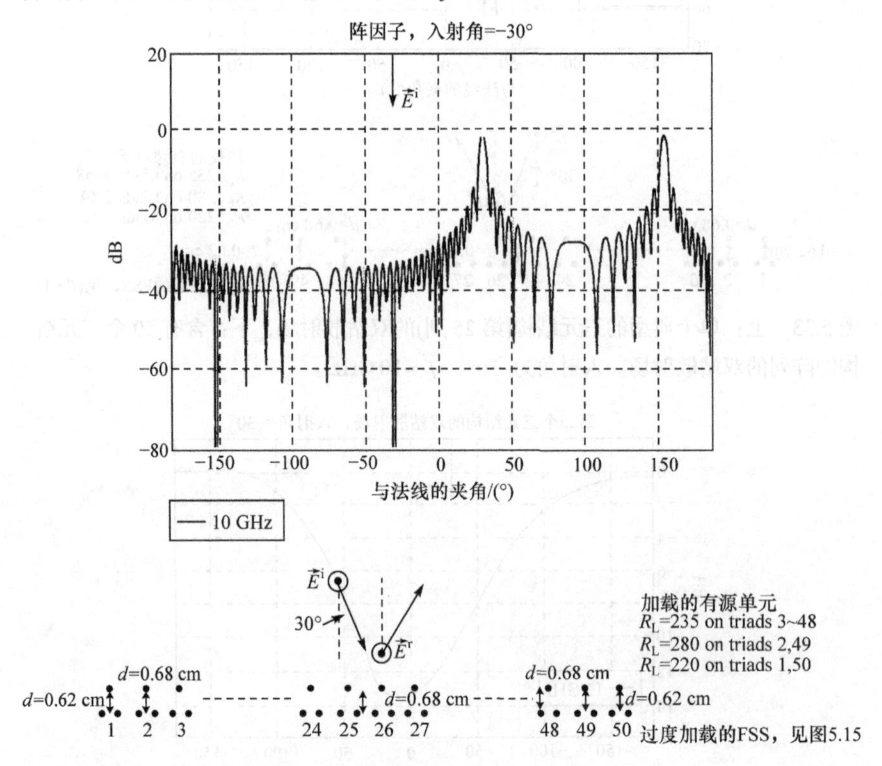

图 5.35　含有 50 个三元结构的阵列的阵因子。入射角为–30°，$f = 10\ \text{GHz}$ 。除了波束宽度以外，在其他频率下的阵因子非常相似。

有趣的是，由于阵列阵因子的作用，斜入射的后向散射水平明显低于正入射的后向散射水平。

同样，我们注意到前向(150°)散射水平与正入射时相同，为 0 dB。

最后，我们发现镜像散射场与单个三元结构的归一化散射场非常接近。类似地，一个三元结构的后向散射场加上阵因子就等于后向散射场，这说明，调整后边缘三元结构的大型阵列的总散射场，可以通过将一个典型三元结构的散射图和阵因子简单地相乘获得。

我们也可以表述成，一个大型阵列的后向散射近似于一个尺寸相同的接地面的散射减去三元结构的散射。

总而言之，宽边入射时，边缘补偿的大型阵列的后向散射场基本上取决于典型三元结构的散射场大小，斜入射时，总后向散射场是阵因子和三元结构散射场的总和。因此，即使典型三元结构的散射图在斜入射时出现某种程度的恶化，但对于整个阵列而言，阵因子较低的旁瓣仍有助于产生较低的后向散射。

5.10　宽带匹配可以进一步降低

之前证明了后向散射与反射系数 Γ 成正比，在 10 GHz 时阵列是匹配的，在其他频率下 Γ 比较大，导致各个三元结构的散射较强。

因此，在所有频率下使阵列匹配得更好，能够进一步降低后向散射，换句话说，我们需要在所有偶极子单元的终端加入一个精心设计的匹配网络。因为可以制造出免受抖动影响的阵列，所以所有三元结构的匹配网络都可以被设计成一样的。

第 25 列三元结构的有效输入阻抗如图 5.36(下)所示，可以看到 10 GHz 时的

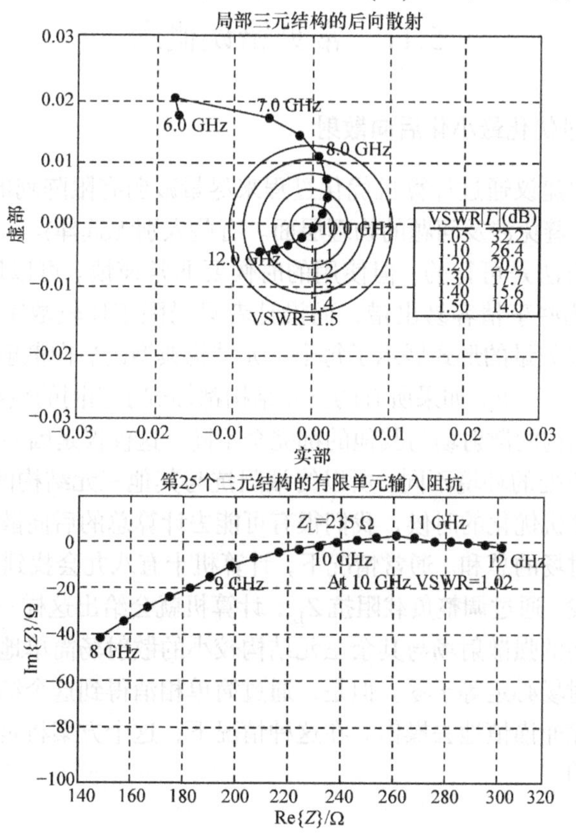

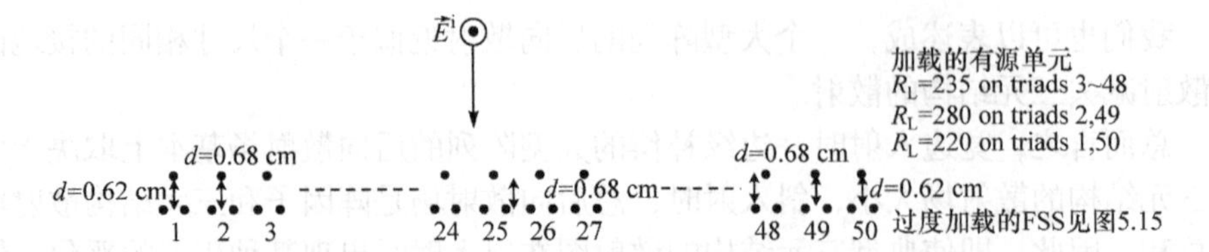

图 5.36　上：在含有 50 个三元结构的阵列中第 25 列三元结构的后向散射场；下：第 25 列三元结构的有限输入阻抗。注意到，从外面来看反射的入射场与从内部来看终端反射系数的幅值非常接近，这表明剩余散射约等于零。

VSWR 约为 1.02，在图 5.36(上)中，我们发现 10 GHz 时的后向散射场有一个对应于驻波比约为 1.01 的反射系数。考虑到只使用了一个模式参与计算，所以这个一致性是相当令人满意的。请参见问题 5.3。

在附录 B 中，我们评述了宽带匹配的原理，并在下册第 6 章中把它们运用到了宽带阵列上。在问题 B.3 中，对于如图 5.36(下)所示的有效输入阻抗，会请您为其设计一个宽带匹配网络。

5.11　常见错误概念

5.11.1　关于通过优化最小化后向散射

研究者经常建议通过计算机优化过程来尽量减弱有限阵列的后向散射(有些人不遗余力地去避免涉及问题的物理层面。有些人别无选择)。

虽然这种方法是可行的，但使用的时候要非常谨慎。可以用一个非常简单的例子来说明哪些事情容易出错，而设计者只局限于比较数字，却无法察觉。在图 5.37(a)中以矢量的形式展示了每个三元结构典型的后向散射场，与图 5.8 中的情况类似。回忆一下，如果所有的三元结构都加载了相同的负载电阻 R_L，那么边缘两个三元结构的散射场与其他的都完全不同，这仅仅是因为边缘处的三元结构的终端阻抗所处的环境不同，所以终端阻抗与其他三元结构的终端阻抗不同。

当使用计算机优化的时候，我们很有可能去计算总的后向散射场，即所有三元结构后向散射场的总和。通常情况下，计算机十有八九会找到如图 5.37(b)所示的简单解决方案。通过调整负载阻抗 Z_L，计算机就会给出这样一个解决方案，边缘两个三元结构的强散射场与其余三元结构较小的散射场简单地相消，因此，阵列的总后向散射场必定等于零。但是，通过简单相消得到这个结果，一般而言具有很大风险，除非谨慎地去操作。在这种情况下，这个方案将是窄带的，对入射角是非常敏感的。

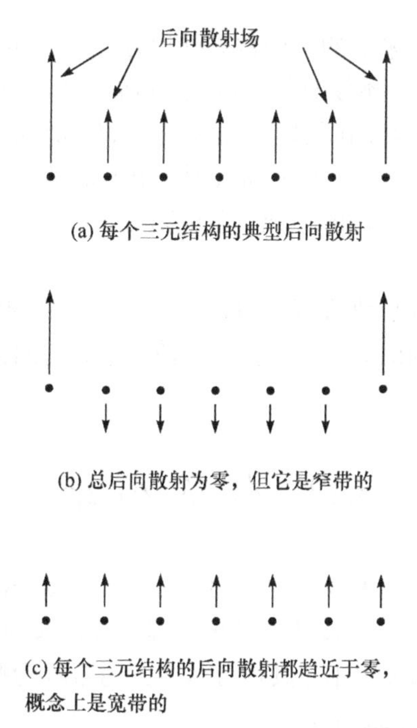

(a) 每个三元结构的典型后向散射

(b) 总后向散射为零，但它是窄带的

(c) 每个三元结构的后向散射都趋近于零，概念上是宽带的

图 5.37　通过无引导的优化程序去减小后向散射通常会产生糟糕的结果。(a) 单个三元结构的典型后向散射——在这种情况下，在边缘的后向散射较强，其他地方则较小(见图 5.8)。(b) 通过改变负载阻抗 Z_L，优化程序计算总散射场，这通常会找到这样一个解，就是边缘的强散射简单地与其他三元结构较弱的散射相互抵消，然而，该解决方案并不适用于宽频带，并且对入射角非常敏感。(c) 一个更好的方案是减小每个三元结构的后向散射，使它们尽可能接近零，如 5.4 节和 5.9 节讨论的一样。

图 5.37(c)展示了一个更好的解决方案。在此，运用本章讨论的处理过程，可以使每一个三元结构的散射场等于零，这不依赖于简单的相消，因此具有更大的带宽，对入射角没有那么敏感。

没错，设计不仅仅是运行计算机，还有更多的设计，或者更糟糕的是，让计算机在不受人脑干扰的情况下自行运行。

5.11.2　处理偶极子的尖端可以降低 RCS 吗？

在问题 5.1 中，我们提出这样一个事实，即后向散射并不总是来源于反射面的边缘。

一个相关的错误概念是，阵列的后向散射是来源于偶极子的尖端，因此，人们下意识地认为，如果用一些神奇的方式去处理偶极子尖端，就可能会降低阵列的后向散射。

按照这个想法，人们采取的一个常见处理方式是在偶极子的尖端简单地放置电阻，然而，在这个区域基本没有传导电流，放置任何东西实际上都是没用的(除了由偶极子的端电容略微增加而引起谐振频率的微小改变)。

为了使电阻负载起作用，它必须插入到有电流的地方，而且必须要有接地面。

这又碰巧恰恰是我们所做的，把负载电阻放置在偶极子的中间，正如在本章充分证明的那样。

正确应用渐近方法和思维方式，可以在高频段得到很好的效果。但不应该盲目地、一成不变地应用到谐振区域。在某些情况下，它们也许还“起作用”，但通常仅仅是运气和巧合。

5.12 本 章 小 结

在第 2 章中，我们向读者笼统地介绍了一般天线 RCS 的基本原理，我们演示了如何将来自天线的散射分解成两个分量，即天线模式项和其他分量，天线模式项与单元终端的失配程度成正比，其他分量今天通常称为剩余散射模式项(关于此主题的更多讨论，请参见 2.2 节)。

具有接地面的阵列天线特别令人关注。因为阵列天线至少从潜在方面讲没有剩余散射模式分量，所以，为了使后向散射为零，只需要各个单元完全匹配。

然而这在概念上听着简单，其实有很多实际问题需要解决。

第一个问题是，在边缘区域的三元结构的终端阻抗与其他三元结构明显不同，这仅仅与这样一个事实相关，在边缘的单元处于不同的环境，远到互阻抗变得很重要。因此，如果内部三元结构是共轭匹配的，而边缘三元结构加载了相同的阻抗，那么就会出现不匹配，引起边缘列的强散射。

第二个问题实际上更加复杂，当研究一个无限阵列的时候，根据 Floquet 定理，单元与单元之间的终端阻抗是一样的，然而，当阵列是有限的时候，众所周知，单元与单元之间的终端阻抗是不同的，它在无限阵列的终端阻抗值上下呈现振荡的形式 (有时称为抖动)。我们推测这个现象与在第 4 章中遇到的相同类型的表面波的存在有关，可是，在无源和有源的情况下这些表面波的幅值明显是不一样的，这是因为这样一个事实：在无源的情况下单元加载的都是纯电抗元件(如果有的话)，而在有源的情况下单元(应该)是连接到独立的放大器上或含有很大阻抗分量的发生器上的(如共轭匹配时所遇到的)。

这些阻抗分量致使沿着结构上潜在的表面波大幅度衰减，事实上，相比较第 4 章讨论的 FSS 的情况而言，它们通常很微弱以至于有源阵列上的表面波可以被忽略掉。可是，这可能足以引起终端阻抗发生抖动。

此外，另一个部分将会使情况变得复杂，即接地面，在我们的研究中它是以有限 FSS 表面的形式建模的，这种结构上的潜在表面波不能简单地通过在整个表面上对所有单元加载电阻来抑制，作为一个接地面，这种方法会导致过多的反射损耗，因此必须要用第 4 章中相同的方式去控制这种情况下的潜在表面波，即在边缘区域的几列单元上加载电阻。

通过监测边缘区域的列电流随负载的变化，能够明显抑制有限 FSS 接地面上的表面波，进一步在每个三元结构的有源单元上加载电阻 R_L ，如上面讨论的那样，R_L 等于 $R_A = 235\,\Omega$ ，能够在 7～12 GHz 频率范围内消除第 10 列和第 40 列之间所有三元结构上可见的抖动(在 12 GHz 以上可能更明显)，然而在低于 7 GHz 时抖动非常大，我们把这完全归咎于有限 FSS 接地面。因此，降低 FSS 接地面的谐振频率我们可以避免这个问题，或者更好的是，当在构建实际阵列时意识到这个问题，我们很可能是使用一个完整的有限接地面，而不是有限 FSS 接地面，因此，没有表面波附着在有限接地面自身。不管怎么样，当使用一个“令人紧张不安的”FSS 接地面时，如果我们能够避免抖动，那么我们应该可以处理更多的问题。

从边缘区域的一些三元结构中可以观察到散射存在偏差，可是不管怎样，通过调整负载电阻和到接地面的间距，把中心频率 10 GHz 时的散射降到零是可能的，使其余频率下的散射场足够地接近阵列其他部分三元结构的散射场也是可能的。

一旦在偶极子上得到证明，一般认为，对于其他类型的相控阵应该也可能适用。

本章所呈现的设计都没有优化以获得更大的带宽，这主要有两个原因：

(1) 我们主要想证明没有抖动的阵列的确是存在的；

(2) 嵌入到机身或者船体结构中的大多数实际阵列都是共形的，因此，设计中应该考虑到这一点。

在第 6 章(下册)将讨论超宽带无限阵列。

问　　题

5.1　常常有人提到平板的散射似乎来自边缘，当研究完美导电平板，并在某种程度上考虑使用电介质平板时，这个观察结果当然是对的。

但是，一般来说反射平板可能会更复杂，应该格外注意。

讨论如何设计具有以下特征的有限尺寸平板反射器：

(1) 边缘强散射，其他地方吸收；

(2) 边缘吸收，其他地方强反射；

(3) 边缘和其他地方都吸收。

就这些简单的概念。

5.2 根据图 5.26～图 5.35 给出的曲线，估计入射角等于−15°时整个阵列的后向散射场。

5.3 根据图 5.36(下)，计算 f = 8 GHz、9 GHz、10 GHz、11 GHz 和 12 GHz 时的 VSWR 值。将计算所得的值与图 5.36(上)所示的驻波比进行比较，以获得阵列前部在后向散射方向的反射的场。考虑到只使用了单个电流模式，你会发现它们吻合得非常好。

附录 A　转换圆与位置圆的确定

A.1　引　　言

如图 A.1 所示，对于一段长度为d_1，特征阻抗为Z_1及终端负载阻抗为Z_L的传输线的输入阻抗Z_{in}，通常可以使用合适的计算机程序或者史密斯圆图来求解。鉴于计算机程序相对于史密斯圆图来说更加快捷与准确，不免会有人质疑道“那为什么还要考虑几何方法呢？”答案很简单：史密斯圆图能够更好地显示出问题在哪，哪些器件应该被加入或者删除，从而能更好地指导我们的设计。在第 6 章和附录 B 给出了这些概念的说明。

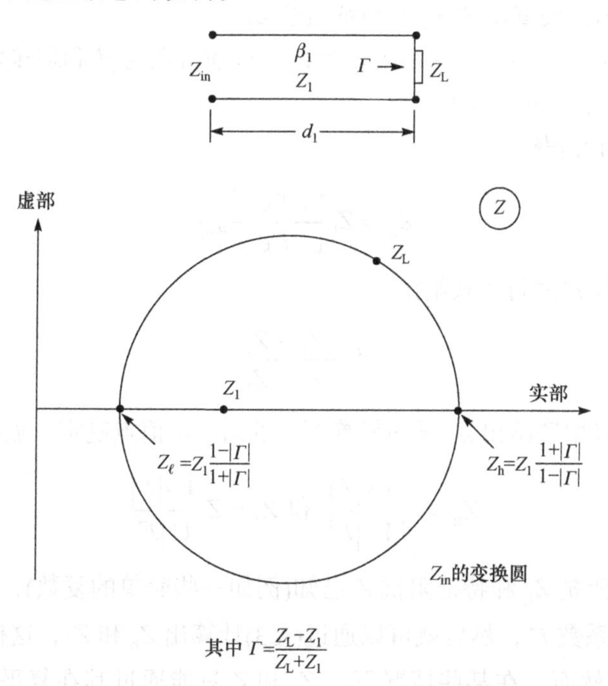

图 A.1　案例 I：给定负载阻抗Z_L和特征阻抗Z_1，根据给出的公式计算Γ、Z_ℓ和Z_h，通过Z_L的转换圆就完全确定。注：只要我们在史密斯圆图中读出所有阻抗，这种方法也完全适用于史密斯圆图。

史密斯圆图适合用于处理涉及用传输线特征阻抗归一化的来处理传输线问题。然而，当处理几段具有不同特征阻抗传输线时，我们需要在每次更改特征阻抗时重新归一化史密斯圆图。由于所有的史密斯圆图在归一化后“长得很像”，在处理复杂的匹配问题时，我们很容易忘记上一步所得到的结果。

克服这种缺点的一种方法就是不管特征阻抗是多少，都保持在相同的经典直角坐标系中。尽管导致转换圆不再是同心圆，位置圆不再是通过史密斯圆图中心的直线，这样做的好处是可以将整个复杂的问题记录在一页纸上。此外，这种方法也可以应用于用任意阻抗归一化后的史密斯圆图中。值得强调的是提出这种方法的初衷是发展一种概念。实际中这些计算应用应该在计算机上运行。

A.2　如何构建转换圆的实例演示

下面的几个实例将演示如何利用给定的参数构造转换圆。

案例Ⅰ：给定负载阻抗 Z_L 和特征阻抗 Z_1

我们要求出长度为 d_1、特征阻抗为 Z_1、传播常数为 β_1 和端接负载 Z_L 的传输线的输入阻抗 Z_{in}，见图 A.1。

根据文献[122]得

$$Z_{in} = Z_1 \frac{1+\Gamma e^{-j2\beta_1 d_1}}{1-\Gamma e^{-j2\beta_1 d_1}} \tag{A.1}$$

式中，反射系数 Γ 通过下式给出：

$$\Gamma = \frac{Z_L - Z_1}{Z_L + Z_1} \tag{A.2}$$

而且此文献中还给出 Z_{in} 通过转换圆上的两个极值点确定，见图 A.1。

$$Z_h = Z_1 \frac{1+|\Gamma|}{1-|\Gamma|} \text{ 和 } Z_\ell = Z_1 \frac{1-|\Gamma|}{1+|\Gamma|} \tag{A.3}$$

如果负载阻抗 Z_L 和特征阻抗 Z_1 已知(例如一些简单的复数)，可以从(A.2)式计算得出反射系数 Γ，然后就可以通过(A.3)计算出 Z_h 和 Z_ℓ，这样，Z_{in} 的轨迹圆就确定了。然而，在某些情况下，Z_L 和 Z_1 只能通过其在复平面上的位置来确定。

因此接下来我们将展示如何通过纯几何方法来确定 Z_{in} 的轨迹圆。注意：只要在史密斯圆图中读出所有的阻抗参数，该方法也同样适用于史密斯圆图。

案例Ⅱ：Z_L 和 Z_1 都在实轴上

图 A.2 表示当 Z_L 和 Z_1 都位于实轴上时，如何得到 Z_{in} 的轨迹圆。

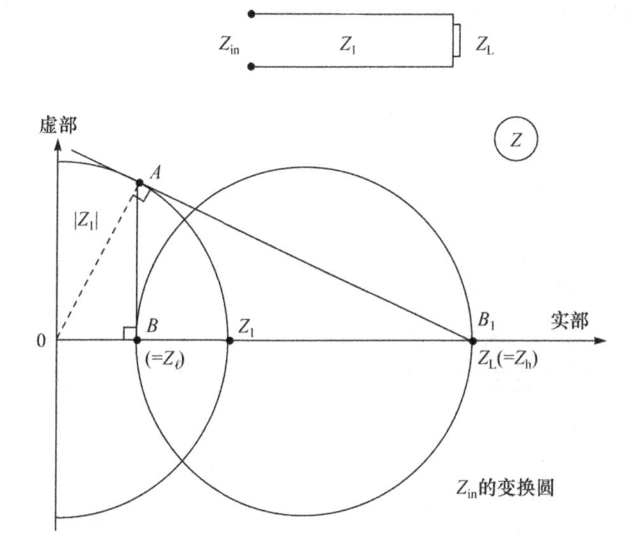

图 A.2　案例Ⅱ：给定的负载阻抗 Z_L 和特征阻抗 Z_1，见复平面中的点 (都在实轴上)。低阻抗 Z_l 是通过如下步骤获得的：首先过 Z_L 点做圆 $Z=|Z_1|e^{j\phi}$ 的切线，然后过切点 A 向实轴做垂线交点为 B，B 点即为 Z_ℓ。通过点 Z_ℓ 和 $Z_h=Z_L$ 点就可以确定经过 Z_L 的转换圆。注：这只在指数坐标系下有用。

求解　首先做一圆心为原点 O 和半径为 $|Z_1|$ 的圆，然后过 Z_L 做圆的切线，切点为 A；过 A 点向实轴做垂线交点为 B。B 点即为 Z_ℓ，通过 Z_ℓ 和 $Z_h(Z_L=Z_h)$ 即可确定轨迹圆。

证明　三角形 OAB 与三角形 OB_1A 相似。于是有

$$\frac{OB}{OA}=\frac{OA}{OB_1}$$

或

$$OB\cdot OB_1=(OA)^2=|Z_1|^2 \tag{A.4}$$

这表明 B 点与 B_1 点共圆相关，而 $OB_1=Z_L=Z_h$，因此有 $OB=Z_\ell$。Z_{in} 的轨迹圆就经过 Z_ℓ 和 Z_h 点。

注：这种方法只适用于直角坐标系。

案例Ⅲ：负载阻抗 Z_L 位于复平面任一点，特征阻抗 Z_1 位于实轴

如图 A.3 所示，当负载阻抗 Z_L 位于复平面上任意一点、特征阻抗 Z_1 位于实轴上时，如何得到 Z_{in} 的轨迹圆。

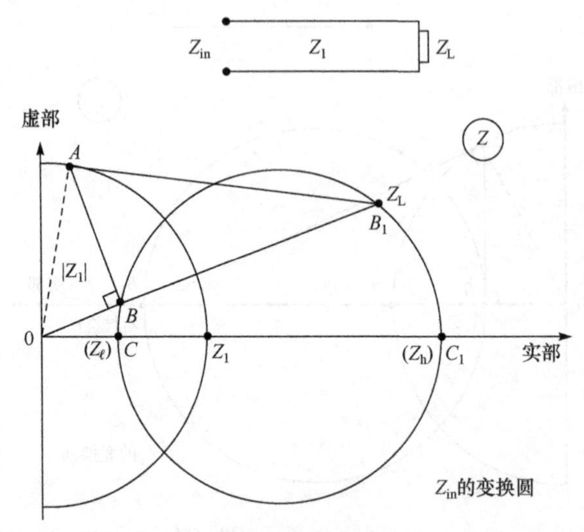

图 A.3　案例Ⅲ：给定 Z_L (任意位置) 和实轴上的特征阻抗 Z_1。过 Z_L 做圆 $Z=|Z_1|e^{j\phi}$ 的切线，切点为 A。过 A 点向线 OB_1 做垂线，交点为 B。以实轴上的一点为圆心 (因为 Z_1 在实轴上)，过 B 和 B_1 点做圆即为 Z_{in} 的转换圆。这种方法只适用于直角坐标系。

求解　以原点 O 为圆心，$|Z_1|$ 为半径画圆。过 Z_L 做圆的切线，切点为 A。然后过 A 点向经过点 O 和 Z_L 的直线做垂线，交点为 B。以实轴上一点为圆心 (我们假设 Z_1 在实轴上)，过 B 和 Z_L 做圆即为 Z_{in} 的轨迹圆。该圆与实轴相交于 C 和 C_1 点，$OC=Z_\ell$ 和 $OC_1=Z_h$。

证明　三角形 OAB 与三角形 OB_1A 相似，从而

$$\frac{OB}{OA}=\frac{OA}{OB_1}$$

或

$$OB\cdot OB_1=(OA)^2=|Z_1|^2$$

另外，从“圆的力量”[123]有

$$OC\cdot OC_1=OB\cdot OB_1 \tag{A.5}$$

由式(A.4)可得

$$OC\cdot OC_1=|Z_1|^2 \tag{A.6}$$

从这可以看出，C 和 C_1 是关于 Z_1 所共圆相关的(B 和 B_1 也满足这样关系，参见式(A.4))。同样，这也只适用于直角坐标系。

案例Ⅳ：在 Z_{in} 的转换圆上任意给定两点 B_2 和 B_3

例Ⅳ给出了已知 Z_{in} 转换圆上的任意两点 B_2 和 B_3 来求解特征阻抗 Z_1 (实数)。

求解 以实轴上一点为圆心，过 B_2 和 B_3 点作圆(设定 Z_1 为实数)。如图 A.4 所示，该圆与实轴相交于两点分别代表阻抗极小值 Z_ℓ 和极大值 Z_h。然后，过原点作圆的切线，切点即为“T”。最后，以原点 O 为圆心，OT 为半径作圆，交实轴于 T_1 点。OT_1 即为所求的特征阻抗 Z_1。

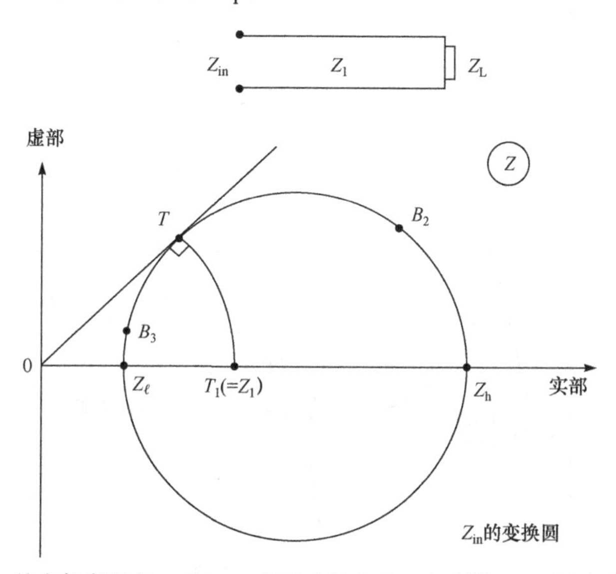

图 A.4 案例Ⅳ：给定任意两点 B_2 和 B_3，以及实轴上的一点为圆心，可以很快地得出 Z_{in} 的转换圆 (假设特征阻抗 Z_1 是实数)。然后过原点 O 做圆的切线，切点为 T。OT 的长度即为 $|Z_1|$。这种方法只适用于直角坐标系，除非在史密斯圆图中能读出实际数字。

证明 由“圆的力量”[123]可得，$Z_\ell \cdot Z_h = (OT)^2 = Z_1^{\ 2}$ (Z_1 为实数)，因此该方法是正确的。这种方法只适用于直角坐标系，除非能从史密斯圆图中读出实际数字。参见问题 B.2。

A.3 Z_{in} 位于转换圆上何处？位置圆的确定

到目前为止，我们一直关注于怎样确定 Z_{in} 的转换圆。在这一节，我们将讨论怎样确定 Z_{in} 在圆上的位置。这一内容在文献[123]中详细描述过，因此在这里只做一个简单的回顾。

首先，以虚轴上一点为圆心，过 Z_L 和 Z_1 画圆，见图 A.5。过 Z_1 点作圆的切线。然后再过 Z_1 点作一直线与切线夹角为 $2\beta_1 d_1$ (顺时针方向)，β_1 为传播常数，d_1 为传输线长度。最后，以虚轴上一点为圆心，Z_1 为切点，第二条直线为切线画圆，该圆即为位置圆。位置圆与转换圆的交点即为输入阻抗 Z_{in}。

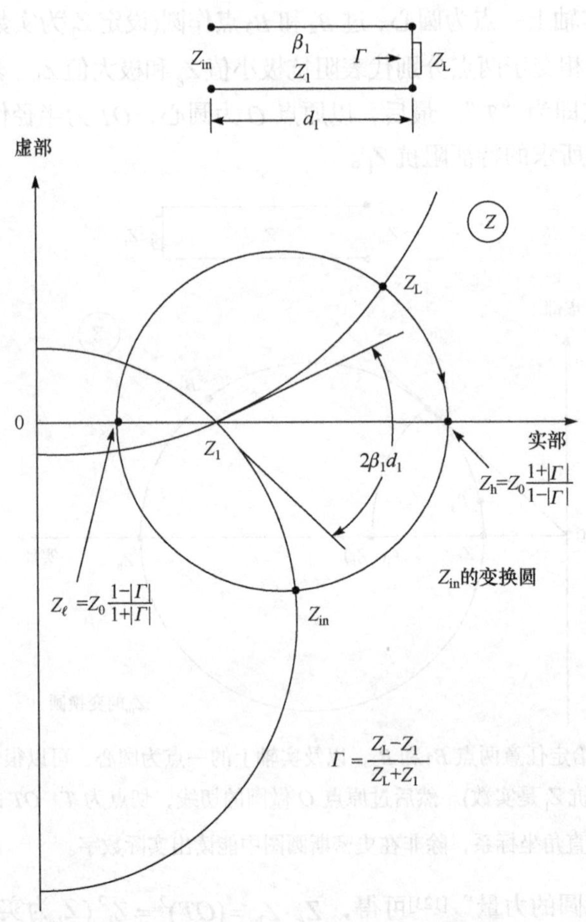

图 A.5　确定 Z_{in} 在转换圆上的位置。以虚轴上一点为圆心，过 Z_L 和 Z_1 点画圆，过 Z_1 点作该圆的切线。然后在过 Z_1 点作一直线与该切线的夹角为 $2\beta_1 d_1$ (顺时针方向)。再以虚轴上一点为圆心，过 Z_1 点作一与第二条切线相切的圆。两圆的交点即为输入阻抗 Z_{in}。

问　　题

A.1　给定负载阻抗 $Z_L=100+j50\Omega$，求使得输入阻抗 Z_{in} 等于以下值的特征阻抗 Z_1 和最短传输线长度 d_1。

(1) 50 Ω;

(2) 100 Ω;

(3) 150 Ω。

你也可以使用图解法。最聪明的学生通常只要 10 min 或者更少就能得出答案。如果你使用计算方法，要准备好多花“一些”时间，但不要对案例 (2) 及其附近的一些值感到太沮丧。

计算机是神奇的，但它只是大脑的辅助，而不是代替品。

附录B 宽 带 匹 配

B.1 引 言

大多数选修过天线与传输线基础理论课程的学生都认为他们能将任意一个负载阻抗 Z_L 匹配到电阻负载上。这些学生试图证明他们不仅知道单短截线调谐器而且知道双短截线调谐器甚至是三次短截线调谐器。然而，令人伤心的事实是，尽管这些方案在单一频点下能达到完美的匹配，但是会在其他情况下造成巨大的不匹配。事实上，甚至权威的教科书中也提到给出的天线匹配常常是窄带设计；然而，情况不一定如此。为了否定这一观点，我们将在本附录中检查一般的匹配，尤其是宽带匹配。必须意识到的是，在当今大多数大学中教的宽带匹配是非常浅显的，即使提及这一点。

这并不是宽带匹配技术没有足够的时间发展成熟。事实上，作者仍然记得在20世纪50代中期作为一名年轻工程师时学习《甚高频技术》的第3章[119]。我认为，书中所写仍是至今最权威的(我总是确保学生在我的第一个天线课程得到此书的副本，因为据我所知，这本书已经绝版了)。

以军事对抗为目的宽带匹配技术发展于二战期间。人们根本不知道敌人会在哪个频率范围内突然出现。新兴的电视行业推动了宽带匹配的进一步发展。理想情况下，多数电视频道的工业要求为传输天线的电压驻波比VSWR <1.05 (见B.9.1节)。该领域的专业知识似乎已存在于几个天线“房屋”。他们并不急于与外界分享他们的知识(当涉及产品的商业利益时，行业时常会表现出非常谦虚的态度)。你只能在内部学习。作者在20世纪50年代后期加入了德国慕尼黑的“罗德施瓦茨”公司。除了作为测量设备领域的知名厂商之外 (他们经常与惠普公司相比)，他们拥有当时欧洲最先进的甚高频和超高频范围的天线部门。举个典型的例子，他们不仅能在工作的电视频道中而且能在整个频带——欧洲频段Ⅰ和频段Ⅲ天线系统的47～68 MHz和174～224 MHz使天线系统匹配到VSWR <1.05 。作者不仅有幸参与了几个非常具有挑战性的项目设计，而且师从几位导师，其中特别是Thomanek L.先生。在涉及匹配问题时，他的视野和经验是非凡的。

关于这个主题的论文有很多。其中一篇由Rumsey V.H.发表于1950年[124]。尽管它比文献[119]发表的晚，但与之前文献中更一般方法相比，它主要处理特殊情况；然而，有迹象表明，实际上Rumsey在二战初期在英格兰展开他的工作。此外，文献[125]主要针对业余爱好者，但许多专业人士可以从阅读中受益。最后，文献[126]的第 31 章给出了关于宽带匹配专题的一般介绍和附加参考文献。

B.2 匹 配 工 具

将任意一个负载阻抗匹配到另外任意一个阻抗上的基本工具见图 B.1。在顶部从左至右分别是：

(1) 负载阻抗 Z_L 与纯电抗 jX 串联；

(2) 负载导纳[1] Y_L 与纯电纳 jB 并联；

(3) 传输线特征阻抗 Z_1，长度 d，终端负载阻抗 Z_L。

尽管有耗元件可以用在匹配中，但基本不推荐。因为不能仅仅为了减小失配带来的损失而忽视效率的降低。当频率低于 100 MHz 时，可以考虑用有耗元件。因为大多数这一频段的噪声是来自天线外部的世界或人为噪声。换句话说，信号和噪声被衰减到相同的程度，使得信噪比基本不变。由于主要对一般情况感兴趣，我们将在下面假设所有匹配元件都被理想化为纯虚数。

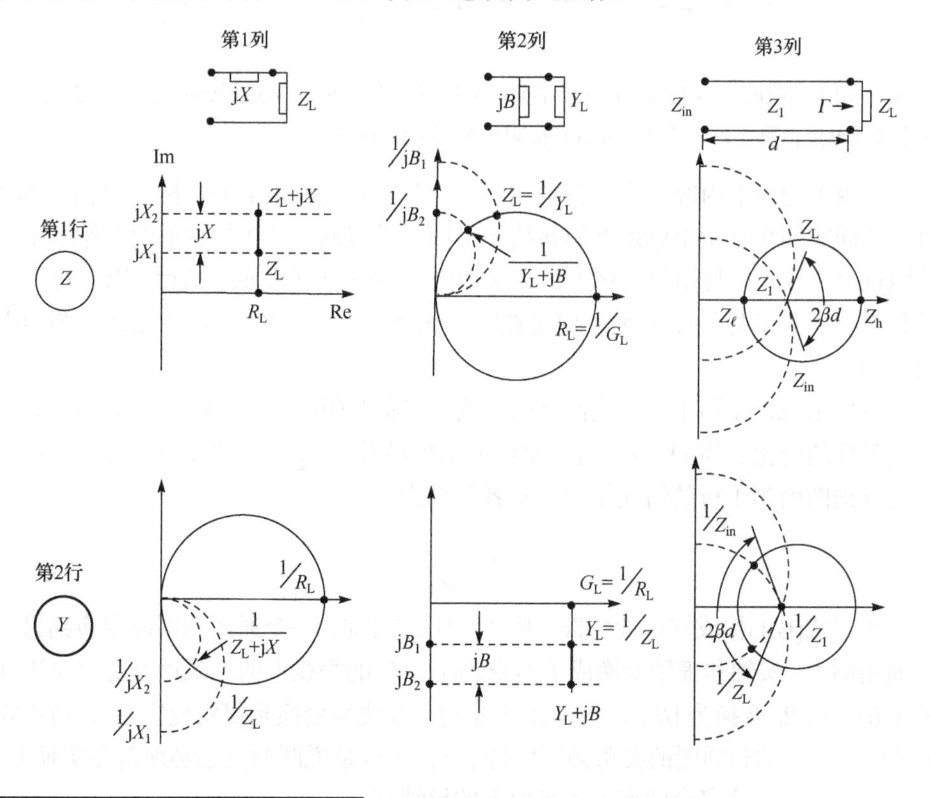

1 原文误为“阻抗”(impedance)，正确为“导纳”(admittance)。

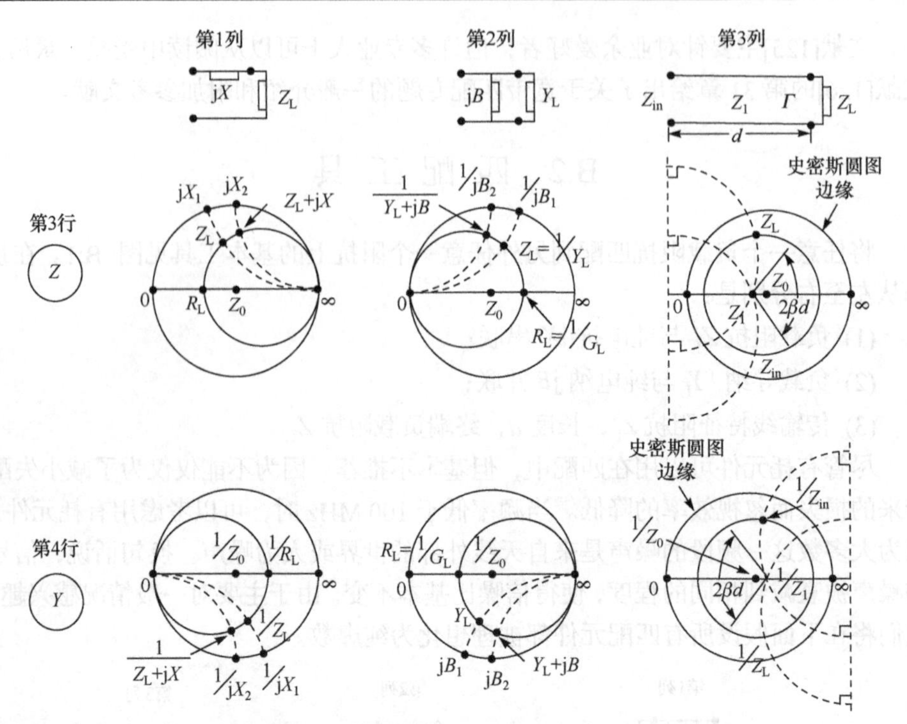

图 B.1　用于匹配的基本工具及其在复平面中的描述：第 1 列：串联连接纯电抗；第 2 列：并联连接纯电抗；第 3 列：长度为 d 且特征阻抗为 Z_1 的传输线。

图 B.1 为以下内容：第 1 行的三个实例是直角坐标系下的阻抗 Z 平面。第 2 行是相同实例在直角坐标系下的导纳 Y 平面。类似的，第 3 行表示的是像第 1 行的阻抗 Z 平面，但是用归一化阻抗 Z_0 在史密斯圆图中表示的。最后，第 4 行表示的是像第 2 行的导纳 Y 平面，但是在归一化到任一导纳 $Y_0 = 1/Z_0$ 的史密斯圆图中表示的。

具体来说，在第 1 列中我们可以看到，当负载阻抗 Z_L 与纯电抗 jX 串联时会发生怎样的变化。当 jX 改变时，整体的阻抗沿着过 Z_L 的垂线变化。此外，第 2 行的导纳图由第 1 行的情况得到，两者关系为

$$Y = \frac{1}{Z} \tag{B.1}$$

由于式(B.1)构成双线性变换，从文献[123]可知，一个通用圆可以变换到另一个通用圆上。实轴和虚轴变换成了本身，而过 Z_L 的垂线上的无限远点变成 Y 平面的(0,0)，点 R_L 变换为 $1/R_L$。进一步注意到，双线性变换是保角变换[123]，所以在 Y 平面上的实轴和圆图的夹角必须保持 90°，也就是说圆的圆心必须落在实轴上。如图 B.1 所示，这完全确定了 Y 平面上的导纳圆。

最后，Z 平面的两条平行线 $X = jX_1$ 和 $X = jX_2$ 的无穷远点变成了 Y 平面的(0,0)，而 Z 平面虚轴上的两个点 jX_1 和 jX_2 分别变成 Y 平面虚轴上的两个点 $1/jX_1$ 和 $1/jX_2$。

同样注意到，双线性变换保持角度不变，两条平行线 $X = jX_1$ 和 $X = jX_2$ 变换成了圆心在 Y 平面虚轴上的圆。这就决定了在任意负载阻抗 Z_L 串联一个电抗时 Y 平面上圆图轨迹。

在第 3 行我们把阻抗图用归一化阻抗 Z_0 在史密斯圆图中表示出来。注意到，从第 1 行到第 3 行的变换也是双线性变换[123]，也就是说，一个通用圆可以变换到另一个通用圆上。特别的，第 1 行中的虚轴变换成第 3 行中史密斯圆图中的圆，实轴变换成本身。另外，两条平行线 $X = jX_1$ 和 $X = jX_2$ 的无穷远点变成了史密斯圆图中的∞，同时，虚轴上的两个点 jX_1 和 jX_2 落在史密斯圆图的圆周上。进一步指出，第 1 行的图中，两条平行线与实轴的夹角为 0°，也就是说，在史密斯圆图上连接∞、jX_1 和 jX_2 的圆的圆心一定在过∞的垂线上。最后，第 1 行中过 R_L 的垂线变换成史密斯圆图中过 R_L 和∞的圆。这样，当在任意负载阻抗 Z_L 上串联一个电抗 jX 的史密斯圆图变化轨迹就完全确定了。最后，导纳的情况如第 4 行所示。

接下来我们检验图 B.2 中第 2 列表示的负载导纳 Y_L 与纯电纳 jB 并联的情况。这种情况下，从导纳平面开始分析较为方便，如第 2 行所示。在负载导纳 Y_L 上并联一个纯电纳 jB 的轨迹是一条过 Y_L 的垂线。与第 1 列中从第 1 行到第 2 行串联情况类似，我们容易看出阻抗平面(第 1 行的 Z)上的轨迹为圆心在实轴上，过(0,0)和 $R_L = 1/G_L$ 的圆。类似的，导纳 Y 平面(第 2 行)上过 jB_1 和 jB_2 的两条平行线将变换成阻抗 Z 平面(第 1 行)上过(0,0)和点 $1/jB_1$ 和 $1/jB_2$ 的两个圆。最后，第 3 行和第 4 行的史密斯圆图也是通过双线性变换得到的，与在第 1 列中从第 1 行到第 2 行和第 3 行到第 4 行是类似的。

第 3 列，第 1 行 中阐明了在传输线特征阻抗 Z_1，长度 d，终端负载阻抗 Z_L 的条件下如何获得输入阻抗 Z_{in}。如附录 A 所讲，输入阻抗 Z_{in} 在过实轴两点 Z_h 和 Z_ℓ 的圆上。

$$Z_h = Z_1 \frac{1+|\Gamma|}{1-|\Gamma|}, \quad Z_\ell = Z_1 \frac{1-|\Gamma|}{1+|\Gamma|} \tag{B.2}$$

反射系数为

$$\Gamma = \frac{Z_L - Z_1}{Z_L + Z_1} \tag{B.3}$$

所有的位置圆都过点 Z_1 且圆心在虚轴上[123]。此外，第一个位置圆也经过 Z_L 被唯一确定的。接着，我们过 Z_1 作位置圆的切线。再过 Z_1 作第二条线，与第一条线顺时针夹角等于$2\beta d$。第二条线是位置圆的切线，由确定的位置圆得到输入阻抗Z_{in}。

导纳的情况在第2行给出。通过$Y=1/Z$直接由第1行中的阻抗得到，圆通过变换仍然得到圆。更具体的，特性导纳为$Y_1=1/Z_1$，变换圆由两个极值点确定

$$Y_h=\frac{1}{Z_l} \text{ 和 } Y_\ell=\frac{1}{Z_h} \tag{B.4}$$

位置圆的确定与第1行中阻抗的情况完全类似。

我们接下来分析第3行。图中将阻抗平面用归一化阻抗Z_0(一般情况，$Z_0\neq Z_1$)在史密斯圆图中表示。再次回顾，从第1行到第3行史密斯圆图的变换是双线行变换，我们可以立即得出结论，第1行中的变换圆将会变为第3行中相似的圆。但是只有阻抗归一化为Z_1（Z_0=Z_1）时，史密斯圆图上的圆才是同心圆。位置圆的确定与第1行直角坐标系中阻抗的情况完全类似。只有当Z_0=Z_1时位置圆是过史密斯圆图中心的直线。最后，第4行的导纳的情况是从第2行中获得的，与上述阻抗的变化完全类似。

在这一点上，人们可能会想："为什么在史密斯圆图中一般情况考虑$Z_0\neq Z_1$？"让我们强调一下，除了Z_0=Z_1的情况，实际使用史密斯圆图进行计算都是不精确的。但是，如后面将要说明的那样，当Z_L不是史密斯圆图中的单个点，而是实际中通过测量 (或以其他方式) 获得的并在归一化阻抗为Z_0的史密斯圆图中绘制的给定曲线时，会出现典型情况。在这种情况下，根据不同测试值Z_1下的极值点Z_L能够方便快速地画出变换圆。见附录A。如后面讨论的那样，这将告诉我们在一条Z_L给定的曲线上，最小的电压驻波比是多少，见B.6节。

有人可能会假设上面的表述终止了我们的匹配学习。其实，这才刚刚开始。真正的挑战是将上述三种工具中的任何一种结合在一起，将任意阻抗曲线Z_L转换成复平面中任意位置的阻抗点集合。一般来说没有简单的唯一的方法。作者认为，最好的方法是图形解的方法，现在将用例子来说明(是的，我只承认一次，一点点经验也是有帮助的)。

B.3 示例：单串联短截线调谐器 (宽带应用中不推荐)

给定：如图B.2所示，负载阻抗Z_L是有关频率的函数，在史密斯圆图中归一化到200 Ω和100 Ω。我们现在需要设计一个单短截线调谐器使得在中心频点$f=250\text{MHz}$处负载阻抗Z_L变为50 Ω。基于中心频点的设计，我们进一步求出其他频率下的输入阻抗Z_{in}。

习惯上选择传输线的特征阻抗Z_0等于匹配阻抗——50 Ω。但是，为了说明这

种类型匹配更一般的情况，我们选择使用等于 100 Ω 的特征阻抗。我们先将负载阻抗 Z_L 用 100 Ω 做归一化，然后将其在 $f = 250$ MHz 频点下进行旋转，使之与阻值为 $1/2 \cdot 100 = 50$ Ω 的等电阻圆相交 (见图 B.1，第 1 列)。图 B.2 表明，这在史密斯圆上的弧长为 $0.129\lambda_{250}$。最后，添加一个电感 $jX = 1.04Z_0$ 就能使得中心频率下的阻抗为 $0.5Z_0 = 50$ Ω。

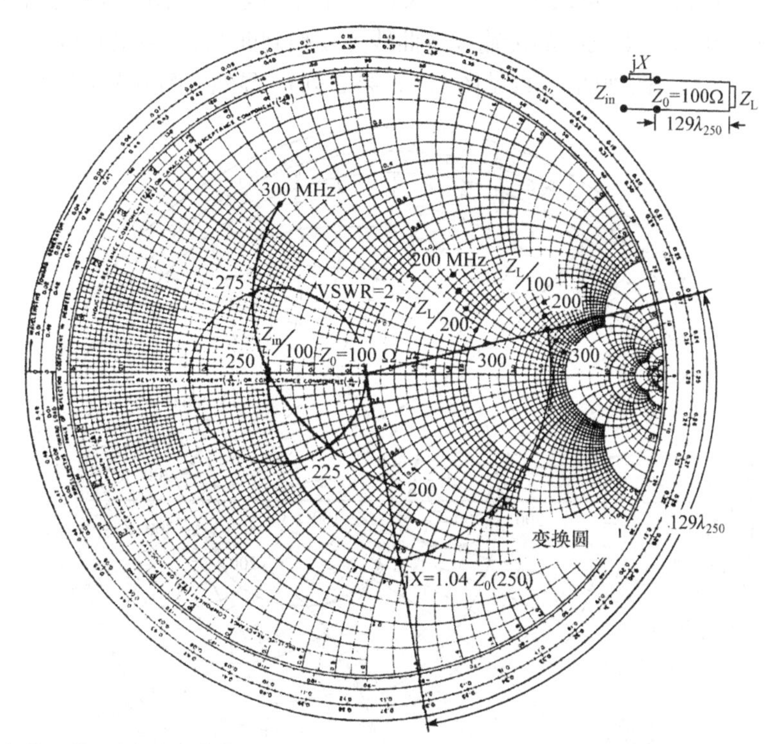

图 B.2 负载阻抗 Z_L 在中心频率 (250 MHz) 处匹配到 50 Ω。如文中所述，可在其他频率处求出输入阻抗。不建议在宽带应用中采用这种方法。

注意到在史密斯圆图中他们的旋转与频率成比例，可确定其他频率下的解——$0.129 \cdot (f/250\lambda)$。此外，我们假设串联电抗 jX 随频率的变化是一个理想的集总参数负载，也就是说，它同样与频率成比例 (传输线的短截线不会这么简单)。最终的结果如图 B.2 中归一化到 $Z_0 = 100$ 的史密斯圆图所示。图中还标明了对应于 50 Ω 时的 VSWR 圆为 2。毋庸置疑，它不是宽带的！

B.4 示例：宽带匹配

接下来，我们仍然对图 B.2 中相同的负载阻抗 Z_L 进行匹配。但这次我们将采用一种更复杂的匹配方法。对应网络的示意图显示在图 B.3 的底部。(实际执行的一个例子稍后在图 B.8 中给出。)

首先计算终端开路匹配器的输入阻抗 Z_{stub}，我们有

$$Z_{\text{stub}} = \text{j}100\cot\beta l_{\text{stub}} \tag{B.5}$$

得到曲线 1，当与负载阻抗 Z_L 串联后，得到曲线 2 (见图 B.1，第 1 列)。接着，我们沿长度为 24.6 cm 的传输线将曲线 2 变换到曲线 3，再沿长度为 30 cm 的传输线将曲线 3 变换到曲线 4 (见图 B.1，第 3 列)。显然，图 B.3 中的曲线 4 远远

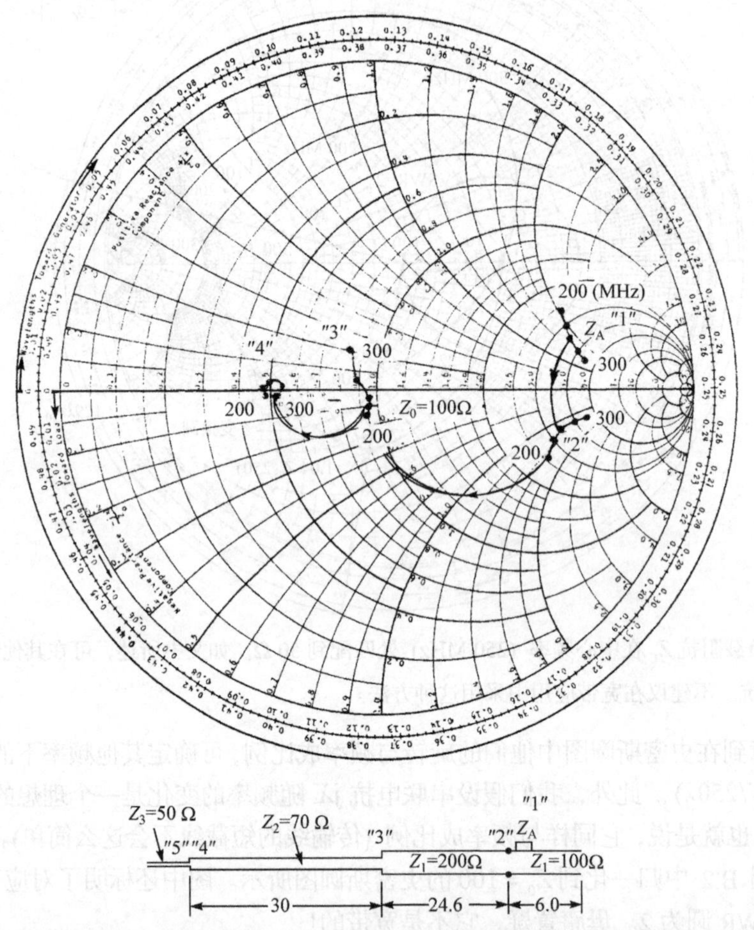

图 B.3　负载阻抗 Z_L 在图 B.2 中给出，上图是采用宽带匹配方案来实现阻抗匹配，电路图如下插图所示。曲线 4 实现了所需要的阻抗匹配。相比于图 B.2 中的结果，这种方案的优势是很明显的。

优于先前图 B.2 中串联一个单短截线调谐器获得的阻抗曲线 (详见表 B.1)。问题是，为什么区别这么大?

宽带的概念是通过图解法发展起来的。Jonothan Pryor 使用计算机进行了微调(就像本书中的其他许多项目一样)。对优化过程来说，计算机是个好的工具。

表 B.1 图 B.3 中阻抗值

频率/MHz	Z_A("1")/Ω	"2"/Ω	"3"/Ω	"4"/Ω
200	260+j200	260–j169.5	93.42–j15.9	49.49–j2.23
225	300+j200	300–j144.2	99.49–j10.5	48.21–j0.62
250	340+j180	340–j127.8	98.22–j4.4	49.79+j2.23
275	400+j140	400–j137.8	86.93+j5.7	55.72+j0.36
300	440+j120	440–j132.6	82.86+j20.9	51.19–j4.21

B.5 “技巧”

进行宽带匹配时，一条基本规则是原始阻抗曲线 1 应该尽快“反转”，这基本上意味着它在史密斯圆图中以错误的路径运行——逆时针方向运行。一般，对于这种结果的表述会遭到强烈的反对，这也是应该的。然而，虽然一般情况下阻抗曲线将作为频率的函数顺时针运行，但是它仍然可能在有限的频率范围内向后运行。比如，如果我们观察图 B.3 中的曲线 2，从史密斯圆图的中心观察时，它确实是逆时针运动的 (如果你从曲线右侧的较高阻抗处观察，则曲线是沿顺时针运动的，而且曲线 2 将在更宽的频率范围内顺时针旋转；也就是说，曲线 2 只有一个循环)。

当我们沿长度为 24.6 cm 的传输线旋转曲线 2 时，这种情况的美妙变得清晰。由于沿着变换圆的旋转与频率成正比，所以较高的频率将旋转的更多。然而，由于它们落后于较低的频率 (通过将 Z_L 反转为曲线 2)，很明显曲线 2 可能在到达点 3 时聚集在一起。我们观察到情况确实如此；但是曲线 3 同样存在过度补偿的问题，并没有像预期的那样匹配到 50 Ω(见下文)。因此，我们加入另一段长度为 30 cm，特征阻抗为 70 Ω 的传输线。这有两个目的：一是将曲线 3 变换到接近 50 Ω 处，二是把曲线 3 压缩到最终的输入阻抗曲线 4 上。

B.6 讨　　论

B.6.1 过补偿

许多问题有待解决。首先，我们为什么不把 24.6 cm 传输线的特性阻抗从 200 Ω 降低到 160 Ω。这将使曲线 3 接近 50 Ω，原理见图 B.4。

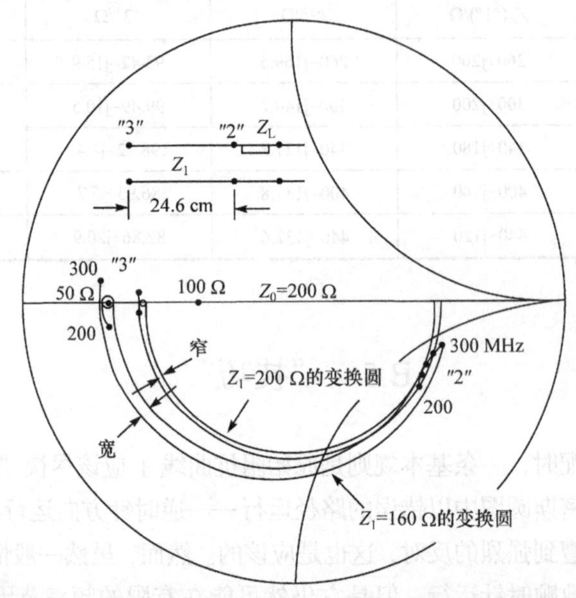

图 B.4　通过将特征阻抗 Z_1 从 200 Ω 变到 160 Ω，我们可以将曲线 3 移到更靠近 50 Ω 的位置，但同时高低频的转换圆曲线之间也变得更宽、更发散。

这个方案的关键问题在于，尽管基于 160 Ω 的新变换圆与 200 Ω 的变换圆上的点彼此间的距离是差不多的，但史密斯圆图的性质，可能导致曲线 3 比之前的曲线更宽 (参见问题 B.2)。但是更严重的问题是，高频阻抗远在低频前面，见图 B.4。因此，必须通过使用之前论证的传输线或图 B.1 中的其他匹配工具来纠正这种过补偿。

另外，如图 B.5 所示，另一种方法可以保持特征阻抗为 200 Ω 不变，而将曲线 2 的点由中心向外沿等电阻圆移动，如图 B.1 中第 3 行第 1 列所示。这可以通过增大开路传输线的电抗来实现，如减小传输线的长度。这种方法的局限在于曲线 2 会开始弯曲，转换圆之间的距离更大，最终导致曲线 3 变宽。此外，曲线 3 可能会像之前图 B.4 中那样过度补偿。

上述讨论的结论是曲线 2 应该在变换中产生尽可能彼此接近的变换圆。这可能不会使曲线 3 处于正确的匹配阻抗。但这可以通过使用一个或多个变换来校正。

或者，可以使用图 B.1 中的其他工具，如下所述。

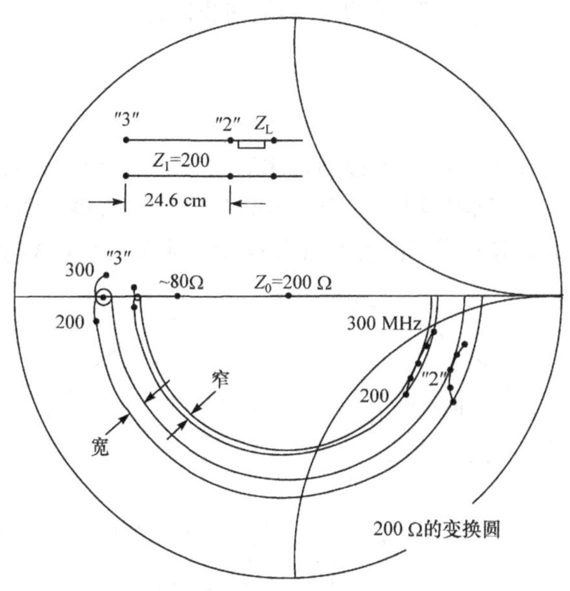

图 B.5　通过将开路短截线的电抗增大到上图右边所示，曲线 2 弯曲过度形成一条新的曲线 3，曲线 3 经变换后更靠近 50 Ω，但同时高低频转换圆之间也会变得更宽。

B.6.2　如何校正欠补偿

在上面看到一个例子，其中高频阻抗在低频之前 (过补偿)。如图 B.6 所示，

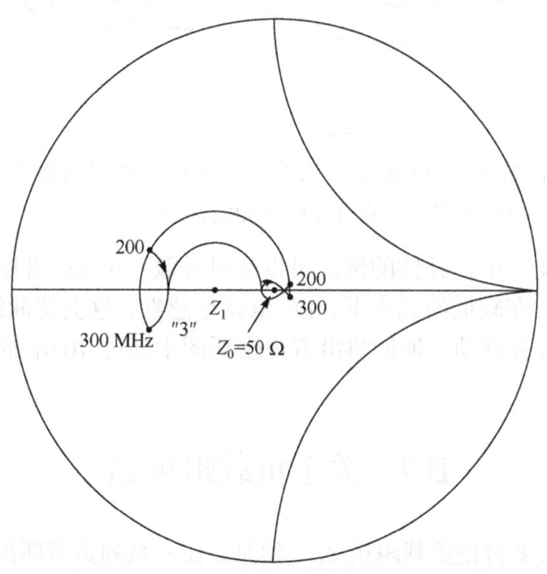

图 B.6　如果高频阻抗在低频之后，阻抗曲线可以通过加载高特性阻抗 Z_1 的传输线进行转换压缩。

情况也可能相反。为了纠正这种情况，我们可以通过具有比曲线 3 更大特征阻抗 Z_1 的传输线对曲线 3 进行变换。如果这不能使我们进入所需的区域，则可能需要更多的后续变换。

B.6.3 备选方法

曲线 3 中欠补偿的情况也可以通过串联一个等效电路对曲线进行压缩，如图 B.7 左侧所示。在低频情况下，串联电路呈容性，这将使曲线 3 的低频率的点沿恒定电阻圆向史密斯圆图的容性部分移动 (见图 B.1 第 3 行第 1 列)。

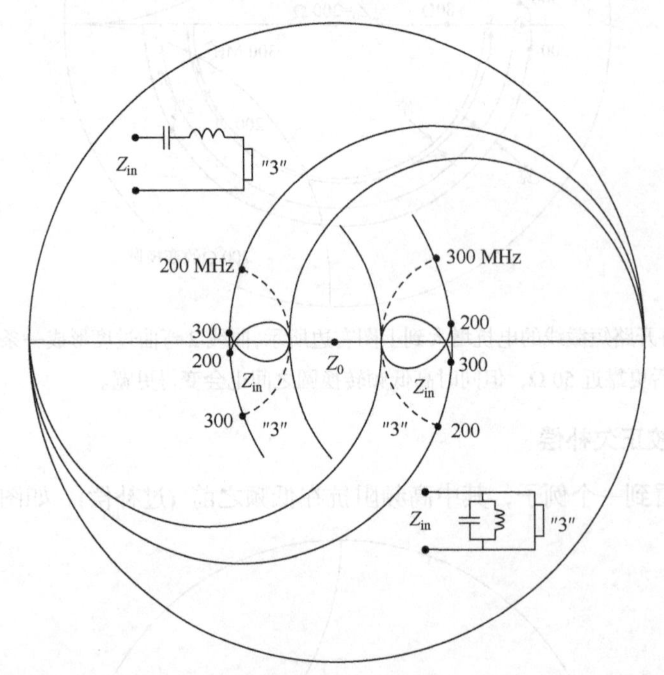

图 B.7 如左边所示的欠补偿可以通过 LC 串联电路或类似开放式传输线的等效电路的串联插入来纠正。如右边所示的过补偿可以通过加载并联电路来纠正。

类似的，曲线 3 中过补偿的情况可以通过并联一个 LC 并联电路来解决，如图 B.7 右侧所示。在较低的频率下，LC 电路呈感性，这会将曲线 3 的阻抗向史密斯圆图的电感部分移动。他们将沿着史密斯图中经过 (0,0) 的圆移动，见图 B.1 第 3 行第 2 列。

B.7 关于负载阻抗 Z_L

至此，没有过多讨论负载阻抗 Z_L。但是，在一系列宽带匹配的示例中可以看到 Z_L 不能是任意值。基本的发现是，既然图 B.1 中所有的匹配工具或者他们的组合都随频率呈单调和可预测的方式变化，那么Z_L必须被限定在复平面的一个小区域内，以获得最终的阻抗。因此Z_L应该随频率平滑的变化，而不应该随频率改变突然变大或突然变小。

其次，Z_L本身也应该有尽可能宽的带宽。当使用线材时，通常通过使用较大的线径来实现 (请记住“胖就是美”的信条)。

这个事实的物理解释是，通过使用厚的材料，我们可以将材料周围储存的能量替换或减少，并直接转换为更大的带宽 (另请参见 6.12.1.1 节和附录 D)。

此外，描绘Z_L的曲线应该以适当的方式成形或弯曲。更准确地说，如上所述，理想情况下，在翻转之后的曲线应该尽可能接近转换圆。这是宽带匹配中更有趣的任务之一。通常，所讨论的天线可能是在H平面中并排排列的单排偶极子，也就是说互耦很强。现在回想一下，间距为d的两个偶极子之间相互耦合的互阻抗主要项是

$$Z_m = C\frac{e^{-j\beta d}}{d} \tag{B.6}$$

(C是一个复常数)，原则上，互阻抗可以位于复平面的任何位置。因此，当添加到单个元件的自阻抗时，在一定的间距d下，负载Z_L曲线会以一种错误的方式弯曲到一个限定带宽内。由于阻抗的原因，偶极子间距d必须选取合适的值 (通常约为0.5λ)。不能为了获得最大增益而取值$0.7\lambda \sim 0.8\lambda$，也不能像第 6 章提到的为了获得超宽带宽而使偶极子间距非常小，因为这样会导致很高的电压驻波比。一个有趣的例子是，六个各自具有单独反射器网格的垂直偶极子按轴向安装；也就是说，偶极子间的相互耦合很小。在这种情况下，根本无法获得理想的Z_L。这个问题要采用一种特殊的方法解决。如上所述，每个偶极子由一个单独的反射器栅格支撑，该反射器栅格由四个间隔很近的垂直杆由四个间隔很宽的水平滑道相互连接而成。通常，必须注意网格开口足够小以至于它们不会在工作频率下发生谐振。在这种情况下，来自电网开口的过耦合阻抗会在Z_L的阻抗曲线中产生非常不希望的回路。而在刚才说的情况下，我们就是这么做的。通过切除一个水平滑道的一部分，构成一个是正常尺寸两倍的反射圈。由于这种“不良”谐振，Z_L的曲线可以弯曲，刚好抵消了错误的弯曲 (因为我们预料到了问题，我们默认只能在11%的带宽范围内实现$\mathrm{VSWR} < 1.05$)。

最后，应该指出的是，Z_L也应该调整到适当的大小。实际上，上述示例中给出的Z_L值偏大，导致第一个变换器的特征阻抗等于 200 Ω。虽然在使用双引线时这个值很好，但当我们使用如图 B.8 所示的同轴电缆时，它通常导致内导体太细而不实用。回想一下，当$\lambda/2$偶极子的辐射电阻随其直径变化相对较小时，这通常是相对容易解决的，而全波偶极子对于细线半径具有数千欧姆的辐射电

阻，而它对于粗线半径可能低至几百欧姆[127]。尽管我们的偶极子既不是半波也不是全波偶极子，但是大多在 0.7λ 附近，它的辐射电阻也可以很容易地通过线半径来调控。

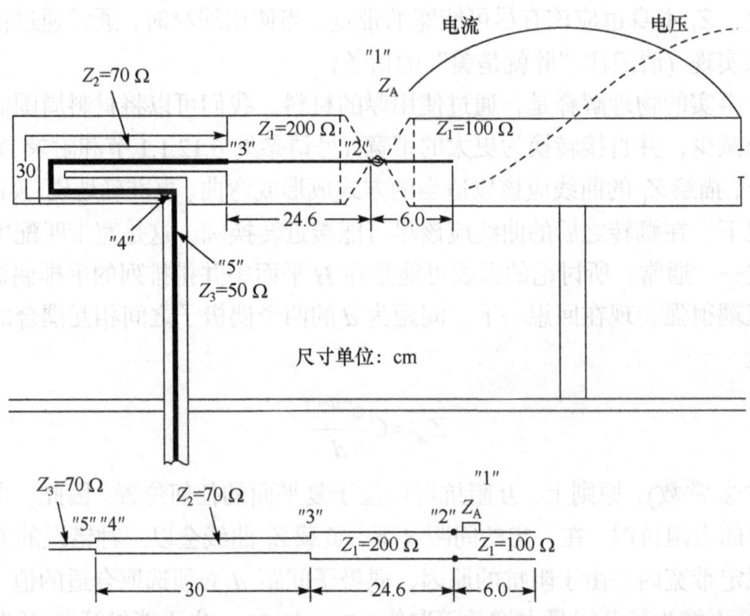

图 B.8　上图展示了一个宽带匹配的实际应用，它包含总长度约为 0.7λ 的偶极子和内建匹配网络

我们可以从上面的讨论中得出结论：花费相当多的时间和精力来调控负载阻抗是正确的，或者有时用匹配的行话表达“确保它一开始就是正确的”。毫无疑问的是，经验在其中扮演着重要的角色，没有什么比在史密斯圆图中动手解题更好的了。一旦发展了一个想法，微调就可以在电脑上完成。

负载阻抗 Z_L 通常通过测量获得。在工业界，没有人相信厚偶极子的计算结果，除了做计算的人。每个人都相信测量，除了真正使用它们的人。

B.8　一个实际执行实例

有很多可能性存在于减少上述的匹配设计实践之中。图 B.8 是其中一种。首先，所有偶极子长度约为 0.7λ。如果我们沿着这样的细长单元上加电压 (或电势)，那么我们可以观察到每个半偶极子中间点的电压为零。我们可以在中心点支撑这两个半部分，并基本上保持偶极子上的电流和电压分布不变。另外，我们可以通过这些支撑结构给偶极子馈电(这种结构属于巴伦的一类，称为“天然巴伦”，参见文献[116])。

进一步注意到，原理图中两端开放的短截线放置在右侧偶极子一半的位置处(长度可以通过移动一个穿过右侧偶极子一半端部的带孔的套筒来调节)。我们接下来分别观察长度为 24.6 cm 和 30 cm 的传输线。他们被放置在左半偶极子内的同轴线上。在这种情况下，通常可以采用折叠一个 (或多个) 电缆段的方式，以获得足够长的长度来适应所需的变换。

B.9 常见错误概念

B.9.1 应该总是共轭匹配?

许多读者认为两个相互连接的器件应始终达到共轭匹配。情况并非一定如此。我们应该反思共轭匹配这一事实，即两个阻抗的电抗部分简单地相互抵消 (以便传输最大功率)，而实部相等。正如电路理论中的任何基础教科书讲的那样，这种情况会导致两个阻抗之间的实际传输功率最大。但是没有指出的是，由于两个实部是相等的，激励源电阻中消耗的能量与输入到接收器电阻的能量是相同的。换句话说，当我们共轭匹配时，效率只有 50%。忽略这个原因是当我们只考虑低电平下的传输功率，这样的效率几乎没人在意。例如接收天线连接到接收负载，在这种情况下，所关心的只是如何获得最大的功率进入接收器，而不关心在过程中以热量或再辐射的形式丧失一些功率 (过程中没有显著的热量产生，也没有能量损失或其他)。

如果工作在高功率条件下，情况就完全不同了。以一个典型的发电机为例，我们将能量输送给远方的用户并得到报酬。如果用户的总电阻为 R_{user}，发电机的电阻用 R_{gen} 表示，那么用户实际支付得到的能量是 $R_{user}I_{gen}^2$，而 $R_{gen}I_{gen}^2$ 表示损失的能量，也就是被用户支付但是没有得到的能量 (至少是没有直接得到的)。很明显，发电机设计者的目标就只要尽可能降低 R_{gen}。强烈建议不要试图将这种设计良好的发电机进行共轭匹配。首先，你可能无法支付账单，其次你肯定会因企图破坏而被捕。

无可否认，本书的大多数读者通常对发电的兴趣有限 (就好像它只是当你需要时插在墙上插头一样)。但是，如果你不得不将天线连接到大功率发射机上时，情况将变得十分有趣。你会发现发射机设计人员对效率非常感兴趣，并会设计内阻仅为几欧姆的发射机。在后续的匹配环节，发射机设计人员会有严格的要求，负载部分最好是和他们告诉你的要求完全一致并且限制在相当狭窄的范围内。换句话说，一个高功率的发射机参数是固定好的，不能被篡改 (因为它是一个非线性设备，而且非常复杂)。

因此，高功率发射机和天线电缆之间通常存在严重的“不匹配”。接下来的问题就变成了“这有什么相关性吗？”答案是“肯定有”。举个例子，一个电视发射天线通过长度为 l 的长电缆连接到一个高功率发射机。电缆和天线之间的反射系数为 Γ_{A}，电缆和发射机之间的反射系数为 Γ_{Tr}，我们很容易得出残留能量的相对值为：$\Gamma_{\mathrm{A}}\Gamma_{\mathrm{Tr}}\mathrm{e}^{-2\mathrm{j}\beta l}$。它的相对值必须小，而这个值与电缆线上的时间延迟有关。对于几百米的普通电缆，这个值约 38 dB。此外，发射机和电缆之间的匹配很差，一般 $\Gamma_{\mathrm{Tr}} \sim 2$ dB。另外，单程电缆损耗约为 2 dB，也就是说，为了到达 VSWR ~ 1.05 的要求，我们必须使得 $\Gamma_{\mathrm{A}} \sim 32$ dB。如此一来，天线工程师肩负的责任重大。(对于一个连接着短电缆的接收天线来说，残留能量的相对值约为 26 dB。此外，当接收机的 VSWR < 2 时才会使得发射系数 $\Gamma_{\mathrm{Rec}} < 10$ dB，也就是说我们必须使天线的 VSWR < 2。)

但大多数读者最感兴趣的可能是如何控制天线阵列的 RCS。正如上册第 2 章 2.12 节所述，我们必须要求天线和发射机阻抗之间的反射系数尽可能低，这与上面讨论的低发射机阻抗直接相反。该问题可以通过使用 2.12.2 节中的环形器解决。在这种情况下，信号将被端口 3 中的负载完全吸收，而发射器独立地将功率输送给天线而不会损失功率。

B.9.2 可以逆向倒转制造新的特异材料吗？

史密斯图中逆时针运行的阻抗曲线可能会产生相当大的骚动。事实上，作者由于这个缘故以开除学生而闻名。但是，学生应该能够区分出一条阻抗曲线是在所有频率下都是逆时针方向错误转动还是仅在有限频率范围内出现回路[1]。另请参阅 B.5 节。

如果在相当大的频率范围内绘制出阻抗曲线，有能力的天线工程师通常会很快确定情况 (这也是我们在复平面上绘制阻抗曲线的理由)。但是，如果手边只有一个很小的频率范围的阻抗曲线，那么一个没有经验的工程师或电脑就会被误导，认为我们发现了一些新的东西。解释这一发现似乎某种程度取决于某人的背景。工程师可能会认为他们发现了负电感和负电容，而物理学家可能会将他们的观测解释为具有负 μ 和负 ϵ 的新材料。许多人想知道是否可以在光学频率下设计逆时针转动的“材料”。答：当然可以！如何设计：留给学生练习。“材料”真的可以具有负 μ 和负 ϵ 吗？答：不可以。

1 这种情况绝没有违反 Foster 电抗定理[101]，该定理仅适用于无损耗电抗，而辐射天线的天线阻抗是（或应该是）有损耗的，以表示辐射功率。

B.10 结 束 语

我们提出了三种基本的匹配工具，如图 B.1 所示。我们举例说明了如何使用这些工具。首先，用一个短截线调节器与给定的阻抗进行匹配，然后再将给定阻抗倒置进行宽带匹配，这意味着在有限的频率范围它的阻抗曲线在史密斯圆图上逆时针旋转。匹配方案中 VSWR 的改善超过一个数量级。

这里展示的内容并不完整。这只是为了向读者引入该概念。实际上，匹配工具的组合效果是无限的。就像好的音乐一样，当不同的声音融合在一起共鸣时，真正的美就会显现出来。

问 题

B.1 证明

$$Z_1 = \sqrt{Z_\ell \cdot Z_h}$$

其中，Z_ℓ和 Z_h 由(B.2)给出。

B.2 证明电压驻波比与阻抗极大值 Z_ℓ 和 Z_h (B.2) 的关系为

$$\text{VSWR} = \sqrt{\frac{Z_h}{Z_\ell}}$$

B.3 为图 5.36 底部所示的终端阻抗设计一个宽带匹配网络。这实际上可以比图 B.3 中处理的例子简单得多。你可以将实轴上任何位置的匹配阻抗“降落”到 150～260 Ω。

附录C 用于斜入射的曲折线极化器

C.1 引 言

极化器是将线极化波转化为圆极化波或是将圆极化波转化为线极化波的器件。其基本原理是将入射场分解为两个分量，其中一个相位超前，另一个相位滞后，两者相位相差为 90°而振幅相同。Pakan[128]最早应用这种原理，之后 Lerner[129]对原理进行了改进。这些器件不属于曲折线类型。曲折线将会在下文进行讨论。曲折线首次出现在 Young 等[130]的论文中，随后 Epis[131]将其进行改进。在此之后，Terret 等在论文中讨论了如何计算曲折线的电纳[132]。上述的讨论主要集中于垂直入射的情况，而 Chu 和 Lee[133]则是将这种计算扩展到斜入射的情况。Marino[134]最近的一项研究显示，曲折线极化器的性能随着入射角度的增大而逐渐变差。本附录将会演示通过引入“介电造型”的方法可以改善这种灾难。

曲折线极化器的基本原理见图 C.1 上图所示。它通常由印在电路板上的一个(或多个) 曲折线片所构成。入射平面波 E 的矢量 $\vec{E}^{\mathrm{i}}$ 与曲折线的主轴的夹角为 45°，并被分解为垂直分量 $\vec{E}_{\mathrm{v}}^{\mathrm{i}}$ 和水平分量 $\vec{E}_{\mathrm{h}}^{\mathrm{i}}$ 。垂直分量的等效电路为图 C.1 中间图形所示的并联电感的传输线电路，而水平分量的等效电路为图中所示的并联电容的传输线电路。

我们用 $\mathrm{j}X_{\mathrm{v}}$ 表示等效电感的感抗值，用 $-\mathrm{j}X_{\mathrm{h}}$ 表示等效电容的容抗值，见图 C.1 底部的史密斯圆图。则可得两个分量的输入阻抗分别为 $Z_{\mathrm{v}}^{\mathrm{i}}=\mathrm{j}X_{\mathrm{v}}\parallel Z_0$ 和 $Z_{\mathrm{v}}^{\mathrm{i}}=\mathrm{j}X_{\mathrm{h}}\parallel Z_0$。这两个值标注在史密斯圆图中，并且我们注意到它们位于经过点 (0,0) 和史密斯圆图中心的大圆上 (详情可查看附录 B)。我们进一步提醒读者，史密斯圆图众多优秀的特征之一就是从中心到位于史密斯圆图中的各个输入阻抗点之间的距离直接表示反射系数 Γ_{v} 和 Γ_{h} ，两者在图 C.1 中的史密斯圆图中被分别标出(相位从水平线向右计算)。通过反射系数和矢量“1”的简单矢量相加分别得到透射系数 $\tau_{\mathrm{v}}=1+\Gamma_{\mathrm{v}}$ 和 $\tau_{\mathrm{h}}=1+\Gamma_{\mathrm{h}}$ ，即是图示史密斯圆图的半径。再者，从水平线测量透射系数的相位角分别为 θ_{v} 和 $-\theta_{\mathrm{h}}$ 。这两个分量的透射系数之间的总相位差被认为是 $\theta_{\mathrm{v}}+\theta_{\mathrm{h}}$ 。当差值为 90°时，如果 $|\tau_{\mathrm{v}}|=|\Gamma_{\mathrm{h}}|$，则总透射场是圆极化的。

这里也存在一个反射场，其垂直和水平分量的幅度和相位由 Γ_{v} 和 Γ_{h} 分别给出。一般来说，这个反射场将会是椭圆极化的。然而，我们关注的是当单曲折线层

传输的是理想圆极化场时，从史密斯圆图中我们很容易发现$|\Gamma_{\rm v}|=|\tau_{\rm v}|=|\Gamma_{\rm h}|=|\tau_{\rm h}|$。换句话说，单层曲折线将产生与透射场振幅相等的反射场，即转化效率只有 50%。这种缺陷的补救措施是使用几个曲折线层级联，这将在下一节中讨论。另请见问题 C.1，该问题要求你考虑两层曲折线极化器的情况。

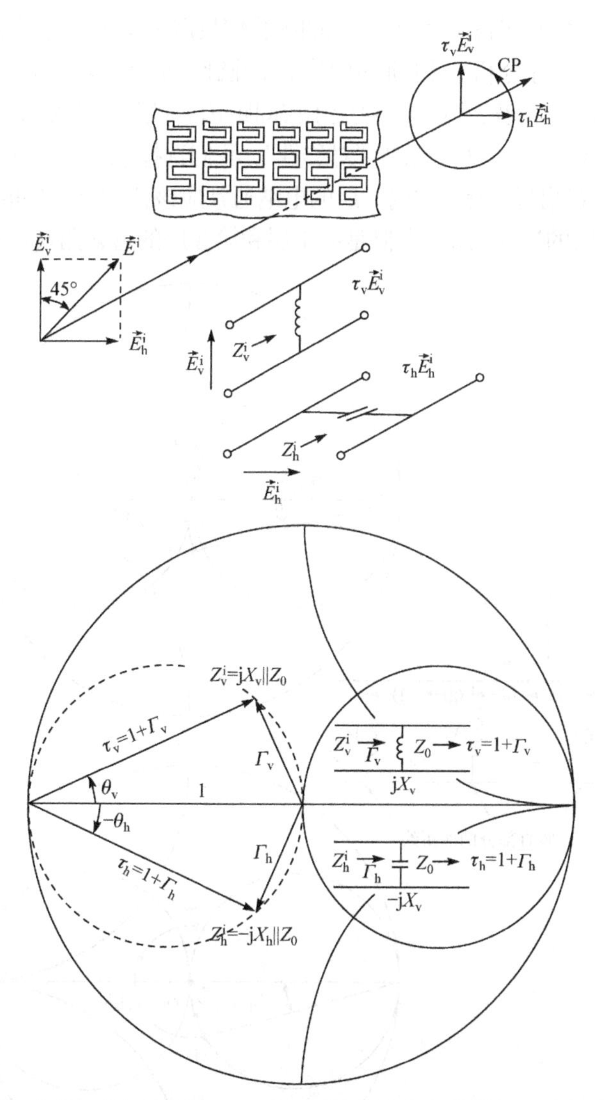

图 C.1 单曲折线极化器工作原理图。上：在入射场的垂直分量等效为并联电感和水平分量等效为并联电容的曲折线片；下：入射场的垂直分量的反射系数为$\Gamma_{\rm h}$，传输系数为$\tau_{\rm v}=1+\Gamma_{\rm v}$，见史密斯圆图，类似地，水平分量的反射系数和传输系数分别为$\Gamma_{\rm h}$和$\tau_{\rm h}=1+\Gamma_{\rm h}$。

C.2　多层曲折线极化器

如果设计正确，使用两层或更多层曲折线可以大幅度地改善其电磁性能。一个由三层曲折线组成的实例见图 C.2(中)，在图中我们只展示了垂直分量的等效电路。我们将从底层开始进行分析，如顶部的史密斯圆图所示，其中点 1 的阻抗等于 $\mathrm{j}X_3 \parallel Z_0$。现在将该点旋转到点 2，对应于层间距 d_3。我们接下来并联上曲折线层阻抗 $\mathrm{j}X_2$ 即到达点 3。注意，为了保持“对称性”，我们选择 $\mathrm{j}X_2 \sim 1/2\,\mathrm{j}X_3$。这将使点 3 移动至点 1 的位置附近 (所有“内”层的电纳通常应该比“外”层的电纳大两倍)。这仅意味着第 2 层的透射角 θ_{v2} 大概是第 1 层和第 3 层的透射角 $\theta_{\mathrm{v1}} = \theta_{\mathrm{v3}}$ 的两倍。

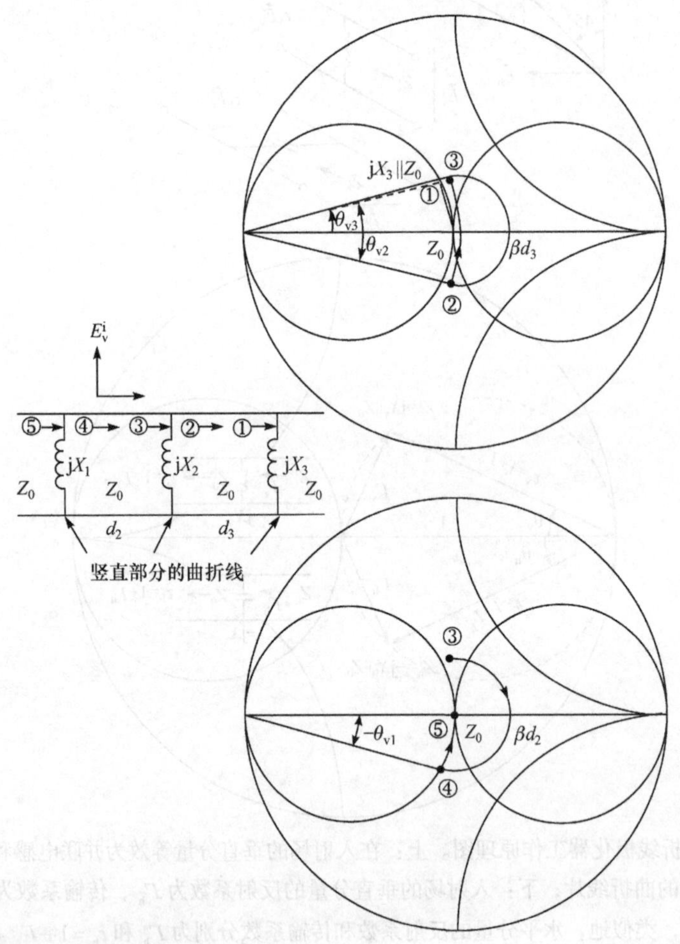

图 C.2　该史密斯圆图展示了在不同位置的输入阻抗。通过两层或者多层曲折线层的级联，我们或许能够得到更宽的带宽和更低的反射率。

我们接下来将点 3 旋转到点 4，对应于史密斯圆图底部所示的曲折线层间距 d_2 。最后，并联上该曲折线层电抗 $\mathrm{j}X_1$ ，则可得到位于史密斯圆图中心的点 5，也就是说，这种三层结构几乎不产生任何反射，与上述所讨论的单层曲折线的情况相反。

为了仅在垂直分量获得 45°的相位超前，必须要求

$$\theta_{\mathrm{v1}}+\theta_{\mathrm{v2}}+\theta_{\mathrm{v3}}=45^\circ$$

当 $\theta_{\mathrm{v2}}\sim 2\theta_{\mathrm{v1}}\sim 2\theta_{\mathrm{v3}}$ ，则

$$\theta_{\mathrm{v1}}=\theta_{\mathrm{v3}}=\frac{45^\circ}{4}=11.25^\circ$$

$$\theta_{\mathrm{v2}}=22.5^\circ$$

注意：除了垂直分量相位超前 45°之外，也存在由层间距 d_2 和 d_3 引起的相位延迟。但是，水平分量也会受到该相位延迟的影响 (也就是由于电容效应而出现 45°的延迟)。因此，两个分量间的净相位差仍将根据需要达到 90°。下面我们将给出几种设计，他们本质上的差别在于层间距不同和介电常数不同，介电常数值通常在空气的介电常数和 $\varepsilon_{\mathrm{r}}\sim 2$。

C.3　独立曲折线阻抗

在图 C.3 的史密斯圆图中展示了外部曲折线层阻抗 (包括该独立层之后的自由空间阻抗 Z_0) 的垂直分量和水平分量。同样，在图 C.4 的史密斯圆图中我们展示了内部曲折线层阻抗 (包括 Z_0)。我们发现垂直分量和水平分量均随频率的变化而变化，但是两个分量的透射系数之间的角度差不随频率发生变化。该特性对宽频带的极化器设计来说十分重要。

我们也注意到，内部曲折线的透射系数的角度差大约是外部曲折线的两倍，当然理应如此 (见上面的讨论)。在各自的史密斯圆图中给出了曲折线的尺寸，我们观察到这两种设计具有相同的尺寸 D_x 和 D_z 等，这样做是为了不违反 Floquet 定理 (参见文献[26])。在两种情况下，通过使用不同的线宽 w 可以获得不同的阻抗。

我们还注意到，所有的曲折线都用厚度为 $2\times 20\mathrm{mil}$ 和相对介电常数为 $\varepsilon_{\mathrm{r}}=2.2$ 的电介质层（“内衬”）进行了封装。

为了辅助设计合适的曲折线层，我们在图 C.5 中画出了随线宽 w 和曲折线间距 D_x 变化的典型阻抗曲线。请注意该阻抗曲线作为线宽 w 的函数且与曲折线间

距 D_x 对称是片面的。

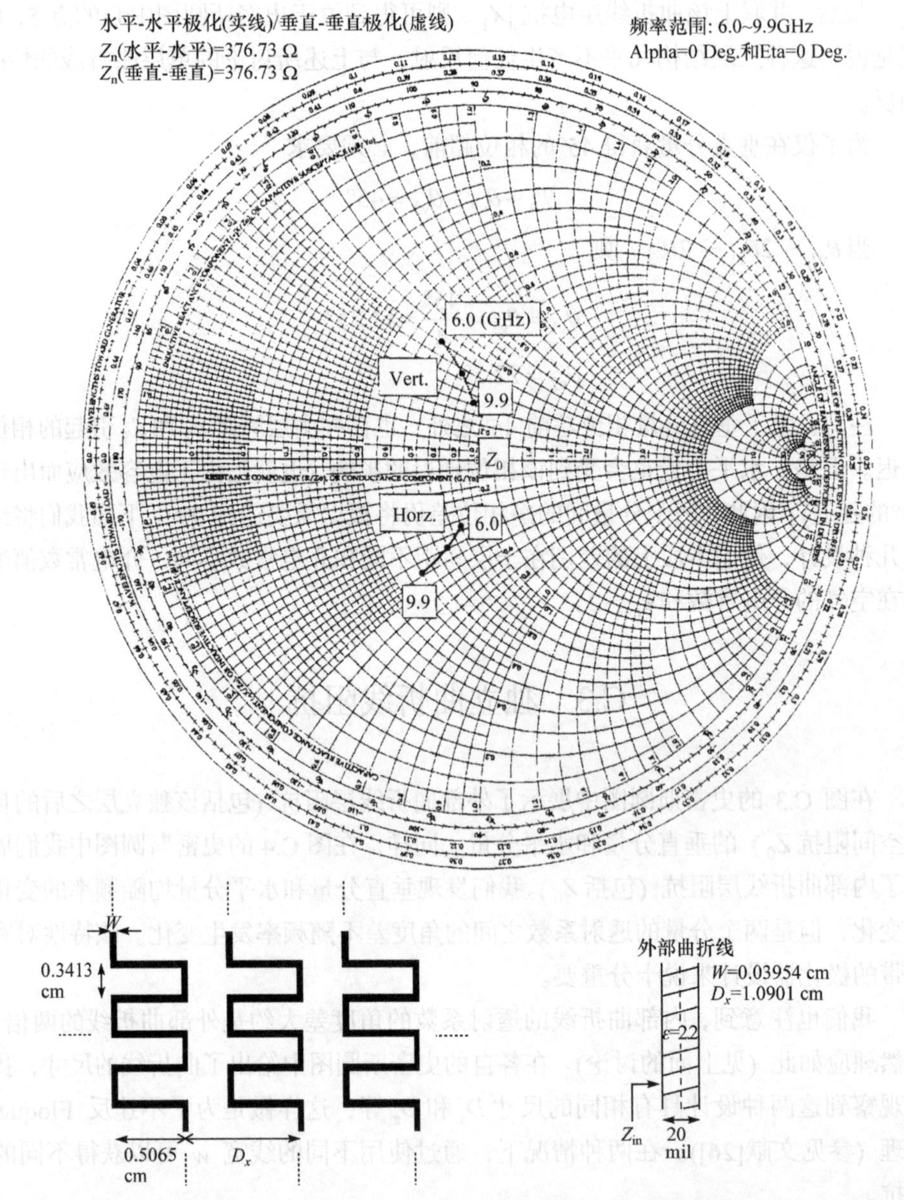

图 C.3　封装的单层曲折线 (外部) 的输入阻抗，包括背部的自由空间阻抗 Z_0。垂直分量和水平分量两种情况。

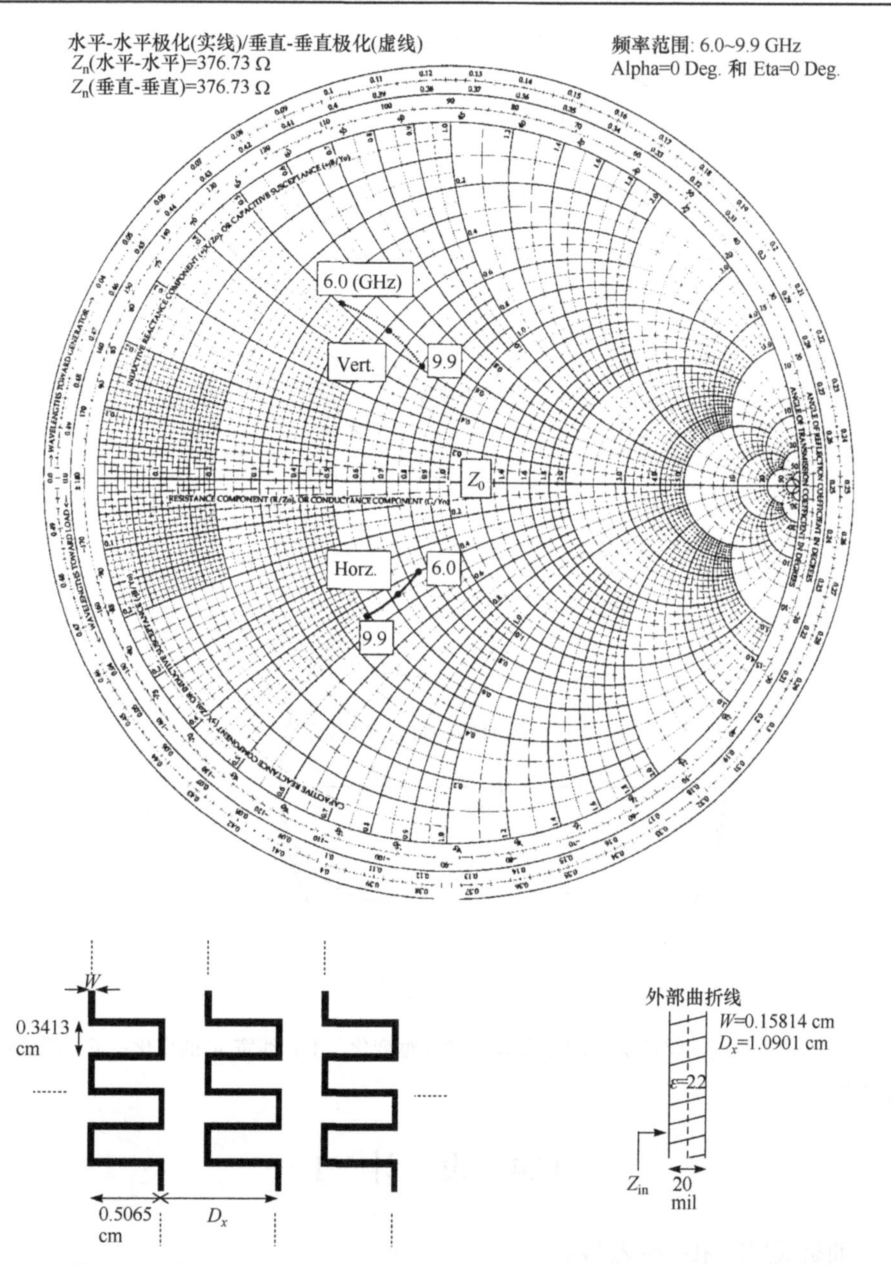

图 C.4 封装的单层曲折线 (内部) 的输入阻抗，包括背部的自由空间阻抗 Z_0。垂直分量和水平分量两种情况。

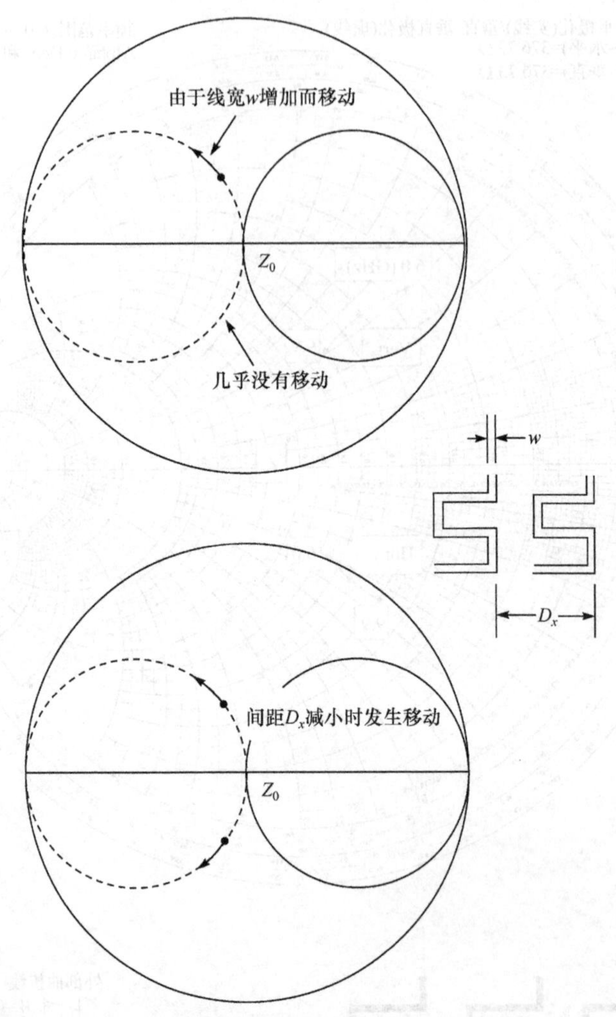

图 C.5　包含自由空间阻抗 Z_0 的曲折线阻抗的典型变化。上：线宽 w 的变化；下：线间距 D_x 的变化。

C.4　设　计　1

曲折线层间距：$\sim \lambda_0/4$。

电介质：空气。

该设计由三层曲折线组成，且层与层之间由厚度为 0.8657 cm 的空气层隔开，见图 C.6(下)。当频率 $f = 8.7$ GHz 时，此时对应于$\sim \lambda_0/4$ 的层间距。然而，当电介质基底与曲折线组合时，此时有效四分之一波长间距对应的频率为 $f \sim 7.4$ GHz。在图 C.6(上)，我们展示了不同入射角度下随频率变化的透射场的垂直分量和水平分量的比值。类似地，在图 C.6(中)我们展示了两个分量的相位差随频率变化的关系曲线图。

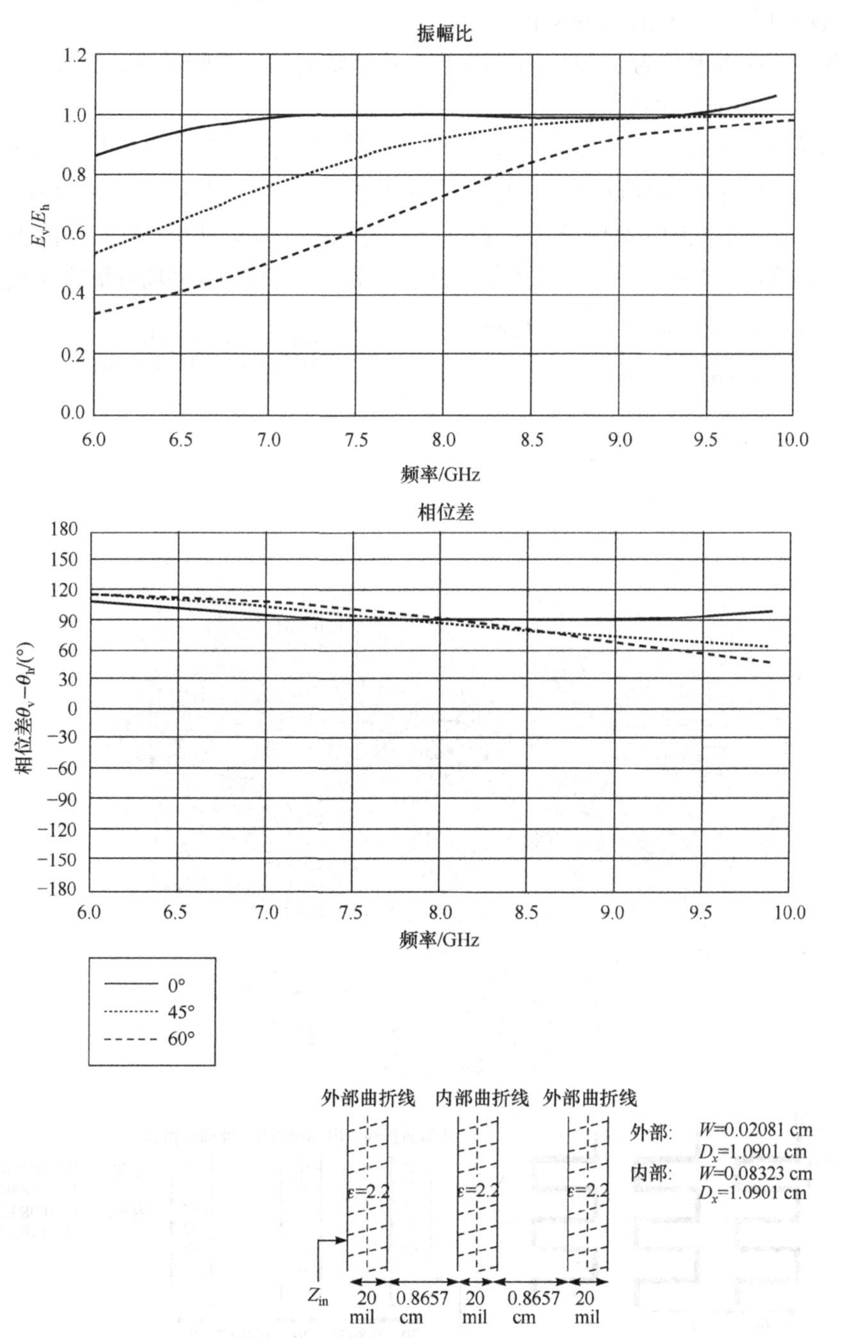

图 C.6 设计 1。三层已封装的曲折线层，无介质。上：振幅之比 E_v/E_h 与频率的关系；下：相位差 $\theta_v-\theta_h$ 与频率的关系。

我们发现，在垂直入射的情况下幅值比的变化小于 1.12 且相位差的变化小于 15°，这与低于～17 dB 的交叉极化相符。

然而，在入射角为 60°时，我们发现幅值比随着频率的降低逐渐恶化，尽管幅值比在较高频率下保持得相当好。

造成这种尴尬处境的原因很简单，仅仅是因为曲折线层之间的电间距通常由 $\beta_0 dr_{0y}$ 给出的 (d 是物理间距)。因此，入射角度为 60°时，电间距将减小 1/cos60°=2 倍，这会使得电间距在高频处几乎保持一致，然而在低频处使得电间距变得非常小。最后我们在图 C.7 中展示了在正入射下整个极化器的垂直和水平场分量的输入阻抗。

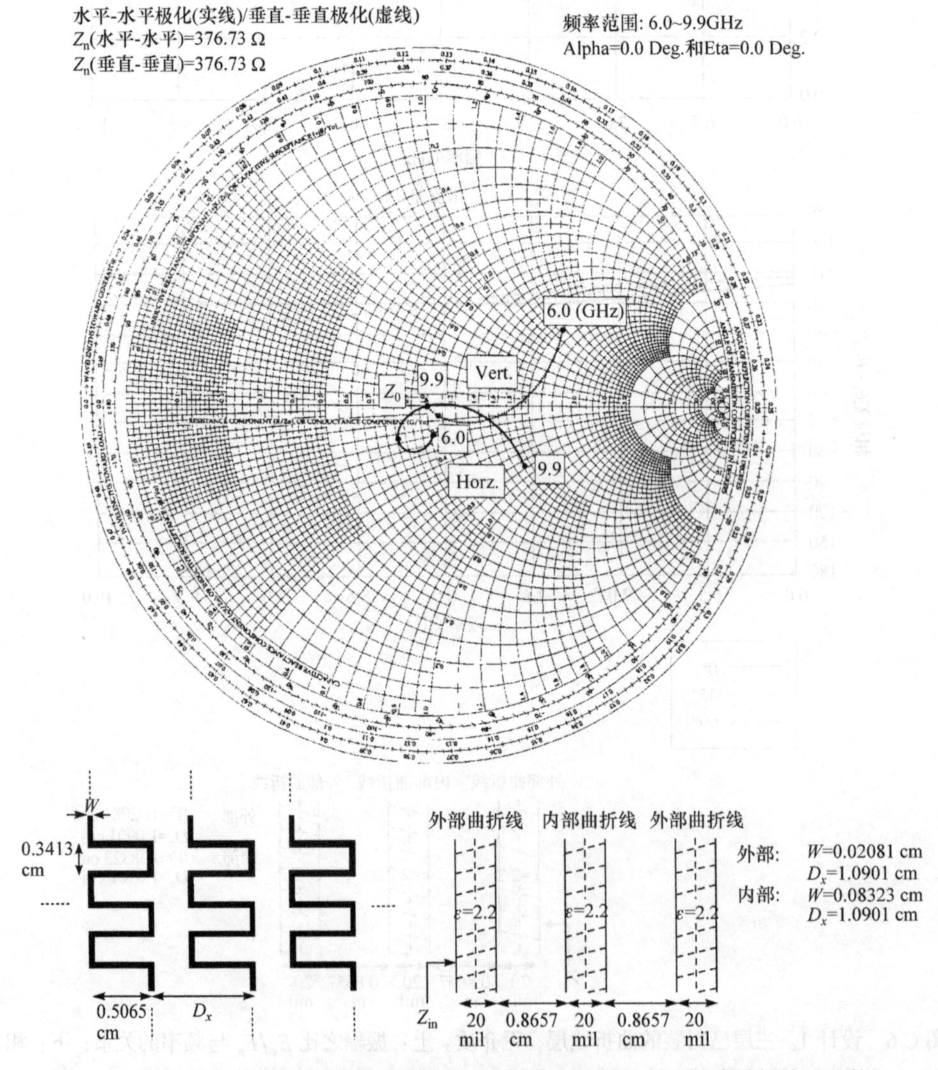

图 C.7　设计 1。三层已封装的曲折线层，无介质。垂直和水平场分量的输入阻抗。

C.5 设 计 2

曲折线层间距：$>\lambda_0/4$。

电介质：空气。

我们刚刚观察到设计 1 在大角度入射时在较低频率下是如何失效的，这主要是由于因子 r_{0y} 变得小于 1。在设计 2 中，我们将试图通过增加曲折线的层间距来纠正这种差异。

更具体地说，曲折线层间距从 0.8657 cm 增加到 0.9996 cm。它的确会使得较低频率下的相位响应得到改善，同时也会使得正入射时在较高频率下的相位响应有一定程度的恶化，很显然我们需要进行更彻底处理。因为本书的篇幅有限，所以我们在此不展示该设计的结果。

C.6 设 计 3

曲折线层间距：在电介质中为～$\lambda/4$。

隔板的介电常数：$\varepsilon_{r1}=\varepsilon_{r2}=2.0$。

在该设计中，如图 C.8(下) 所示，在曲折线层之间我们将使用电介质板代替空气。这种情况下的电间距由 $\beta_0 d r_{2y}$ 给出，其中 r_{2y} 是在电介质板 d_2 内部的入射角

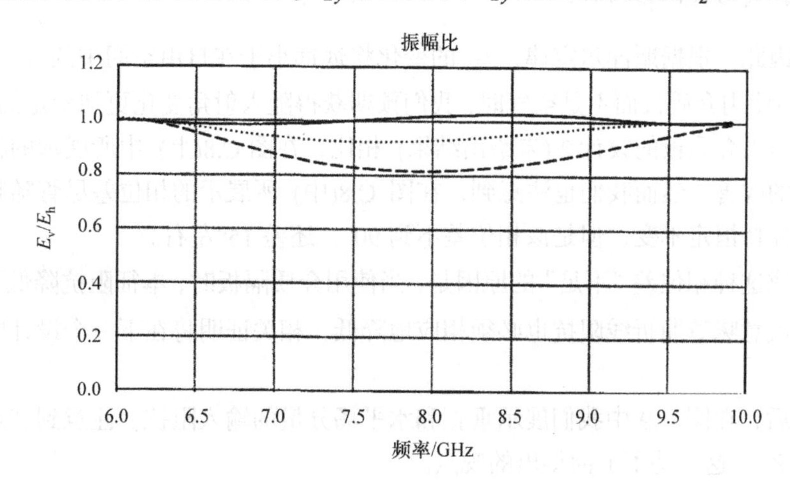

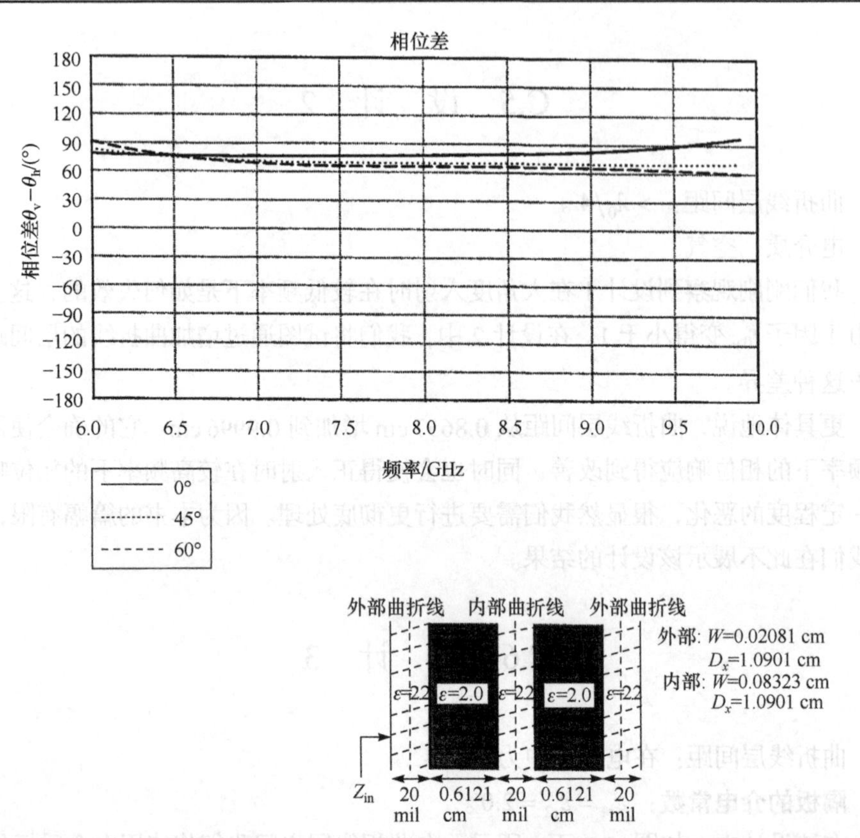

图 C.8　设计 3。三个用介质隔离的密闭曲折线片。上：振幅之比 E_v/E_h 与频率的关系图；下：相位差 $\theta_v-\theta_h$ 与频率的关系图。

余弦。因此，根据斯涅尔定律，r_{2y} 的变化将远远小于在自由空间中的 r_{0y}。换句话说，当使用介质板而不是空气时，我们预期获得随入射角变化更加稳定的设计。的确，与无介质板的设计 2 (未给出结果) 相比，在图 C.8(上) 中所展示的幅值比有显著的改善。然而我们也注意到，在图 C.8(中) 所展示的相位差尽管随频率的变化而保持恒定不变，但是该相位差不到 90°，还差 15°左右。

造成这种相位差“不足”的原因是，当使用介质隔板时，本征阻抗降低了 $\sqrt{\varepsilon_r}$ 倍，这就意味着曲折线阻抗也必须相应地降低，相关证明将在下一个设计中进行展示。

最后，在图 C.9 中我们展示垂直和水平场分量的输入阻抗。注意到“重心”稍低于 Z_0，这支持了上面得出的观点。

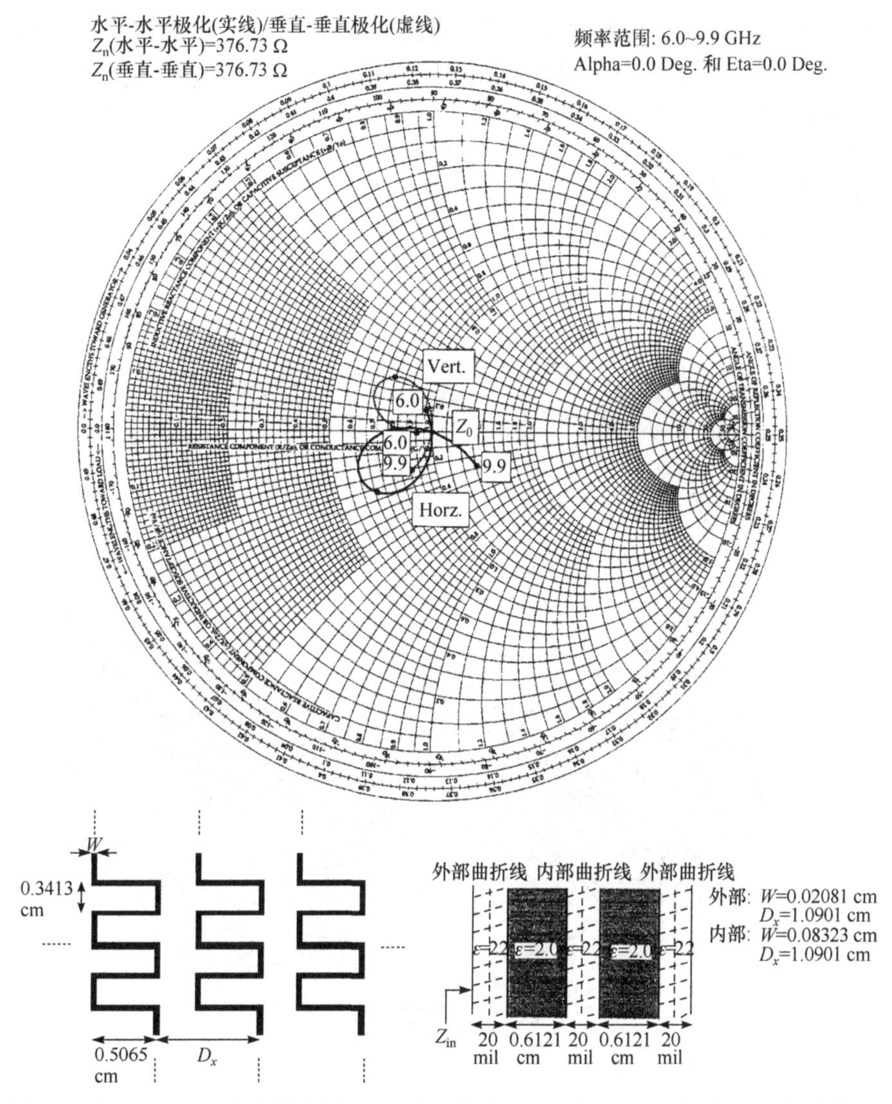

图 C.9　设计 3。三个用介质隔离的包封曲折线片。包含垂直与水平场分量的输入阻抗。

C.7　设　计　4

曲折线层间距： 在电介质中为～$\lambda/4$。

隔板的介电常数： $\varepsilon_{r1}=\varepsilon_{r2}=2.0$。

降低曲折线阻抗

该设计的介质层与设计 3 相同，但曲折线阻抗降低了。曲折线阻抗的降低是通过将外部曲折线的线宽由 0.02081 cm 简单地增加到 0.03954 cm，而其他所有的尺寸保持不变。在图 C.10 中展示了外部曲折线与介质板组合的图片。它应该与图 C.3 中的原始曲折线层进行比较，两者的不同之处在于后者介质层导致阻抗顺时针旋转约 90°(平均值)。类似地，内部曲折线阻抗的降低是通过将内部曲折线的线宽从 0.08323 cm 增加到 0.15814 cm，而其他所有尺寸保持不变。在图 C.11 中展示了外部和内部曲折线的输入阻抗，在图 C.12 中展示了添加下一块介质板的阻

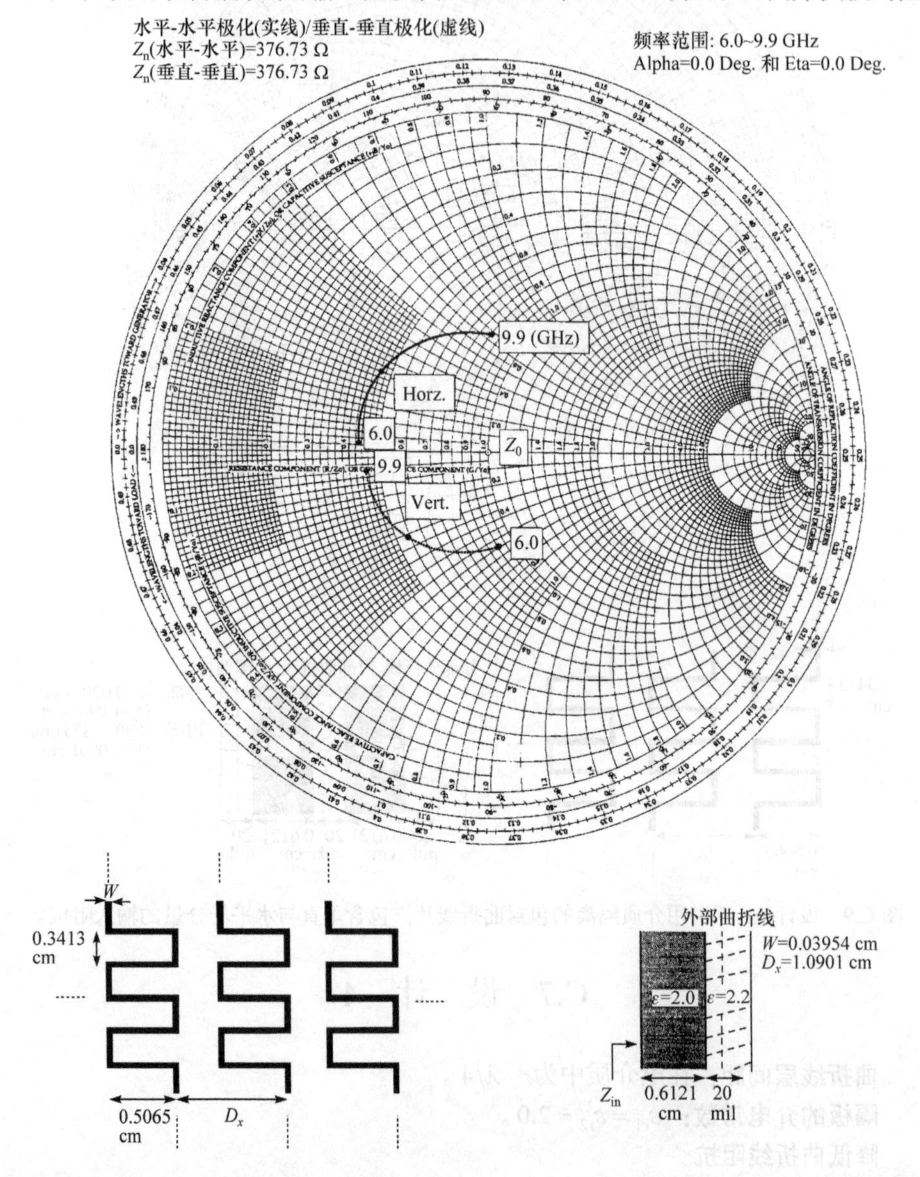

图 C.10 设计 4。单曲折线的输入阻抗(水平和垂直)，其中包括背面的自由空间阻抗和前面的介质板。

抗。最后，在图 C.13 中我们加入了最后一层曲折线。注意到在相当大的带宽内输入阻抗仍然在 Z_{1+} 附近。因此，应该不会令我们感到震惊的是在图 C.14 中正入射时振幅比和相位差看起来几乎完美而且斜入射时也不是“很差”。

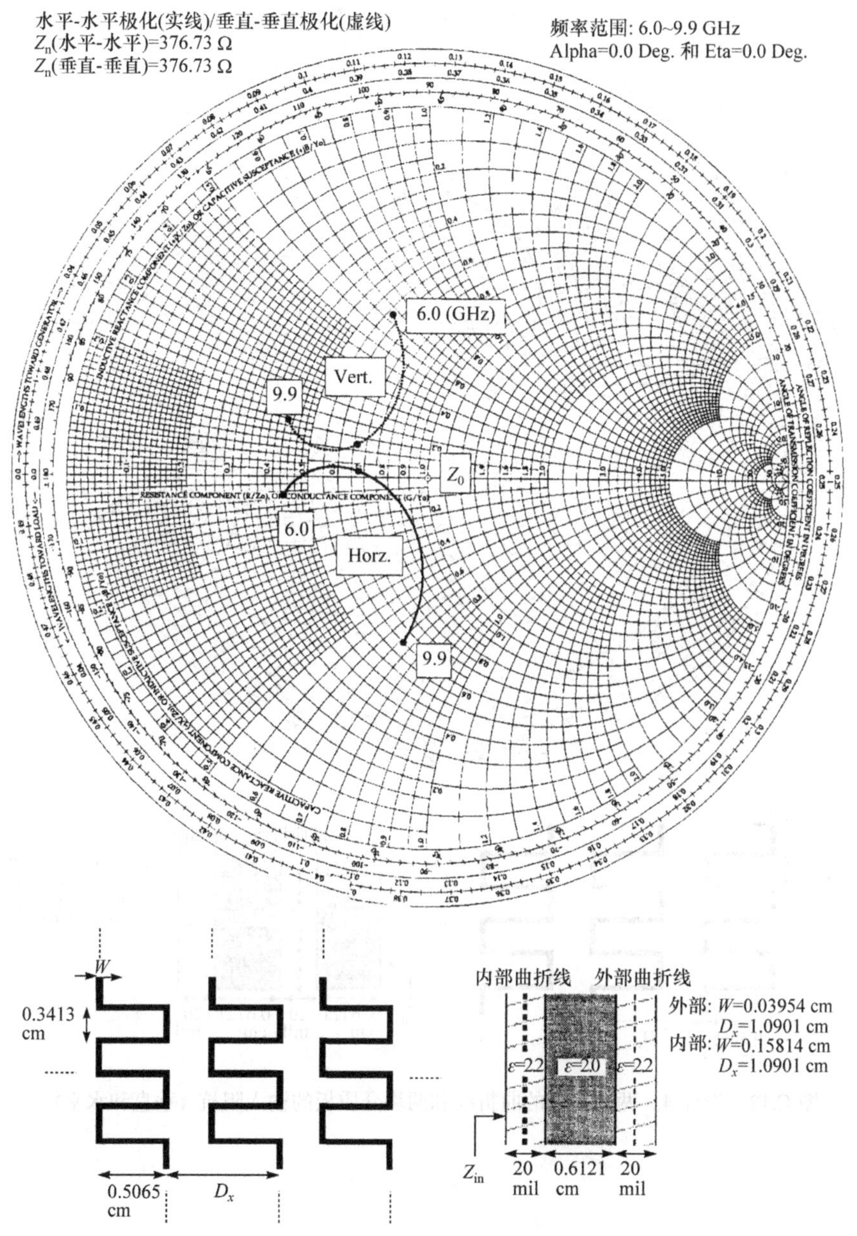

图 C.11 设计 4。被介质板隔离的双层曲折线的输入阻抗(垂直和水平)。

可是，进一步的完善还是有可能的，正如我们在下文所见的一样。

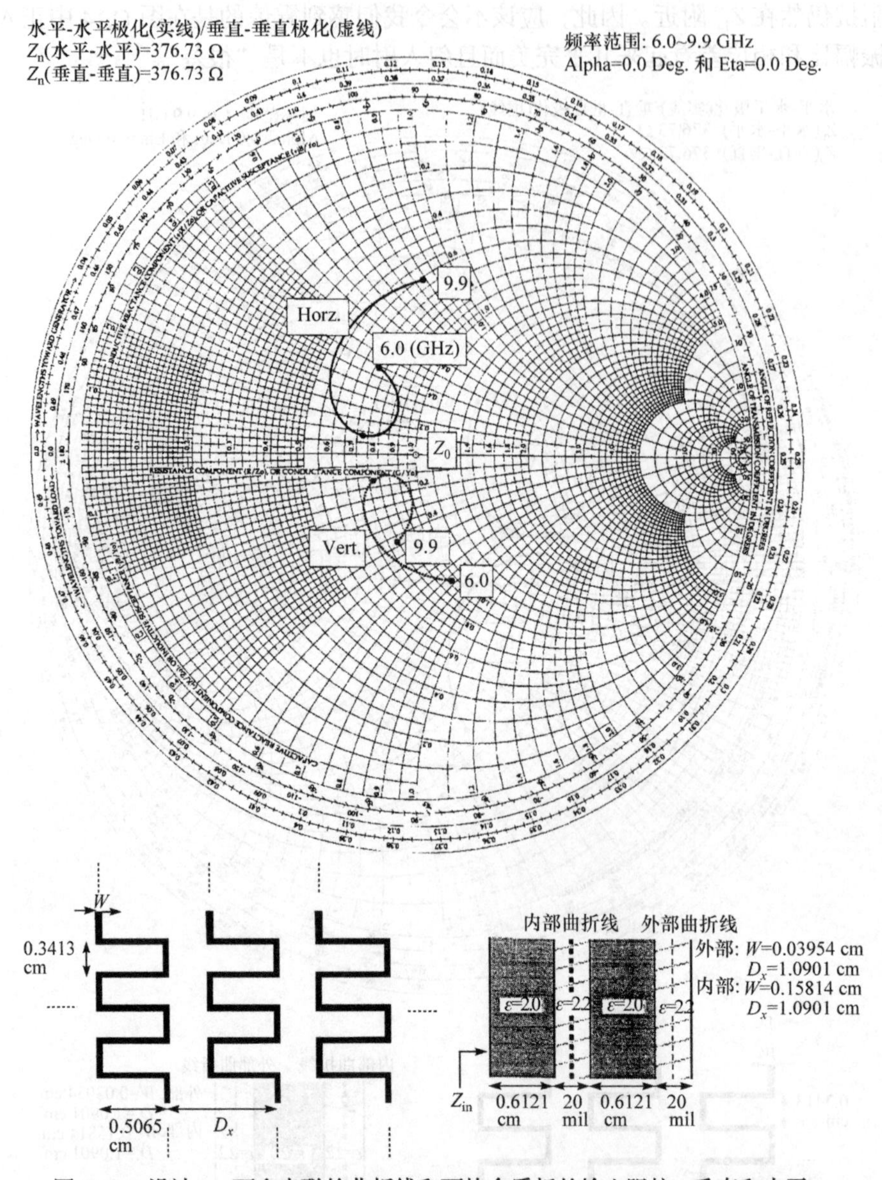

图 C.12　设计 4。两个串联的曲折线和两块介质板的输入阻抗 (垂直和水平)。

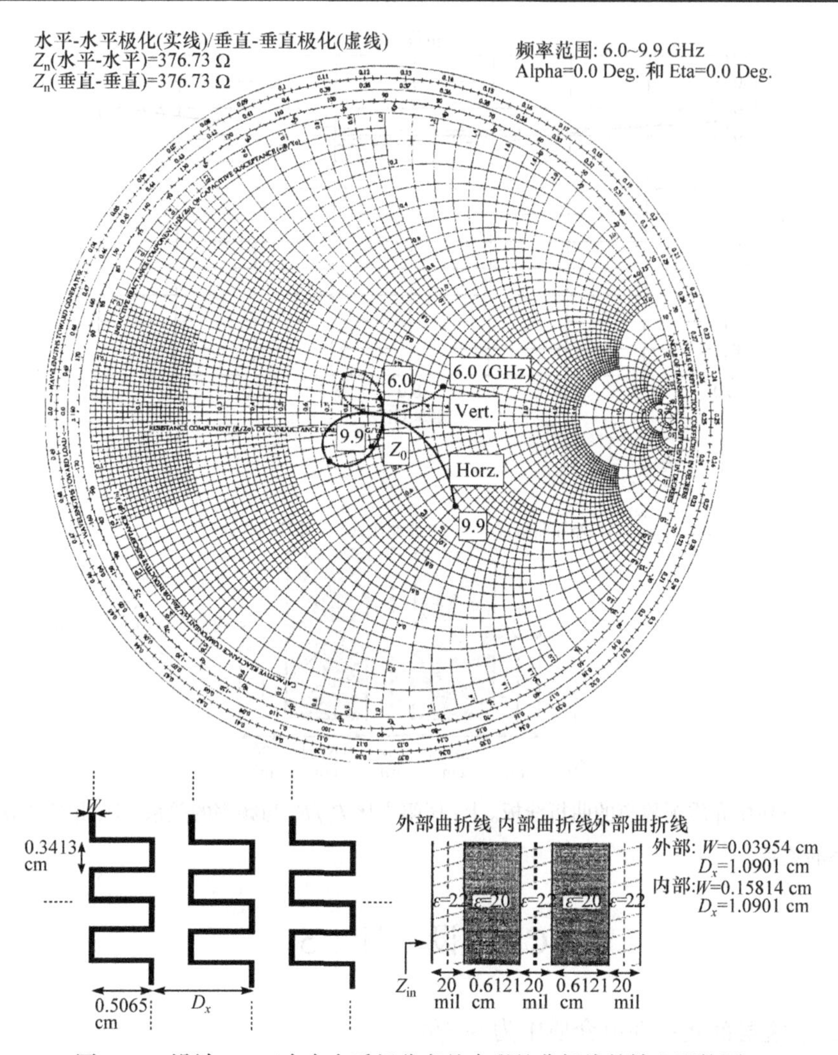

图 C.13 设计 4。三个由介质板分离的串联的曲折线的输入阻抗图。

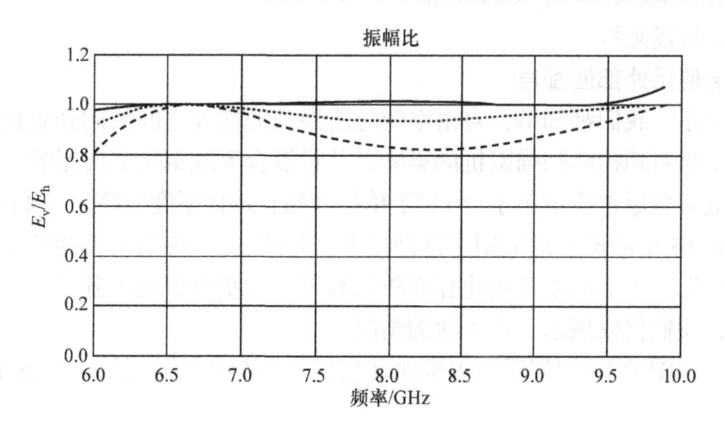

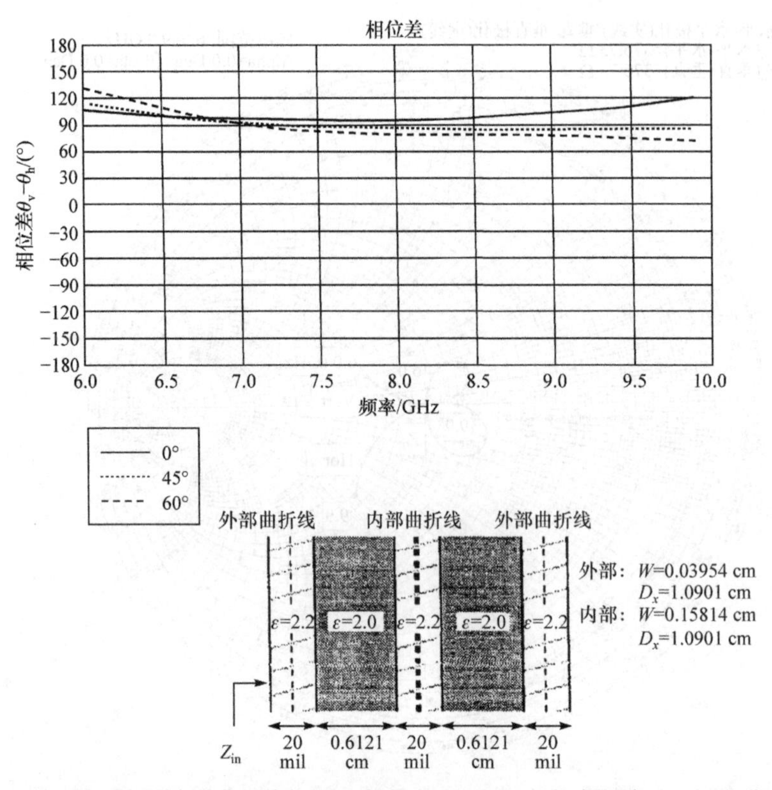

图 C.14　三块由介质板隔离的曲折线板。上：振幅之比 E_v/E_h 与频率的关系；下：相位差 $\theta_v-\theta_h$ 与频率的关系。

C.8　设　计　5

曲折线层间距：在电介质中为～$\lambda/4$。

隔板的介电常数：$\varepsilon_{r1}=\varepsilon_{r2}=2.0$。

降低曲折线阻抗

在两端使用外部匹配层

目前为止，我们都知道在自由空间与所涉及的器件之间使用介质板可以减小入射角的变化对相控阵扫描阻抗的影响以及对混合天线罩带宽的影响。可以肯定的是，介电常数通常应该小于 2 (对于单层介质) 并且厚度应该比 $\lambda/4$ (电介质中) 更薄。图 C.15 中的例子即采用了这种技术，与图 C.13 中未补偿的情况相比，我们发现在较低频率下的水平极化和在较高频率下的垂直极化得到了一定程度的改善。注意，我们仅仅展示了正入射的情况。

此外，在图 C.16 中展示了振幅比和相位差与频率的关系图。与图 C.14 中未补偿的设计4相比较可以发现在振幅比上得到显著改善，而相位差则更小了。可是应该指出的是设计4和设计5均未进行过优化。

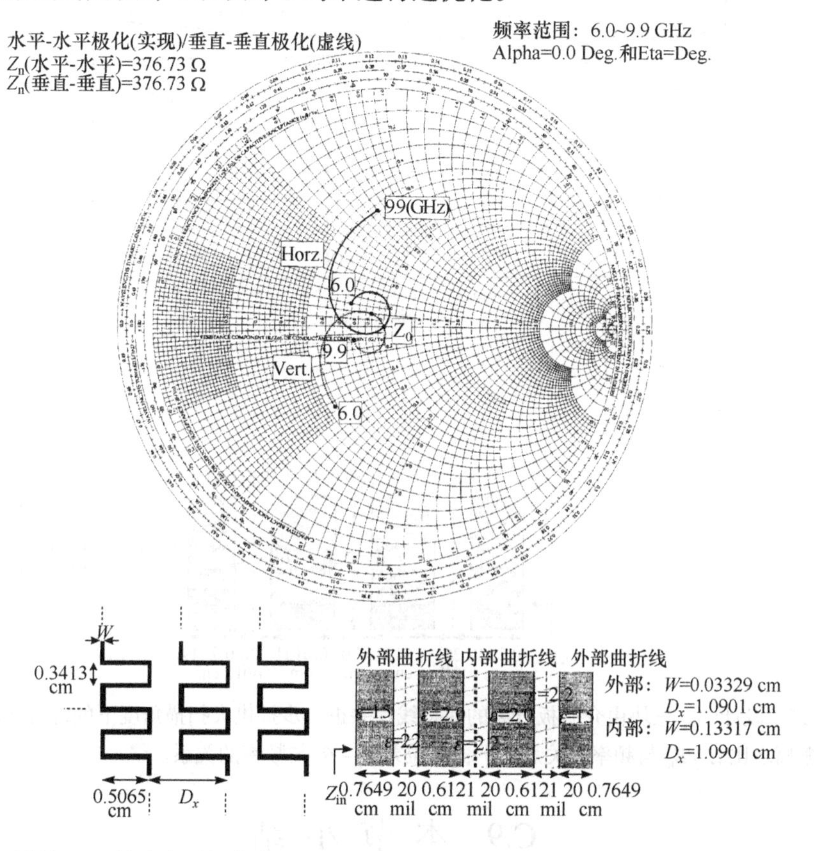

图C.15　设计5。三块由介质板分离的曲折线片并进一步配备了外部匹配变换器。输入阻抗 (垂直与水平)。

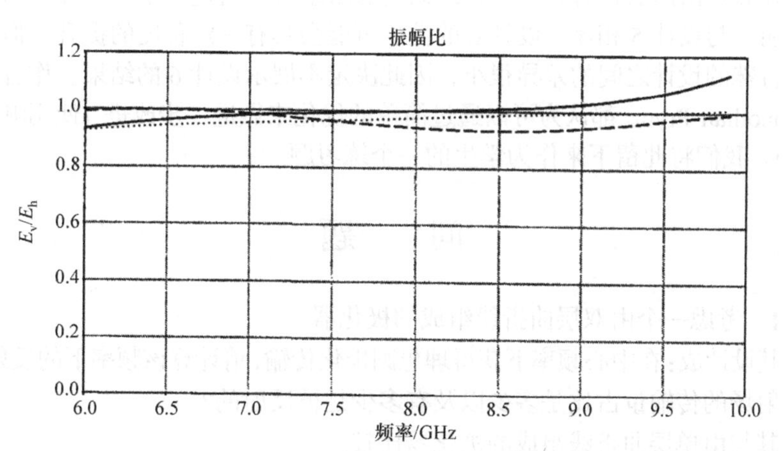

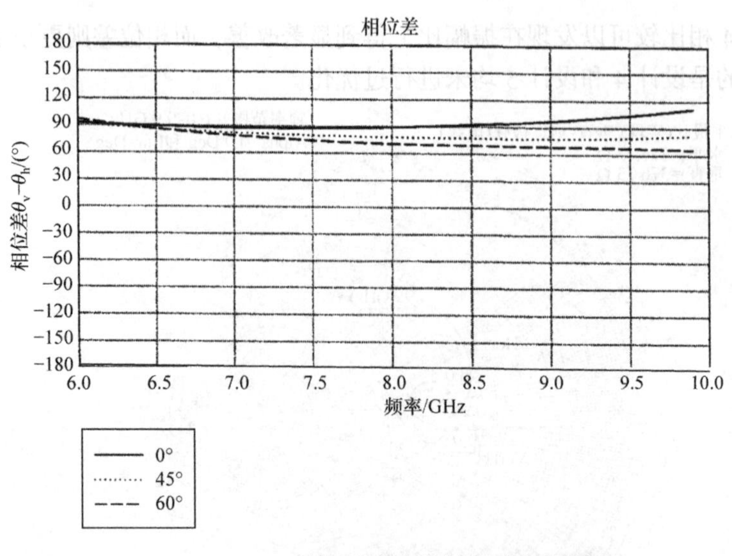

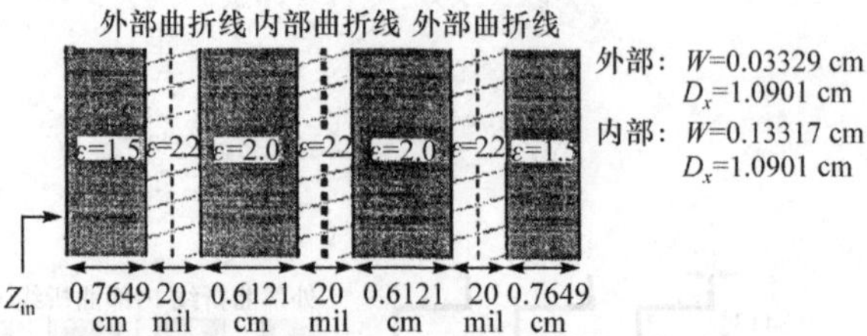

图 C.16　设计 5。三块由介质板分离的曲折线片并进一步提供大扫描角度下的外部匹配转换。上：振幅之比 E_v/E_h 与频率的关系；下：相位差 $\theta_v-\theta_h$ 与频率的关系。

C.9　本 节 小 结

设计 6 是由四层含有介质隔板的曲折线层组成，通过考察内部和外部的曲折线层表明，与设计 5 相比，设计 6 的性能可能会具有一定程度的提升。但是，由于这些特殊的设计之间的差异很小，因此决定不展示设计 6 的结果。作者和我的助手 Jonothan Pryor 都认为可以通过简单的优化来做进一步改进 (使用哪种算法不重要)。我们将此留下来作为学生的一个练习题。

问　　题

C.1　考虑一个由双层曲折线组成的极化器。

将其设计成：在中心频率下获得理想圆极化传输，请计算该频率下的反射系数。入射场的传输量占比是多少以及有多少是被反射的？

将其与由单层曲折线组成的极化器比较。

附录D 关于扫描阻抗与嵌入阻抗

D.1 引 言

当研究相控阵天线时，将扫描阻抗与嵌入阻抗相比特别有意思，尤其是两者之间能否相互导出。

当给所有单元施加适当的电压时，在单元终端观测到的阻抗为扫描阻抗。这些电压可能都具有相同的幅值，对应于均匀口径照射，或者在整个口径上这些电压也许是渐变的。当我们在整个口径上线性地改变终端电压的相位时，波束将在不同的方向上进行扫描，并且扫描阻抗通常会随着扫描角的变化发生很大的变化。

嵌入阻抗是仅在一个单元上观察到的终端阻抗，该单元通常位于阵列中间某一处，并且其余所有单元都加载了负载 (通常是阻性的)。因此，只有一个终端电压施加到一个单元上，而其余所有单元都是通过寄生效应激励的。

有一种情况也是很有趣的，即使用相同电压对一行或者一列单元进行激励而其他所有单元和之前一样都加载了负载，该情况下在这一列单元的终端处所测得的阻抗常被称为嵌入棒阻抗 $Z_{\text{emb stk}}$。我们将会看到，研究嵌入棒阻抗比研究单个单元的嵌入阻抗更有意义。

虽然扫描阻抗和嵌入阻抗有相似之处，但它们明显不同，只有扫描阻抗可以与波束方向相关联，而嵌入阻抗只能与一个方向相关联。(事实上该辐射方向图看起来像一个带有涟波的单元辐射方向图。) 但是，即使对于宽边扫描，我们也无法获得两种类型阻抗之间的偶然相似性。

毫无疑问，单元的嵌入阻抗是目前这三类阻抗中实现起来最简单的一类，在阵列中间的一个单元上你只需要一个连接器，而其他所有单元都加载了焊接到适当位置的电阻或是通过简单打印上去的电阻。相反，扫描阻抗的测量在每个单元上都可能需要一个连接器或等效连接器，还有更重要的是，我们必须在每个终端上施加电压，且要能够控制这些电压的相位和幅值。

由于这些原因，长期以来都趋向仅仅测量单个单元的嵌入阻抗。虽然这可能是一种用于验证阵列的基本特性和在某些情况下表面波存在的好方法，但必须强调的是，它不是替代测量扫描阻抗的方法，即使在宽边也不是。在这两种阻抗中，后者到目前是最重要的。事实上，嵌入阻抗总是使作者感到光荣，除了称奇道妙，你没什么可以做的了！

接下来让我们一起来看看扫描阻抗和嵌入阻抗实际是什么样的。

D.2 扫描阻抗

在文献[135]中已经广泛讨论了扫描阻抗，因此，为了便于参考在这里只给出文献中的要点。

图 D.1 展示了两个无限棒阵列 q 和 q'，我们用 $z_{q,q'm}$ 表示阵列 q 中的参考单元与阵列 q' 中的单元 m 之间的互阻抗，那么阵列 q 中的参考单元与阵列 q' 中的所有单元之间的互阻抗定义为

$$Z^{q,q'} = \sum_{m=\infty}^{\infty} Z_{q,q'm} \mathrm{e}^{-\mathrm{j}\beta m D_z s_z} \tag{D.1}$$

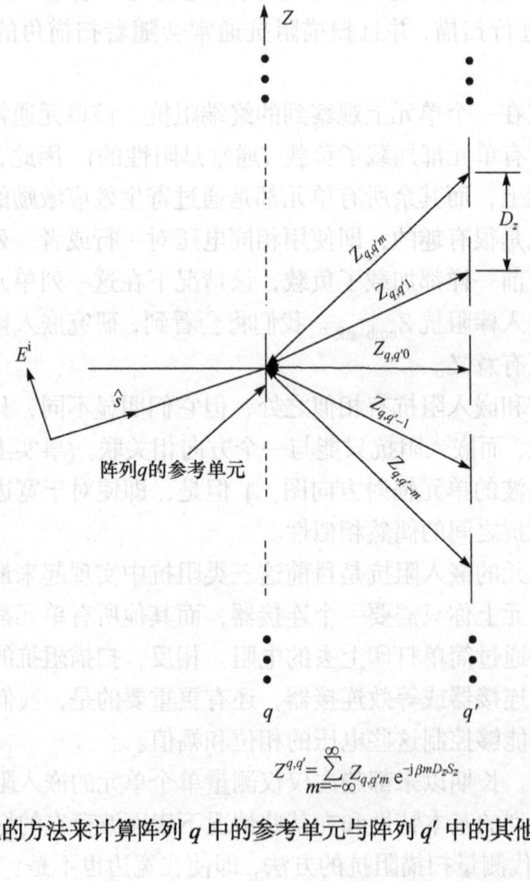

图 D.1　使用互阻抗的方法来计算阵列 q 中的参考单元与阵列 q' 中的其他所有单元之间的阵列互阻抗 $Z^{q,q'}$。

研究如图 D.2 所示的由 $2Q+1$ 个棒阵列组成的有限 × 无限阵列，在参考单元上的电流记为 I_q，写出在编号为 0 的棒阵列上参考单元的欧姆定律为

$$V^{0,0}=\sum_{q=-Q}^{Q} Z^{0,q} I_q \tag{D.2}$$

现在让 $Q \to \infty$，使得该阵列变成无限 × 无限的阵列，在这种情况下，该阵列在 x 方向和 z 方向才真正地是周期性的，应用 Floquet 定理[26]得

$$I_q = I_0 \mathrm{e}^{-\mathrm{j}\beta q D_x s_x} \tag{D.3}$$

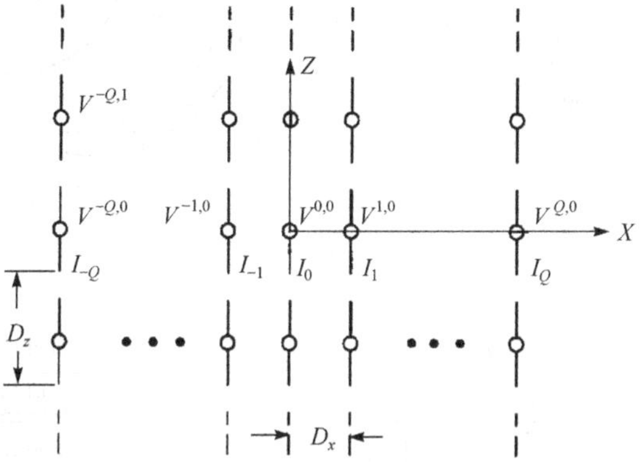

图 D.2　由 $2Q+1$ 列无限长的棒阵列组成的有限 × 无限阵列。所有单元都是由电压发生器 $V^{q,m}$ 激励的，在第 0 行的参考单元上的电流记为 I_q。

将式 (D.3) 代入式 (D.2) 得

$$V^{0,0}=I_0 \sum_{q=-\infty}^{\infty} Z^{0,q} \mathrm{e}^{-\mathrm{j}\beta q D_x s_x} \tag{D.4}$$

因此，对于无接地面的无限阵列的扫描阻抗为

$$Z_{\mathrm{A}}=\frac{V^{0,0}}{I_0}=Z^{0,0}+2\sum_{q=1}^{\infty} Z^{0,q} \cos\left(\beta q D_x s_x\right) \tag{D.5}$$

在图 D.3 中展示了一个单元间距与第 6 章使用的相同且无接地面的无限 × 无限阵列的扫描阻抗 Z_{A}，从 PMM 代码中获得。将该阻抗绘制在归一化到 100 Ω 的史密斯圆图中，此外，在图 D.3 中以及在后面的图中，该阻抗包括一段长为 0.13 cm 且特征阻抗为 200 Ω 的短传输线的匹配。在第 6 章所示的情况下，这通常是正确的，这使各种曲线之间的比较更有意义。在这里需要提醒读者，该传输线 (也称为“引线”) 的目的是更好地将阻抗置于中心位置同时将其压缩 (具体见第 6 章和附录 B)。

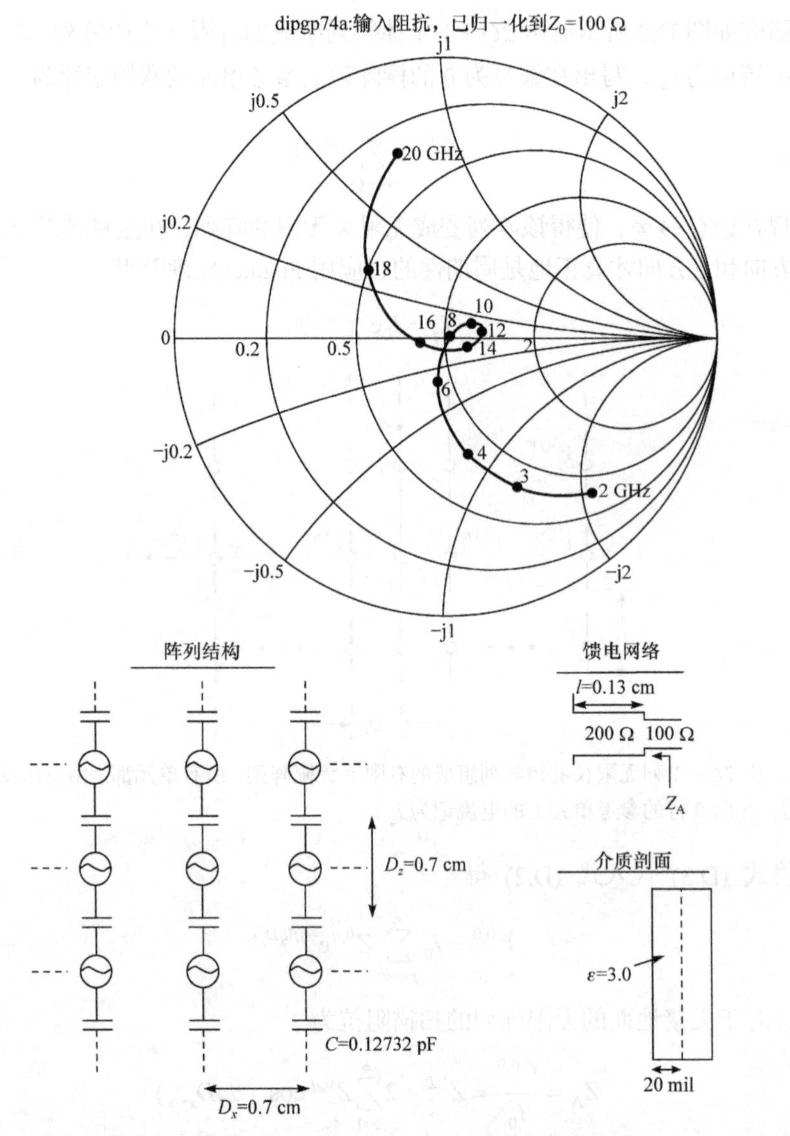

图 D.3 无接地面的无限×无限阵列的扫描阻抗 Z_A，从 PMM 程序中获得。阵列尺寸与第 6 章的宽带阵列相同 (见插图)，但仅包含“内衬”(见上面的“电介质剖面”)。同时也包含一个小的传输线匹配部分，就像第 6 章中的情况一样(见正文)。

D.3 嵌入棒状阻抗

通过研究如图 D.4 所示的三个棒阵列也许可以很好地说明嵌入棒状阻抗。使用电压为 $V^{0,m}$ 的电压发生器对中心列上每个单元进行馈电，其中 m 表示列数。边上两列没有馈电，而仅仅是加载了相同负载阻抗 Z_L。

写出第 0 行每个参考单元的欧姆定律，得

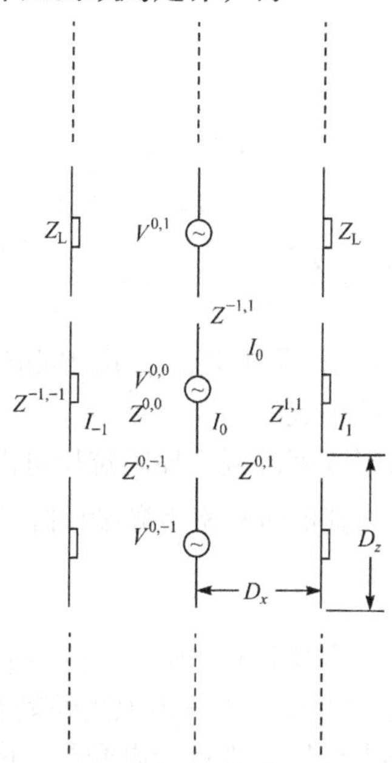

图 D.4 当中间阵列上所有终端都由电压 $V^{0,m}$ 进行馈电，而其他所有棒阵列都加载了相同负载阻抗且仅由寄生效应激励时，在中心棒阵列上观察到的终端阻抗即为嵌入棒阻抗 $Z_{\text{emb stk}}$。

$$\begin{bmatrix} 0 \\ V^{0,0} \\ 0 \end{bmatrix} = \begin{bmatrix} Z^{-1}+Z_{\mathrm{L}} & Z^{-1,0} & Z^{-1,1} \\ Z^{0,-1} & Z^{0,0} & Z^{0,1} \\ Z^{1,-1} & Z^{1,0} & Z^{1,1}+Z_{\mathrm{L}} \end{bmatrix} \begin{bmatrix} I_{-1} \\ I_0 \\ I_1 \end{bmatrix} \tag{D.6}$$

应用克拉默规则，我们从式 (D.6) 得

$$I_0 = \frac{1}{D} \begin{vmatrix} Z^{-1,-1}+Z_{\mathrm{L}} & 0 & Z^{-1,1} \\ Z^{0,-1} & V^{0,0} & Z^{0,1} \\ Z^{1,-1} & 0 & Z^{1,1}+Z_{\mathrm{L}} \end{vmatrix} \tag{D.7}$$

式中，D 表示式 (D.6) 中的行列式。将式 (D.7) 沿第 2 列展开得

$$I_0 = \frac{V^{0,0}}{D}\left[(Z^{-1,-1}+Z_{\mathrm{L}})(Z^{1,1}+Z_{\mathrm{L}}) - Z^{-1,1}Z^{1,-1}\right] \tag{D.8}$$

此外，通过沿第二列展开我们得到式 (D.6) 的行列式 D

$$\begin{aligned} D = & -Z^{-1,0}\left[Z^{0,-1}(Z^{1,1}+Z_{\mathrm{L}}) - Z^{0,1}Z^{1,-1}\right] \\ & + Z^{0,0}\left[(Z^{-1,-1}+Z_{\mathrm{L}})(Z^{1,1}+Z_{\mathrm{L}}) - Z^{-1,1}Z^{1,-1}\right] \\ & - Z^{1,0}\left[(Z^{-1,-1}+Z_{\mathrm{L}})Z^{0,1} - Z^{-1,1}Z^{0,-1}\right] \end{aligned} \tag{D.9}$$

将式 (D.9) 代入式 (D.8) 最终得到嵌入棒阻抗

$$
\begin{aligned}
Z_{\text{emb stk}} &= \frac{V^{0,0}}{I_0} \\
&= -Z^{-1,0}\frac{Z^{0,-1}(Z^{1,1}+Z_{\text{L}})-Z^{0,1}Z^{1,-1}}{(Z^{-1,-1}+Z_{\text{L}})(Z^{1,1}+Z_{\text{L}})-Z^{-1,1}Z^{1,-1}}+Z^{0,0} \\
&\quad -Z^{1,0}\frac{(Z^{-1,-1}+Z_{\text{L}})Z^{0,1}-Z^{-1,1}Z^{0,-1}}{(Z^{-1,-1}+Z_{\text{L}})(Z^{1,1}+Z_{\text{L}})-Z^{-1,1}Z^{1,-1}}
\end{aligned}
\tag{D.10}
$$

观察式 (D.10) 发现，嵌入棒阻抗 $Z_{\text{emb stk}}$ 由中心阵列的棒阵列自阻抗 $Z^{0,0}$ 加上两个外部阵列的过耦合阻抗组成。

由此可知任意尺寸的有限阵列的嵌入棒阻抗均可由相同的结构来表示——由总的棒阵列自阻抗 $Z^{0,0}$ 加上与其他所有寄生激励棒阵列有关的过耦合项组成。

实例

我们计算了尺寸与第 6 章使用的相同且无接地面的阵列的棒阵列自阻抗 $Z^{0,0}$，计算结果从 SPLAT 程序获得。该程序无法处理电介质板问题，可是它通过在每个单元周围放置圆柱形电介质壳来近似电介质“内衬”的影响，这些介质涂层的厚度近似等于电介质“内衬”的厚度。

因此，我们在图 D.5 中展示了一个尺寸如插图所示的棒阵列自阻抗 $Z^{0,0}$ 的例子，结果从 SPLAT 程序中获得 (包括匹配传输线)。

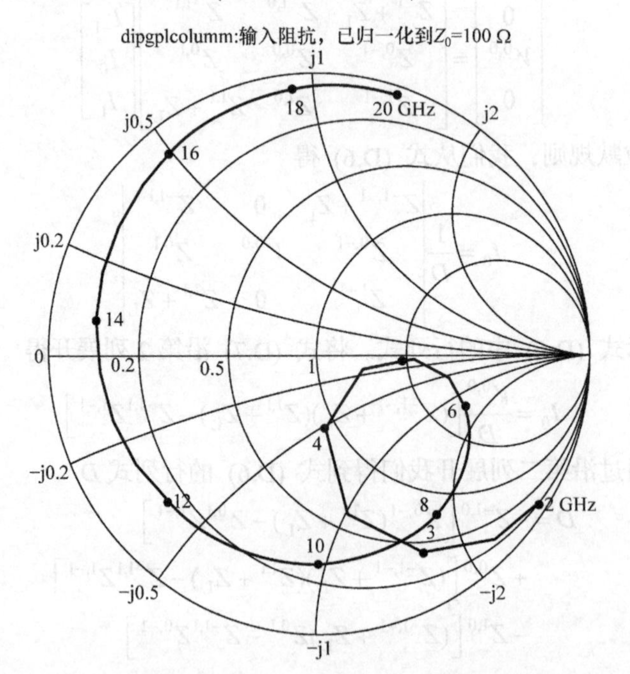

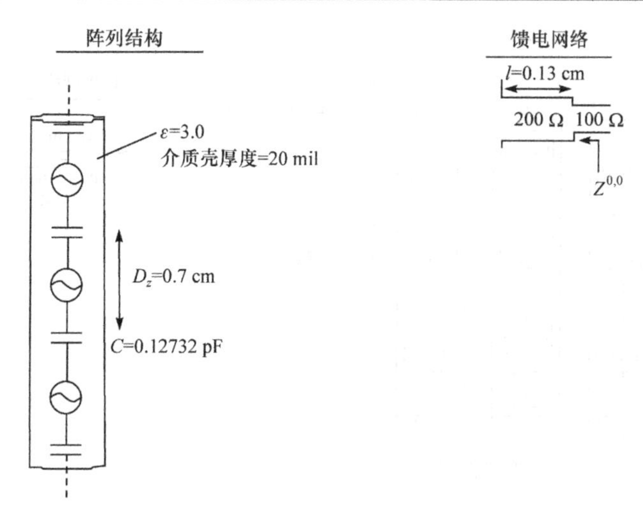

图 D.5　一个无接地面阵列的棒阵列自阻抗 $Z^{0,0}$。单元尺寸与图 D.3 中的相同 (见插图)。计算结果从 SPLAT 程序中获得。

此外，我们在图 D.6 中展示了由式 (D.10) 给出的嵌入棒阻抗 $Z_{\text{emb stk}}$，也是从 SPLAT 程序获得的，尺寸在插图中给出 (包括匹配的传输线)。

比较图 D.5 中的 $Z^{0,0}$ 和图 D.6 中的 $Z_{\text{emb stk}}$ 发现两者实际上非常相似，只是由于在式 (D.10) 中观察到的过度耦合项引起后者在中间频率处的环比较大。在较

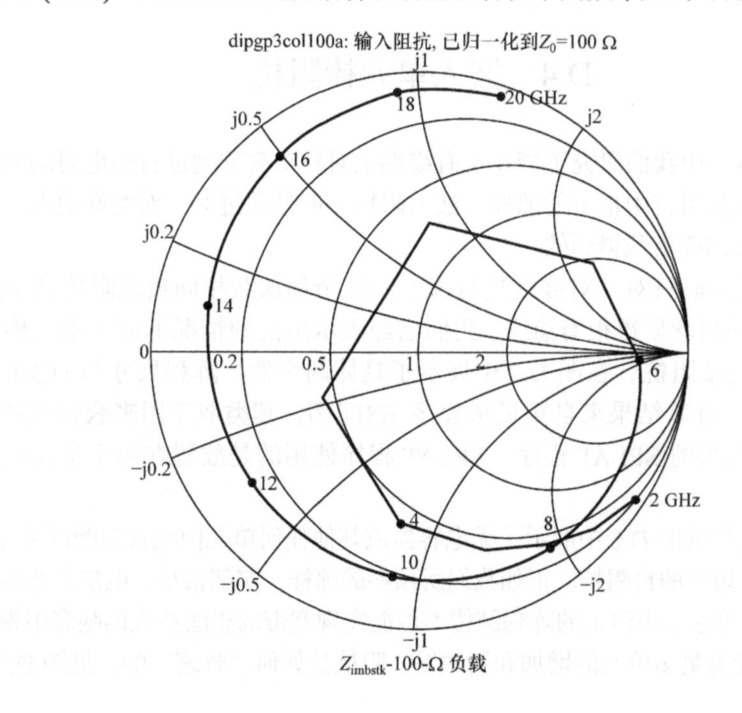

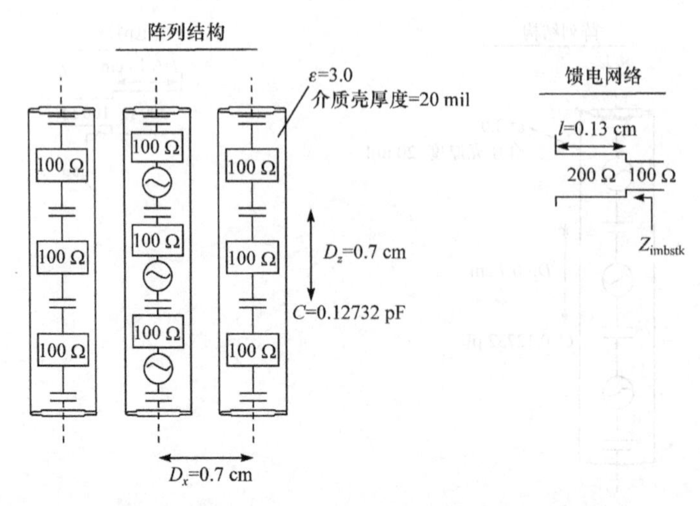

图 D.6　由式(D.10)得到嵌入棒阻抗 $Z_{emb\ stk}$ (无接地面)。中间棒阵列是由电压激励，而外两列棒阵列都仅仅加载了 $Z = 100\ \Omega$阻抗。阵列尺寸与图 D.3 和图 D.4 相同 (见插图)。计算结果来自程序 SPLAT，其中包含匹配变换器 (见正文)。

低和较高的频率处，$Z^{0,0}$ 和 $Z_{emb\ stk}$ 几乎是相同的。关于这个问题的更多评论将在结论部分给出。[参数化研究 (未给出) 表明，对于较小的 Z_L 值，$Z_{emb\ stk}$ 的阻抗环变得更大，反之亦然。另见本章后记部分的评论。]

D.4　嵌入单元棒阻抗

在前面章节中我们研究了当在所有终端上对整个列阵列进行馈电时的阻抗特性。然而，正如引言中指出的那样，嵌入阻抗一般是通过对一对终端馈电而其他所有终端仅仅加载负载得到的。

因此，当我们只对一对终端进行馈电而其余都加载相同负载阻抗 Z_L 时，仅研究单个棒阵列就显得很有意义。我们已经表示出这种情况下嵌入单元棒阻抗 $Z_{emb\ ele\ stk}$ 的终端阻抗，在图 D.7 中展示了具体的实例，阵列尺寸与 D.3.1 节相同 (见插图)。计算结果来自矩量法程序 ESP[137]，其类似于用来获得在图 D.5 和 D.6 中的结果的 SPLAT 程序，SPLAT 程序使用的是放置在每个单元周围的介质圆柱体。

最后，我们在图 D.8 中展示了无电容器或其他任何单元但包含匹配部分 (见前文) 的单个偶极子的自阻抗。正如我们所预料的那样，实部很小，电抗显容性且较大。显然，在第 6 章中讨论的阵列结构不可能实现宽带的想法在人们脑海中根深蒂固。注意到随着更多单元的增加和被激发，阻抗是如何“收缩”的，见图 D.7。

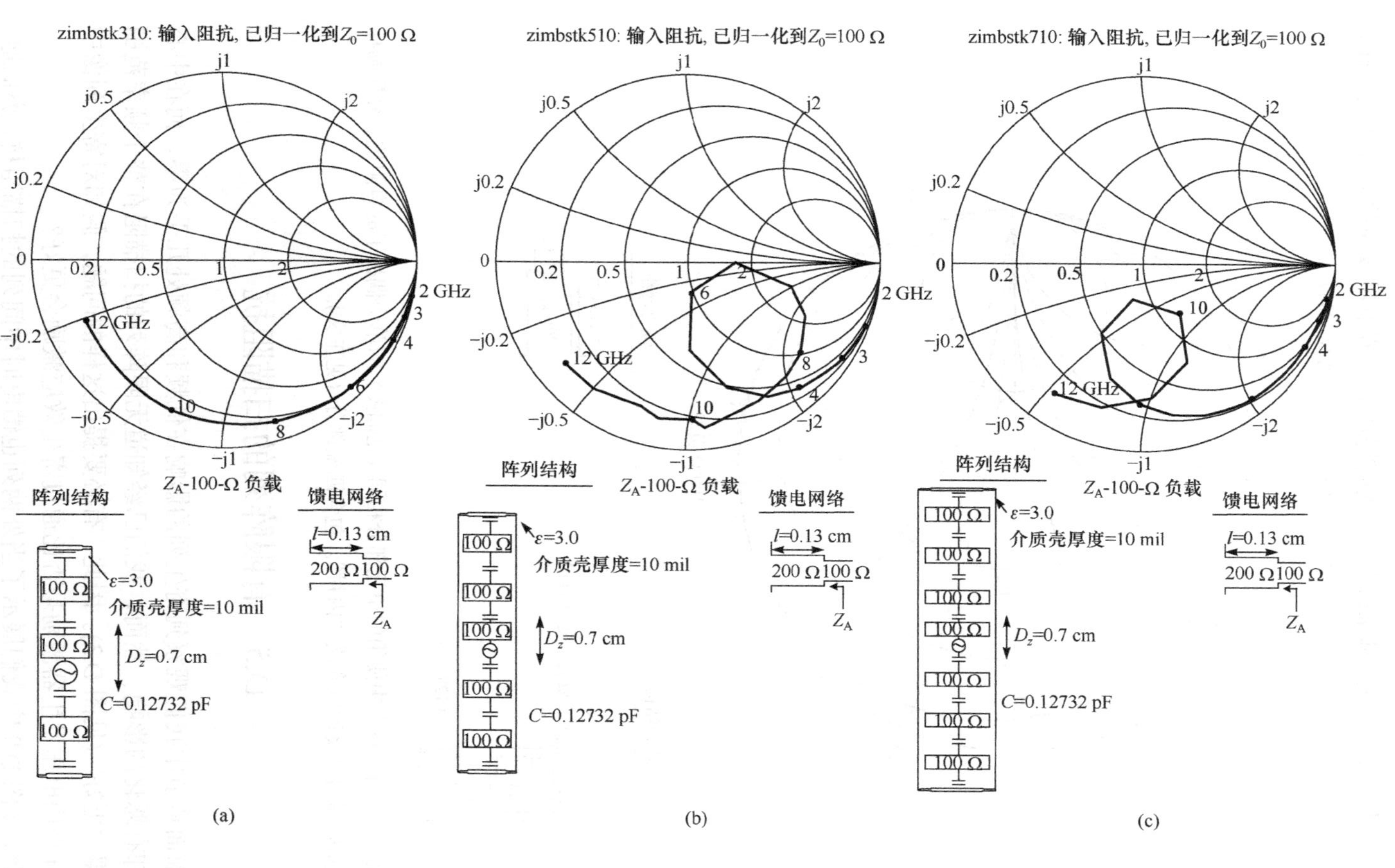

图D.7　单元尺寸与图D.6相同的嵌入单元棒阻抗$Z_{\text{emb ele stk}}$，计算结果来自ESP程序。介质“内衬”通过单元周围的圆柱进行建模。(a) 在顶部和底部各有一个寄生激励的偶极子，负载阻抗为Z=100 Ω。(b) 在顶部和底部各有两个寄生激励的偶极子，负载阻抗为Z=100 Ω，包含匹配部分(见正文)。(c) 在顶部和底部各有三个寄生激励的偶极子，包含匹配部分。(见正文)。

当然，我们可以利用互耦来改善它，我们将在下一节中对该问题进行详细阐述。

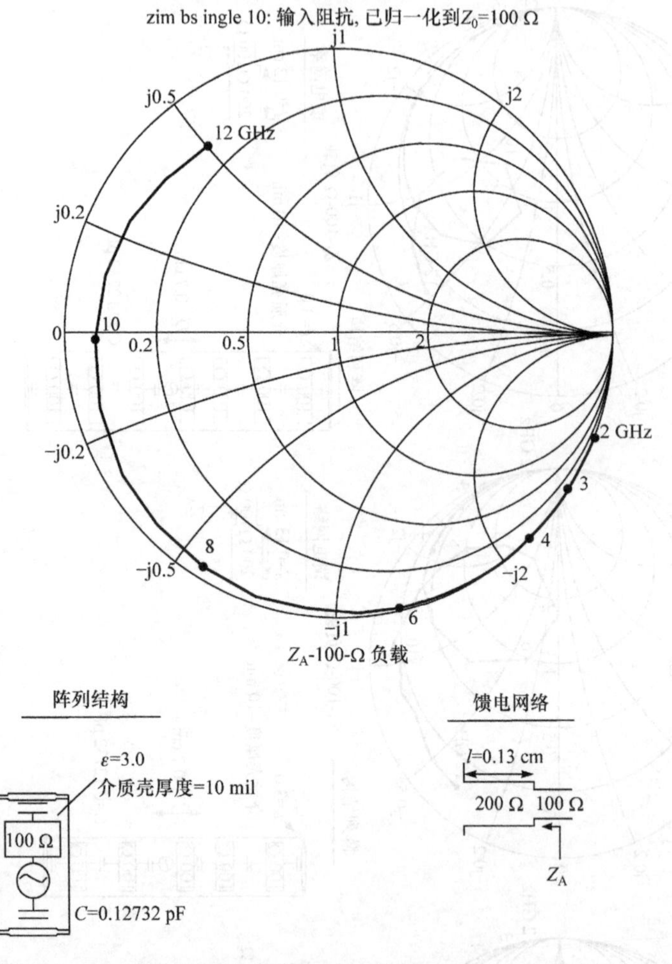

图 D.8　总长度与图 D.7 中使用的单元部分相同 (见插图) 的单个偶极子的自阻抗。介质圆柱放置于单元周围用以模拟电介质“内衬”。包含匹配部分 (见正文)。

D.5　有限阵列的扫描阻抗

在前面章节中我们观察到寄生列的影响在低频和高频处几乎为零，而在中心频率处却有恶化的影响。然而，我们已经知道无限阵列的扫描阻在整个频率范围内表现得“更好” (见图 D.3)。因此，有必要提出这样的问题，假如对寄生列像中间列一样采用电压发生器激励是否比通过寄生效应激励会更好?

因此，在图 D.9 中我们展示了当外两列也馈电时中间列的扫描阻抗，类似地，在图 D.10 中我们展示了外两列的扫描阻抗。将图 D.9 和图 D.10 中的扫描阻抗与图 D.6 中的嵌入阻抗 $Z_{emb\ stk}$ 对比，很容易发现阻抗得到了明显的改善，特别是在较低频率处。在中间频段我们发现存在表面波，通过阻抗为 100 Ω 的电压发生器对每个单元进行馈电可以将其抑制，见第 4 章的详细讨论。图中去除了电阻器。

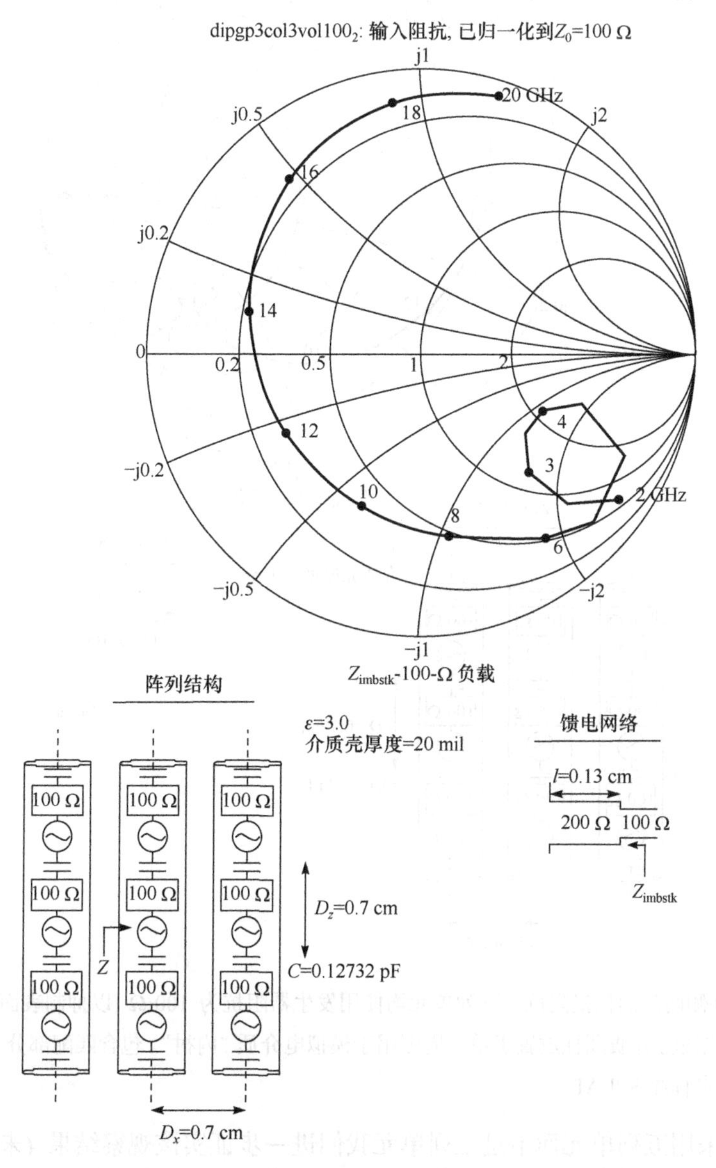

图 D.9　中心列的扫描阻抗，三列单元均使用发生器阻抗为 100 Ω (以抑制表面波) 的电压发生器进行馈电。介质圆柱放置于单元周围用于模拟电介质“内衬”。包含匹配部分 (见正文)。计算结果来自程序 SPLAT。

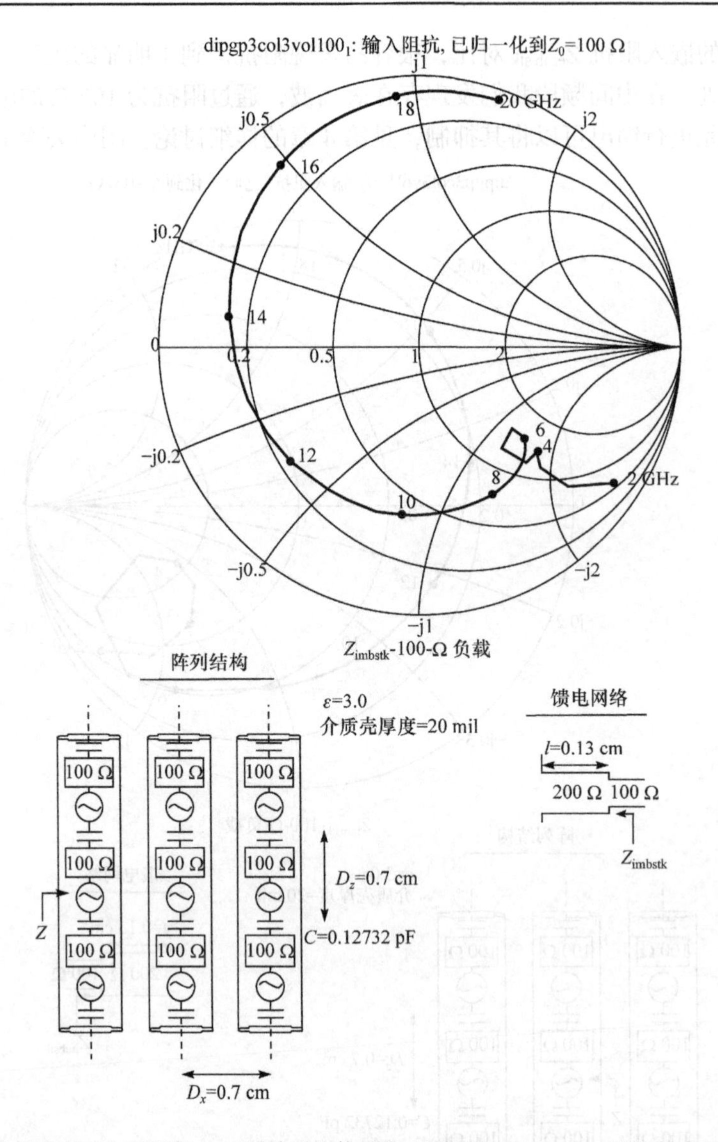

图 D.10 外侧两列的扫描阻抗，三列单元均使用发生器阻抗为 100 Ω (以抑制表面波) 的电压发生器进行馈电。介质圆柱放置于单元周围用于模拟电介质“内衬”。包含匹配部分 (见正文)。计算结果来自程序 SPLAT。

通过采用五列单元而不是三列单元我们进一步证实该观察结果 (未给出)。

我们可以总结出，寄生列的使用要么是无效的，要么是让结果更坏。建议在一个有限阵列中给所有列加激励，而不是试图通过用位于它们旁边的各种元件影响阵列的有源部分以改善阻抗。

最后在图 D.11 中我们展示了中心单元的终端阻抗，像在图 D.7(b)中一样在其

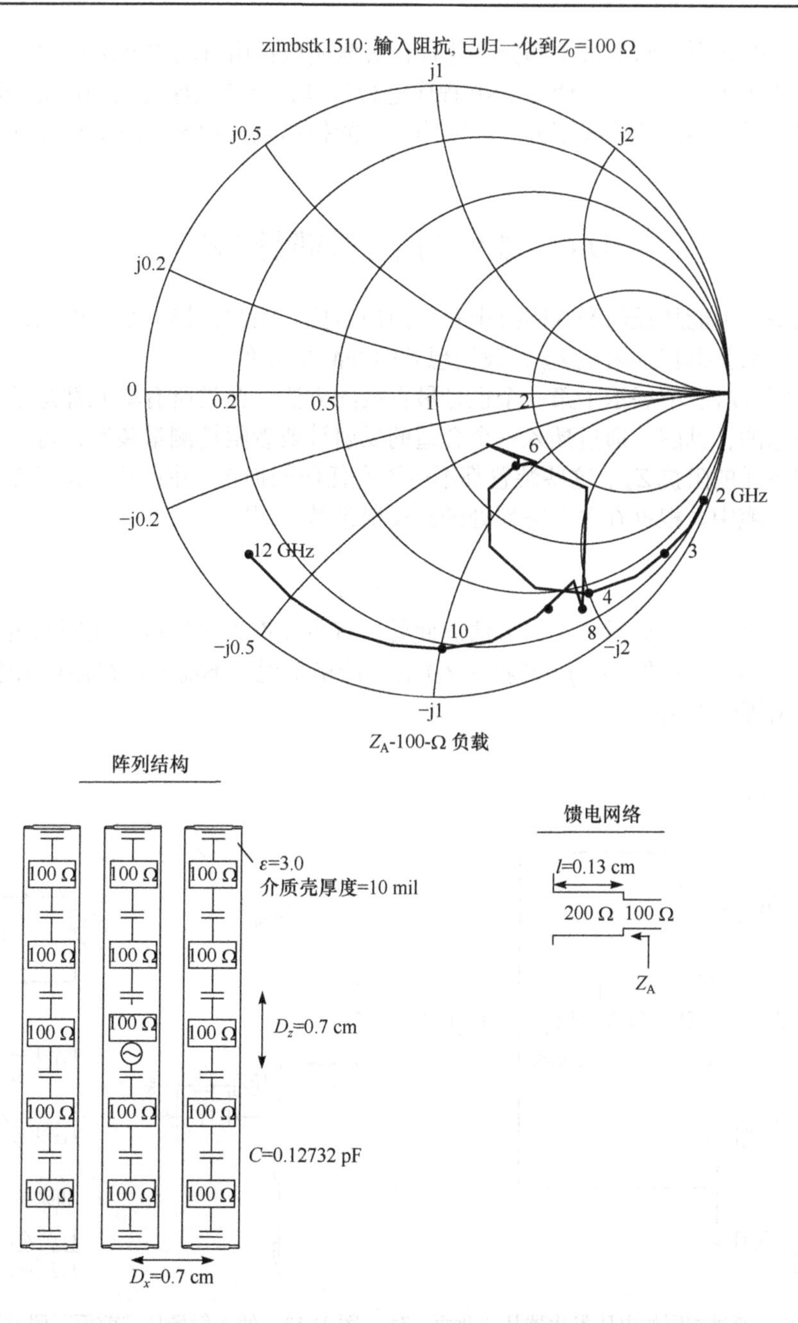

图 D.11 中心单元的终端阻抗，类似于图 D.7(b)在其顶部和底部分别有两个寄生部分，如插图所示，在每侧还包括由五段单元组成的寄生激励列。计算结果来自 ESP 程序。电介质厚度为 10 mil。包含匹配段 (见正文)。

顶部和底部分别有两个寄生部分，并且在每侧还包括由五段单元组成的寄生激励列。尺寸在插图中给出，使用 ESP 程序进行计算，介质层厚度为 10 mil。阻抗曲线照常包括一小段传输线部分。与图 D.3 中的扫描阻抗相比，注意到在较低频率下性能较差。

D.6　如何测量扫描阻抗 Z_A

似乎不可能从任何嵌入阻抗中获得扫描阻抗，因此，接下来讨论如何通过测量的方法来获得扫描阻抗 Z_A，我们想到两种测量方案。

在图 D.12 中展示了第一个也是最直接的方法，此处所有单元都是通过线束进行馈电的，见图。通过插入一个合适的反射计或者阻抗测量装置，可以确定一个典型单元的阻抗 Z_A。这些装置都不应该有任何的损耗，并且其电长度必须包含在馈电电缆中。根据在单元终端处的复反射系数 Γ 得

$$Z_A = Z_0 \frac{1+\Gamma}{1-\Gamma} \tag{D.11}$$

在图 D.13 中展示了第二方法。此处所有单元都直接加载了相同的负载阻抗 Z_{L1}，暴露在入射平面波 $\vec{E}^i$ 照射下 (注意：严格来说，不需要连接器)。由插图中的戴维南等效电路可得

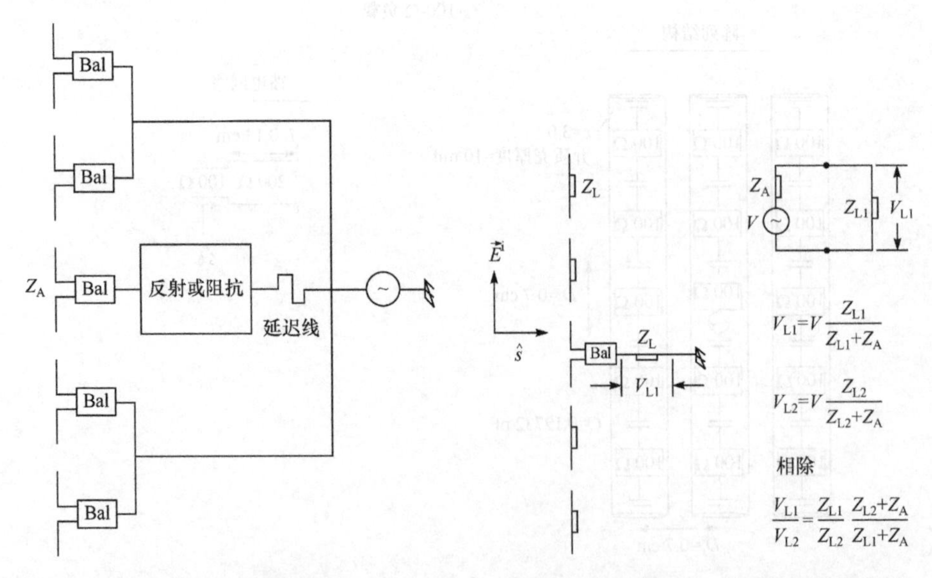

图 D.12　通过相同的电压发生器从“背面”对所有单元进行馈电来确定有限阵列的 Z_A。单个选定单元的阻抗 Z_A 通过适当的阻抗测量装置确定。

图 D.13　使入射场从“前面”照射到所有单元上可确定有限阵列的 Z_A。知道至少两种情况下的负载阻抗 Z_L 和负载上 V_L 的确定，我们可以确定 Z_A。

$$V_{L1} = V\frac{Z_{L1}}{Z_{L1} + Z_A} \tag{D.12}$$

式中，V 是由入射场激发的感应发生器电压 (与阻抗 Z_L 无关)，V_{L1} 是负载阻抗 Z_{L1} 两端的电压。

类似地，对于另外一个负载阻抗 Z_{L2} 有

$$V_{L2} = V\frac{Z_{L2}}{Z_{L2} + Z_A} \tag{D.13}$$

将式 (D.12) 与式 (D.13) 相除得

$$\frac{Z_A + Z_{L2}}{Z_A + Z_{L1}} = \frac{Z_{L2}}{Z_{L1}}\frac{V_{L1}}{V_{L2}} \tag{D.14}$$

由于 Z_{L1} 和 Z_{L2} 已知，并且通过测量可知复比率 V_{L1}/V_{L2}，因此可以由 (D.14) 求得 Z_A。

第二种方法不需要像第一种方法一样需要线束或者实际的连接器，但是我们必须使用至少两种不同的负载阻抗。此外，V_{L1}/V_{L2} 的测量需要复杂的设备，如果有人“实现”了，作者会很高兴收到你的来信，祝贺会络绎不绝。

最后在图 D.14 中我们展示了这种“直接方法”的一个变种。此处在背靠着接地面的阵列上所有单元都简单地加载了相同的负载阻抗 Z_L (这不需要连接器)。传播方向为 $\hat{s}_i$ 的平面波 $\vec{E}^i$ 入射到该口径上，在镜面方向 $\hat{r}_-$ 的反射系数为 Γ。向 $\hat{r}_-$ 方向上 (或者 $\hat{s}_i$) 看去，终端反射率与 Γ 的幅度大小相同 (相位通常不同)。

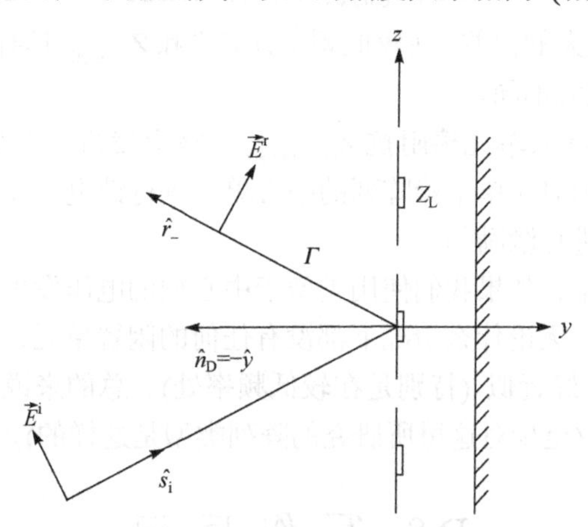

图 D.14　一束平面波入射到在接地面前方的加载的偶极子阵列上。

D.7 本节小结

本附录中的研究清晰地表明，即使对于在宽边扫描，扫描阻抗与嵌入阻抗也是不相同的。

这其中的根本原因实际上是众所周知的，但却很少付诸实践。事实上，赞助方要求嵌入阻抗只是因为“我们过去总是这样做的”。

如果我们只绘制两种阻抗的 VSWR，那么它们也许会呈现出一些相似性，尤其对于中等的 VSWR，但这决不能证明其具有相似性。阻抗曲线应当绘制在一个能够表达完整故事的复平面上 (尤其是如何做能达到匹配，见第 6 章和附录 B)。

因此，我们将所有阻抗绘制在归一化到同一个阻抗 100 Ω 的史密斯圆图上，然后将图 D.3 中由式 (D.5) 给出的扫描阻抗 Z_A 与图 D.5 中展示的棒自阻抗 $Z^{0,0}$ 进行比较，尽管二者在中频到高频段具有相似之处，但是在低频段出却表现出很大的不同，所以人们想知道如果我们将由式 (D.10) 和图 D.6 给出的嵌入棒阻抗 $Z_{\text{emb stk}}$ 代替棒自阻抗 $Z^{0,0}$ 是否可以消除这种差异。这显然是不行的，原因很简单，$Z_{\text{emb stk}}$ 是 $Z^{0,0}$ 和寄生激励阵列的两个过耦合项的总和，当包含 Z_L 的外部棒自阻抗 $Z^{-1,-1}+Z_L$ 和 $Z^{1,1}+Z_L$ 达到最小值时，即在中间频率处的谐振频率上下，这些过耦合项将达到最大。在较低和较高频率处，$Z^{-1,-1}$ 和 $Z^{1,1}$ 很大，导致过耦合阻抗的值很小——使得 $Z^{0,0}$ 的变化很小。

总而言之，使用嵌入棒阻抗 $Z_{\text{emb stk}}$ 取代棒自阻抗 $Z^{0,0}$ 可能会导致与扫描阻抗 Z_A 在中频段产生更大的偏差，在较低频率处 $Z^{0,0}$ 和 $Z_{\text{emb stk}}$ 具有相似性，但两者与扫描阻抗 Z_A 都有很大不同。

如果我们研究嵌入单元棒阻抗 $Z_{\text{emb ele stk}}$，将会发现一个更大的不同点，见图 D.7。此处，我们只对单个棒阵列的中心单元进行馈电，而棒阵列中其他所有单元都是通过寄生进行激励的。

我们最终证明了，如果我们使用类似于中心列的电压发生器对有限阵列中所有列单元进行馈电，无论什么情况下都没有任何的闲置单元，则我们可以得到扫描阻抗 Z_A 的一个较好近似 (特别是在较低频率处)。总的来说，好像寄生单元的劣势要大于其优势 (至少对这里所研究的阵列类型是这样的)。

D.8 写 作 后 记

本附录的一部分是我在经过一次心脏手术后在波士顿贝斯以色列医院休养时编写的，因此，我没有得力助理 Jonothan Pryor 和他的计算机，所以，我不得不完全依赖图解法和计算尺来验证我的结论。

一个典型的例子是估计由式 (D.10) 的第一项和最后一项给出的过耦合阻抗。作一个相当粗略的近似得

$$Z^{-1,-1} = Z^{1,-1} \sim 0$$

将式 (D.10) 中的过耦合阻抗分别简化为

$$-\frac{Z^{-1,0}Z^{0,-1}}{Z^{-1,-1}+Z_L} \quad 和 \quad -\frac{Z^{1,0}Z^{0,1}}{Z^{1,1}+Z_L} \tag{D.15}$$

进一步选择 $Z_L \sim 100\ \Omega$ 并且作粗略近似 (至少在中频段):

$$Z^{-1,-1} = Z^{-1,1} \sim 100 + \mathrm{j}C\frac{\Delta f}{f_0} \quad (C是缩放常数)$$

我们发现:

$$Z^{-1,-1} + Z_L = Z^{1,1} + Z_L \sim 200 + \mathrm{j}C\frac{\Delta f}{f_0}\ (\Omega) \tag{D.16}$$

即穿过点 200 Ω 的垂线，见图 D.15。

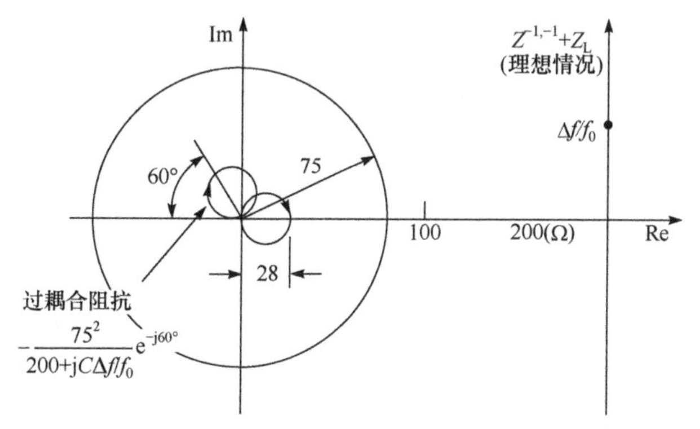

图 D.15　如何估算两个外部棒阵列之间的过耦合阻抗，详见正文。

此外可以估算

$$Z^{-1,0} = Z^{0,-1} \sim 75e^{-\mathrm{j}30°} \tag{D.17}$$

将式 (D.16) 和式 (D.17) 代入式 (D.15) 得

$$-\frac{Z^{-1,0}Z^{0,-1}}{Z^{-1,-1}+Z_L} \sim -\frac{75^2}{200+\mathrm{j}C\dfrac{\Delta f}{f_0}}e^{-\mathrm{j}60°} \tag{D.18}$$

由式(D.18)可以很容易发现，这仅仅是将垂直线穿过 200 Ω 变换为直径为 $75^2/200$=28 Ω 的圆[123]，紧随其后的是简单的旋转 $-e^{-\mathrm{j}60°}$，旋转前后的变换圆也

展示在图 D.15 中。

当过耦合阻抗 (记得我们有两个) 如式 (D.10) 所建议的一样被添加到 $Z^{0,0}$ 时，我们可以很容易地看到嵌入棒阻抗 $Z_{\text{emb stk}}$ 将比 $Z^{0,0}$ 具有更大的环(见图 D.5)，当然，这正是 Jonothan 后来计算的结果(见图 D.6)。

从式 (D.18) 我们也可以总结出较大的 Z_A 产生较小的过耦合阻抗，反之亦然。

以上估算通常是在我的学生在计算机上获得“正确”值之前做的，因此，我准备好了对其结果进行批判性的审视。当我考虑时间和麻烦时，一些学生会迷惑和误导我这位年迈的老教授，这对我来说真是太神奇了。

中英文关键词对照表

Absorber	**吸收体**
circuit analog absorber	电路模拟吸收体
Jaumann absorber	乔曼吸收体
Active array	**有源阵列**
Admittance	**导纳**
characteristic admittance	特性导纳
load admittance	负载导纳
Amplifier	**放大器**
Antenna impedance	**天线阻抗**
Antenna gain	**天线增益**
Aperiodicity	**非周期性**
Array	**阵列**
Array gain	**阵列增益**
Array impedance	**阵列阻抗**
Backscattering	**后向散射**
Backscattering diagram	**后向散射图**
Bilinear transformation	**双线性变换**
Bistatic scattering	**双站散射**
Broad band array	**宽带阵列**
Broad band matching	**宽带匹配**
Characteristic impedance	**特性阻抗**
Circulator	**环形器**
Dielectric	**电介质**
Edge effect	**边缘效应**
Edge wave	**边缘波**
Element impedance	**单元阻抗**
Element types	**单元类型**
four legged loaded	四腿加载
Jerusalem cross	耶路撒冷十字

snowflake	雪花状
tripole	三偶极子
hexagon	六边形
Embedded impedance	**嵌入阻抗**
End current	**端电流**
Equivalent transmission line	**等效传输线**
Evanescent wave	**凋落波**
Exotic material	**特异材料**
Feed organizer	**馈组**
Finite × infinite array	**有限 × 无限阵列**
Grating lobe	**栅瓣**
grating lobe diagram	栅瓣图
trapped grating lobe	俘获的栅瓣
Groundplane	**接地面**
groundplane effect upon bandwidth	接地面对带宽的影响
finite × infinite groundplane	有限×无限接地面
infinite × infinite groundplane	无限×无限接地面
groundplane impedance	接地面阻抗
magnetic groundplane	磁性接地面
moving groundplane	移动的接地面
Horn scattering	**喇叭散射**
Hybrid periodic structure	**混合周期结构**
Hybrid	**混频器**
Imaginary space	**虚空间**
Impedance	**阻抗**
antenna impedance	天线阻抗
array impedance	阵列阻抗
characteristic impedance	特性阻抗
element impedance	单元阻抗
embedded impedance	嵌入阻抗
generator impedance	发生器阻抗
groundplane impedance	接地面阻抗
input impedance	输入阻抗
intrinsic impedance	本征阻抗
load impedance	负载阻抗

impedance matching	阻抗匹配
mutual impedance	互阻抗
overcoupled impedance	过耦合阻抗
scan impedance	扫描阻抗
self impedance	自阻抗
stick impedance	棒阻抗
terminal impedance	终端阻抗
Induced voltage	**感应电压**
Infinite × infinite array	**无限 × 无限阵列**
Inter-element spacing	**单元间距**
Invisible space	**不可见空间**
Jitter	**抖动**
Meanderline	**曲折线**
Minimizing backscattering	**最小化后向散射**
Minimum scattering antenna (MSA)	**最小散射天线**
Mode suppressor	**模抑制器**
Multiband design	**多带设计**
Mutual impedance approach	**互阻抗方法**
Near field	**近场**
Omnidirectional antenna with low RCS	**低雷达散射截面天线**
Omnidirectional antenna	**全向天线**
Overcompensation	**过度补偿**
Parabolic antenna	**抛物面天线**
Pattern function or pattern factor	**型函数**
Periodic moment method (PMM)	**周期矩量法**
Plane wave expansion	**平面波展开**
Poisson's sum formula	**泊松求和公式**
Polarization factor	**极化因子**
Polarizer	**极化器**
Position circle	**位置圆**
Radar cross section	**雷达散射截面**
Radome	**天线罩**
Reflection coefficient	**反射系数**
Scan compensation	**扫描补偿**
Scan impedance	**扫描阻抗**

Scattering diagram	散射图
Scattering patter	散射辐射方向图
Self impedance	自阻抗
Single stub tuner	单短截线调谐器
Smith chart	史密斯圆图
Snell's law	斯涅耳定律
Stick array	棒阵列
Structural scattering	结构散射
Surface wave	表面波
Tapered aperture	渐变口径
Tapered periodic surface	渐变周期表面
Thevenin equivalent circuit	戴维南等效电路
Transformation circle	变换圆
Triad	三元结构

参考文献

[1] B. A. Munk, Frequency Selective Surfaces, Theory and Design, New York: John Wiley and Sons, 2000.

[2] L. W. Henderson, The Scattering of Planar Arrays of Arbitrary Shaped Slot and/or Wire Elements in a Stratified Dielectric Medium, Ph.D. Dissertation, Ohio State University, Department of Electrical Engineering, Columbus, OH, 1983.

[3] L. W. Henderson, Introduction to PMM, Technical Report. 715582-5, Ohio State University Electroscience Laboratory, Department of Electrical Engineering, prepared under contract No. F33615-83-C-1013 for the Air Force Avionics Laboratory, Wright Aeronautical Laboratories, Air Force Systems Command, Wright-Patterson Air Force Base, OH, February 1986.

[4] D. R. Denison and R. W. Scharstein, Decomposition of the Scattering by a Finite Linear Array into Periodic and Edge Components, Microwave Opt. Tech. Lett., Vol. 9, August 1995, pp. 338–343.

[5] K. A. Shubert and B. A. Munk, Matching Properties of Arbitrarily Large Dielectric Covered Phased Arrays, IEEE Transactions Antennas Propag.,Vol. AP-31, January 1983, pp. 54–59.

[6] J. P. Skinner and B. A. Munk, Mutual Coupling Between Parallel Columns of Periodic Slots in a Ground Plane Surrounded by Dielectric Slabs, IEEE Transactions Antennas Propag.,Vol. AP-40, November 1992, pp. 1324–1335.

[7] J. P. Skinner, C. C. Whaley, and T. K. Chattoraj, Scattering from Finite by Infinite Arrays of Slots in a Thin Conducting Wedge, IEEE Transactions Antennas Propag., Vol. AP-43, April 1995, pp. 369–375.

[8] H. Steyskal, Mutual Coupling Analysis of a Finite Planar Waveguide Array, IEEE Transactions Antennas Propag.,Vol. AP-22, July 1974, pp. 594–597.

[9] V. Galindo, Finite Arrays, Edge Effects, and Aperiodic Arrays, in Theory and Analysis of Phased Array Antennas, N. Amitay, V. Galindo, and C. P. Wu, eds., Wiley-Interscience, New York, 1972, Chapter 8.

[10] S. Fukao et al., A Numerical Consideration on Edge Effect of Planar Dipole Phased Arrays, Radio Sci.,Vol. 21, January–February 1986, pp. 1–12.

[11] R. C. Hansen, Formulation of Echelon Dipole Mutual Impedance for Computer, IEEE Transactions Antennas Propag.,Vol. AP-20, February 1972, pp. 780–781.

[12] A. D. Gallegro, Mutual Coupling and Edge Effects in Linear Phased Arrays, M.S. Thesis, Polytechnic Institute of Brooklyn, 1969.

[13] A. Ishimaru et al., Finite Periodic Structure Approach to Large Scanning Array Problems, IEEE Transactions Antennas Propag.,Vol. AP-33, November 1985, pp. 1213–1220.

[14] R. C. Hansen, Finite Array Scan Impedance Gibbsian Models, Radio Sci.,Vol. 31, November–December 1996, pp. 1631–1637.

[15] R. C. Hansen and D. Gammon, Standing Waves in Scan Impedance of Finite Scanned Arrays, Microwave Opt. Tech. Lett.,Vol. 8, March 1995, pp. 175–179.

[16] R. C. Hansen and D. Gammon, Standing Waves in Scan Impedance: E-Plane Finite Array, Microwave Opt. Tech. Lett.,Vol. 11, January 1996, pp. 26–32.

[17] R. C. Hansen and D. Gammon, A Gibbsian Model for Finite Scanned Arrays, IEEE Transactions Antennas Propag.,Vol. AP-44, February 1996, pp. 243–248.

[18] R. C. Hansen and E. Raudenbush, Modulated Oscillations in Finite Array Scan Impedance, in Proceedings of the IEEE Symposium on Phased Array Systems, Boston, 1996.

[19] A. A. Oliner and R. G. Malech, Mutual Coupling in Finite Scanning Arrays, in Microwave Scanning Antennas, Vol. II, R. C. Hansen, ed., Academic Press, New York, 1966 [Peninsula Publishing, Los Altos, CA, 1985], Chapter 4.

[20] A. A. Oliner and R. G. Malech, Mutual Coupling in Infinite Scanning Arrays, in Microwave Scanning Antennas, Vol. II, R. C. Hansen, ed., Academic Press, New York, 1966 [Peninsula Publishing, Los Altos, CA, 1985], Chapter 3.

[21] D. M. Pozar, Analysis of Finite Phased Arrays of Printed Dipoles, IEEE Transactions Antennas and Propag.,Vol. AP-33, October 1985, pp. 1045–1053.

[22] D. M. Pozar, Finite Phased Arrays of Rectangular Microstrip Patches, IEEE Transactions Antennas Propag.,Vol. AP-34, May 1986, pp. 658–665.

[23] R. C. Hansen, Phased Array Antennas, John Wiley and Sons, New York, 1998.

[24] J. M. Usoff, Scattering from a Collection of Periodic Linear Arrays of Arbitrarily Shaped Thin Wire Elements Emphasizing Truncation Effects of Planar Periodic Surfaces, Ph.D. Dissertation, Ohio State University, Department of Electrical Engineering, Columbus, OH, 1993.

[25] J. M. Usoff and B. A. Munk, Edge Effects of Truncated Periodic Surfaces of Thin Wire Elements, IEEE Transactions Antennas Propag.,Vol. AP-42, July 1994, pp. 946–953.

[26] M. G. Floquet, Sur les equations differentielles lin′ eaires a coefficients ′ periodiques,Annale 'Ecole Normale Superieur, 1883, pp. 47–88.

[27] J. M. Usoff and B. A. Munk, op. cit.

[28] P. Y. Ufimtsev, Comments on Diffraction Principles and Limitations of RCS Reduction Techniques, Proc. IEEE,Vol. 84, No. 12, December 1996.

[29] W. W. Hansen and J. R. Woodyard, A New Principle in Directional Antenna Design, Proc. IRE,Vol. 26, March 1938, pp. 333–345.

[30] T. Nguyen and A. Dominek, An EdgeWave Reflection Coefficient, Technical Report 721929-22, The Ohio State University Electroscience Laboratory, March 1990.

[31] R. C. Hansen and D. Gammon, A Gibbsian Model for Finite Scanned Arrays, IEEE Transactions Antennas Propag.,Vol. 44, No. 2, February 1996, p. 243.

[32] R. C. Hansen, Anomalous Edge Effect in Finite Arrays, IEEE Transactions Antennas Propag.,Vol. 47, No. 3, March 1999, p. 549.

[33] R. C. Hansen, Phased Array Antennas, John Wiley and Sons, New York, 1997, Chapter 8.

[34] B. A. Munk, op. cit., Chapters 7 and 8.

[35] B. A. Munk, Frequency Selective Surfaces, Theory and Design, New York: John Wiley and Sons,

2000, Section 1.7.

[36] J. D. Kraus and R. J. Marhefka, Antennas for All Applications, McGraw-Hill, New York 2002, pp. 27–30.

[37] R. J. Garbacz, Basic Relations Between Antennas and Scattering Parameters, from short course, Antenna and Scattering Theory: Recent Advances, Ohio State University, Columbus, OH, 1966.

[38] R. B. Green, The General Theory of Antenna Scattering, Ph.D. Dissertation, Ohio State University, Department of Electrical Engineering, Columbus, OH, 1963.

[39] J. A. McEntee, A Technique for Measuring the Scattering Aperture and Absorption Aperture of an Antenna, Ohio State University Electroscience Laboratory, Contract AF 30 (635) -2811, Rome Air Development Center, 1957.

[40] R. C. Hansen, Relationship Between Antennas as Scatterers and as Radiators, Proc. IRE,Vol. 77, No. 5, May 1979, pp. 659–662.

[41] R. J. Garbacz, Determination of Antenna Parameters by Scattering Cross-Section Measurements, Proc. IEE,Vol. 111, No. 10, October 1964, pp. 1679–1686.

[42] J. Appel-Hansen, Accurate Determination of Gain and Radiation Patterns by Radar Cross-Section Measurements, IEEE Transactions Antennas Propag.,Vol. AP-27, No. 5, September 1979, pp. 640–646.

[43] J. J. H. Wang, C. W. Choi and R. L. Moore, Precision Experimental Characterization of the Scattering and Radiation Properties of Antennas, IEEE Transactions Antennas Propag.,Vol. AP-30, No. 1, January 1982, pp. 108–112.

[44] D. D. King, Measurement and Interpretation of Antenna Scattering, Proc. IRE, Vol. 35, December 1947, pp. 1451–1467.

[45] E. Heidrich and W. Wiesbeck, Features of Advanced Polarimetric RCS-Antenna Measurements, IEEE AP-S International Symposium & URSI Radio Science Meeting, Conference Proceedings, Vol. II, San Jose, CA, June 1989, pp. 1026–1029.

[46] E. Heidrich and W. Wiesbeck, Bestimmung der polarisationsabhängigen Strahlungs-und Streueigenschaften von Antennen, ITG-Fachtagung Antennen, ITD-Fachbericht 111, 217–221, Wiesbaden, March 1990.

[47] E. Heidrich and W. Wiesbeck, Wideband Polarimetric RCS-Antenna Measurement, Seventh International Conference on Antennas and Propagation, Conference Proceedings, University of York, UK, April 1991.

[48] E. Heidrich and W. Wiesbeck, Application of RCS-Antenna-Measurements to Multiport Antennas, Thirteenth Antenna Measurement Techniques Association (AMTA) Meeting and Symposium, Conference Proceedings 9-35–9-40, Boulder, CO, October 1991.

[49] E. Heidrich, Theoretiche und Experimentelle Charakterisierung der Polarimetrischen Strahlungs und Streneigenschaften von Antennen, Ph.D. Dissertation, University of Karlruhe, Germany, 1992.

[50] B. A. Munk, op. cit., Chapter 4.

[51] J. Kraus, Antennas, McGraw-Hill, New York, 1950, Chapter 3.

[52] S. A. Schelkunoff and H. T. Friis, Antenna Theory and Practice, first edition, John Wiley and Sons, 1952, p. 600.

[53] B. A. Munk, op. cit., Problem 5.2.
[54] B. A. Munk, op. cit., Section 9.9.2.
[55] C. G. Montgomery, R. H. Dicke, and E. M. Purcell, Principles of Microwave Circuits, Radiation Laboratory Series, Vol. 8, McGraw-Hill, New York, 1948, p. 333.
[56] R. B. Green, The Echo Area of Small Rectangular Plates with Linear Slots, IEEE Transactions Antennas Propag.,Vol. AP-12, No. 1, January 1964, pp. 101–104.
[57] W. K. Kahn and H. Kurss, Minimum-Scattering Antenna, Adelphi University, Department of Graduate Mathematics, AGM Report No. 121, March 1965.
[58] R. B. Green, Scattering from Conjugate-Matched Antennas, IEEE Transactions Antennas Propag.,Vol. AP-14, No. 1, January 1966, pp. 11, 17–21.
[59] D. C. Jeun and V. Flokos, In-Band Scattering from Arrays with Parallel Feed Network, IEEE Transactions Antennas Propag.,Vol. 44, No. 2, February 1996, p. 172.
[60] B. A. Munk, op. cit., Chapter 4, equations (4.49) and (4.50) .
[61] B. A. Munk, op. cit., Chapters 4 and 5.
[62] B. A. Munk, op. cit., Chapter 3.
[63] B. A. Munk, op. cit., Sections 4.4 and 4.5.
[64] B. A. Munk, op. cit., Sections 4.7.1 and 4.7.2.
[65] B. A. Munk, op. cit., Section 4.12.3.
[66] E. K. English, Electromagnetic Scattering from Infinite Periodic Arrays of Arbitrarily Oriented Dipole Elements Embedded in a General Stratified Medium, Ph.D. Dissertation, Ohio State University, Department of Electrical Engineering, Colum- bus, OH, 1983.
[67] B. M. Kent, Impedance Properties of an Infinite Array of Non-planar Rectangular Loop Antennas Embedded in a General Stratified Medium, Ph.D. Dissertation, Ohio State University, Department of Electrical Engineering, Columbus, OH, 1984.
[68] K. T. Ng, Admittance Properties of a Slot Array with Parasitic Wire Arrays in a Stratified Medium, Ph.D. Dissertation, Ohio State University, Department of Electrical Engineering, Columbus, OH, 1985.
[69] S. J. Lin, On the Scan Impedance of an Array of V-Dipoles and the Effect of the Feedlines, Ph.D. Dissertation, Ohio State University, Department of Electrical Engineering, Columbus, OH, 1985.
[70] H. K. Schuman, D. R. Pflug, and L. D. Thompson, Infinite Planar Array of Arbitrarily Bent Thin Wire Radiators, IEEE Transactions Antennas Propag., AP-32 (4) , April 1984, pp. 364–477.
[71] R. Andre, An Analysis Method for Doubly Periodic Nonplanar Antenna Arrays, M.Sc. Thesis, Ohio State University, Department of Electrical Engineering, Columbus, OH, 1985.
[72] B. A. Munk, op. cit., Chapters 5 and 6.
[73] R. F. Harrington, Time-Harmonic Fields, McGraw-Hill, New York, 1961, pp. 163–168.
[74] E. C. Saladin, The Termination and Bending of the Infinite Array in an Effort to Create a Low RCS Phased Array with 270 Degree Scan Angle, M.Sc. Thesis, Ohio State University, Department of Electrical Engineering, Columbus, OH, 1997.
[75] B. L. Johnson, Proper Design for Uniform Scattering from a Semi-Infinite Dipole- Element Phased Array, M.Sc. Thesis, Ohio State University, Department of Electrical Engineering, Columbus,

OH, 1995.

[76] J. B. Pryor, Suppression of SurfaceWaves on Arrays of Finite Extent, M.Sc. Thesis, Ohio State University, Department of Electrical Engineering, Columbus, OH, 2000.

[77] D. Janning, SurfaceWaves in Arrays of Finite Extent, Ph.D. Dissertation, Ohio State University, Department of Electrical Engineering, Columbus, OH, 2000.

[78] J. P. Skinner, Scattering from a Finite Collection of Transverse Dipole and Axial Slot Arrays with Edge Effects, Ph.D. Dissertation, Ohio State University, Department of Electrical Engineering, Columbus, OH, 1988.

[79] J. A. Hughes, Impedance Properties of Cylindrical Arrays and Finite Planar Arrays, M.Sc. Thesis, Ohio State University, Department of Electrical Engineering, Columbus, OH, 1988.

[80] R. C. Hansen, Phased Array Antennas, John Wiley and Sons, New York, 1998, Chapter 8.

[81] B. A. Munk, op. cit., Chapter 7.

[82] S. Uda and Y. Mushioke, Yagi–Uda Antenna, Tohoku University, Sandai, Japan, 1954.

[83] H. W. Ehrenspeck and H. Poehler, A New Method for Obtaining Maximum Gain from Yagi Antennas, IRE Transactions Antennas Propag.,Vol. AP-7 (4) , October 1959, pp. 379–386.

[84] R. J. Mailloux, Antennas and Wave Theories of Infinite Yagi–Uda Arrays, IEEE Transactions Antennas Propag.,Vol. AP-13, July 1965, pp. 499–506.

[85] J. H. Richmond and R. J. Garbacz, SurfaceWaves on Periodic Arrays of Imperfectly Conducting Dipoles Over the Flat Earth, IEEE Transactions Antennas Propag.,Vol. AP- 27 (6) , November 1979, pp. 783–787.

[86] E. K. Damon, The Near Fields of Long End-Fire Dipoles, IRE Transactions Antennas Propag.,Vol. AP-10, September 1962, pp. 511–523.

[87] B. A. Munk, D. S. Janning, J. B. Pryor, and R. J. Marhefka, Scattering from SurfaceWaves on Finite FSS, IEEE Transactions Antennas Propag.,Vol. 49, No. 12, December 2001, pp. 1782–1793 .

[88] D. S. Janning and B. A. Munk, Effect of SurfaceWaves on the Current of Truncated Periodic Arrays, IEEE Transactions Antennas Propag.,Vol. AP-50 (9) , September 2002, pp. 1254–1265.

[89] E. Weber, Electromagnetic Fields, John Wiley, and Sons, New York, 1950, pp. 111–115 and p. 337.

[90] B. A. Munk, op. cit., Appendix E.

[91] B. A. Munk, op. cit., Section 2.2.1.

[92] B. A. Munk, op. cit., pp. 187–188.

[93] B. A. Munk, op. cit., pp. 100–105.

[94] H. A. Wheeler, Simple Relations Derived from a Phased Array Antenna Made of an Infinite Current Sheet, IEEE Transactions Antennas Propag., AP-13 (4) , 506–514, July 1965.

[95] B. A. Munk, op. cit., pp. 143–149.

[96] P. Munk, On Arrays that Maintain Superior CP and Constant Scan Impedance for Large Scan Angles, to be published in IEEE Transactions Antennas Propag., February 2003.

[97] P. Munk, Scan Independent Array for Circular Polarization, Reception and Transmission, U.S. Patent 6,346,918 B1.

[98] Munk, op. cit., pp. 333–334.

[99] T. W. Kornbau, Analysis of Periodic Arrays of Rotated Linear Dipoles, Rotated Crossed Dipoles,

and of Biplanar Dipole Arrays in Dielectric, Ph.D. Dissertation, Ohio State University, Department of Electrical Engineering, Columbus, OH, 1984.

[100] B. A. Munk, op cit., pp. 10–14, 185, 393–396.

[101] R. M. Foster, A Reactance Theorem, Bell Syst. Tech. J., Vol. 30, April 1924, pp. 259–267.

[102] B. A. Munk, op. cit., pp. 315–335.

[103] B. A. Munk, op. cit., (4.70) on p. 105.

[104] J. D. Kraus and R. J. Marhefka, Antennas for All Applications, McGraw-Hill, New York, 2002, Section 2.9.

[105] W. W. Hansen and J. R. Woodyard, A New Principle in Directional Antenna Design, Proc. IRE, Vol. 26, March 1938, pp. 333–345.

[106] J. D. Kraus and R. J. Marhefka, Antennas for All Applications, McGraw-Hill, New York, 2002, pp. 183–187.

[107] B. A. Munk, op. cit., pp. 227–240.

[108] J. A. Hughes, Impedance Properties of Cylindrical Arrays and Finite Planar Arrays, M.Sc. Thesis, Ohio State University, Department of Electrical Engineering, Columbus, 1988, and private communication.

[109] J. I. Simon, Impedance Properties of Periodic Linear Arrays Conformal to a Dielectric-Clad Infinite PEC Cylinder, Ph.D. Dissertation, Ohio State University, Department of Electrical Engineering, Columbus, OH, 1989.

[110] B. A. Munk, op. cit., Chapter 10.

[111] B. A. Munk, op. cit., Section 4.7, equation (4.62) .

[112] R. A. Hill, The Design of a Dual Band Frequency Selective Surface and the Effect of Perturbing the Elements and the Interelement Spacing, Ph. D. Dissertation, Ohio State University, Department of Electrical Engineering, Columbus, OH, 1991.

[113] B. A. Munk, op. cit., Chapter 8.

[114] B. A. Munk, op. cit., Chapter 2, Figs. 2.10 and 2.23.

[115] B. A. Munk, op. cit., p. 75.

[116] J. D. Kraus and R. J. Marhefka, Antennas for All Applications, McGraw-Hill, New York, 2002, Chapter 23.

[117] B. A. Munk, op. cit., Section 5.10.

[118] B. A. Munk, op. cit., Chapter 5, Section 5.13.

[119] Radio Research Laboratory, Very High-Frequency Techniques, Harvard University, Boston Technical Publishers, Boston, 1965.

[120] B. A. Munk, op. cit., Chapter 9.

[121] S. J. Lin, On the Scan Impedance of an Array of V-Dipoles and the Effect of the Feedlines, Ph. D. Dissertation, Ohio State University, Department of Electrical Engineering, Columbus, OH, 1985.

[122] B. A. Munk, op. cit., p. 371.

[123] B. A. Munk op. cit., Appendix A.

[124] V. H. Rumsey, The Design of Frequency-Compensating Matching Section, Proc. IRE, Vol. 38, pp.

1191-1196, October 1950.

[125] W. N. Caron, Antenna Impedance Matching, American Radio Relay League, 1994.

[126] H. Jasik, ed., Antenna Engineering Handbook, first edition, McGraw-Hill, New York, 1961.

[127] J. D. Kraus and R. Marhefka, Antennas for All Applications, McGraw-Hill, 2002, pp. 891–892.

[128] J. J. Pakan, Antenna Polarizer Having Two Phase Shifting Mediums, U.S. Patent No. 2,978,702, April 1961.

[129] D. S. Lerner, A Wave Polarization Converter for Circular Polarization, IEEE Transactions Antennas Propag., AP-13 (1) , January 1965, pp. 3–7.

[130] L. Young, L. A. Robinson, and C. A. Hacking, Meander-Line Polarizer, IEEE Transactions Antennas Propag., AP-21 (3) , May 1973, pp. 376–378.

[131] J. J. Epis, Broadband Antenna Polarizer, U.S. Patent No. 3,754,271, August 1973.

[132] C. Terret, J. R. Levrel, and K. Mahdjoubi, Susceptance Computation of a Meander- Line Polarizer Layer, IEEE Transactions Antennas Propag., AP-32 (9) , September 1984, pp. 1007–1011.

[133] R. S. Chu and K. M. Lee, Analytical Model of a Multilayered Meander-Line Polarizer Plate with Normal and Oblique Plane-Wave Incidence, IEEE Transactions Antennas Propag., AP-35 (6) , June 1987, pp 652–661.

[134] R. A. Marino, Accurate and Efficient Modeling of Meander-Line Polarizers, Microwave J., November 1998, pp 22–34.

[135] B. A. Munk, op. cit., Section 4.11.3.

[136] B. A. Munk, op. cit., pp. 185, 354–357.

[137] E. H. Newman, A User's Manual for the Electromagnetic Surface Patch Code; Preliminary Version ESP 5.0, Ohio State University Electroscience Laboratory, Columbus, OH, 1998.